华 章 图 书

一本打开的书，一扇开启的门，
通向科学殿堂的阶梯，托起一流人才的基石。

云计算与虚拟化技术丛书

Multi-Cloud and Hybrid Cloud

Cloud Native Multiple Clusters and Application Management

多云和混合云

云原生多集群和应用管理

郝树伟◎著

机械工业出版社
China Machine Press

图书在版编目（CIP）数据

多云和混合云：云原生多集群和应用管理 / 郝树伟著 . -- 北京：机械工业出版社，2021.8
（云计算与虚拟化技术丛书）
ISBN 978-7-111-68914-0

Ⅰ. ①多…　Ⅱ. ①郝…　Ⅲ. ①云计算　Ⅳ. ① TP393.027

中国版本图书馆 CIP 数据核字（2021）第 158568 号

多云和混合云：云原生多集群和应用管理

出版发行：机械工业出版社（北京市西城区百万庄大街 22 号　邮政编码：100037）			
责任编辑：韩　蕊		责任校对：马荣敏	
印　　刷：三河市宏达印刷有限公司		版　　次：2021 年 8 月第 1 版第 1 次印刷	
开　　本：186mm×240mm　1/16		印　　张：18.5	
书　　号：ISBN 978-7-111-68914-0		定　　价：99.00 元	

客服电话：（010）88361066　88379833　68326294　　投稿热线：（010）88379604
华章网站：www.hzbook.com　　　　　　　　　　　　读者信箱：hzit@hzbook.com

Foreword 序 一

　　近年来，云的边界正逐渐被技术和开源抹平，越来越多的软件和框架从设计开始就不再与单个云绑定。用户喜欢高可用、低成本，不喜欢被厂商绑定，而云厂商仅凭技术和用户体验也很难解除用户对商业竞争的担忧和焦虑。

　　多云多集群架构天生具备用户喜爱的能力。可以通过多集群提高灾备能力，保证集群高可用；可以通过多云/混合云降低成本，通过调度有策略地进行选择；甚至可以利用不同云厂商的优势和特性，灵活使用不同云厂商的产品和技术。正是这些原因，使得以 Kubernetes 为核心的多云多集群技术成为云计算的新潮流。

　　本书从集群安装开始，详细介绍集群管理、网络、弹性、应用编排、服务治理等内容，不仅有理论，还有实践。

　　相信在未来的云世界里，Kubernetes 会成为连通云与应用的"高速公路"，以标准、高效的方式将应用快速交付到世界的任何一个位置。交付目的地既可以是最终用户，也可以是 PaaS/Serverless，甚至更加多样化的应用托管生态也会应运而生。让我们一起迎接面向应用的云原生多集群时代，一起拥抱云原生，一起关注应用本身的价值！

张磊

CNCF 技术监督委员会成员、阿里巴巴高级技术专家

2021 年 5 月

Foreword 序　二

云原生技术日益普及，分布式云的概念逐渐兴起，云服务提供商提供了可以在本地和其他云基础设施即服务（IaaS）中运行的容器管理功能，与分布式云趋势保持一致。这模糊了软件供应商和云服务提供商之间的界限，加剧了竞争。Gartner 预测 81% 的企业将采用多云 / 混合云战略，并认为大多数企业采用多云战略是为了避免供应商锁定以及利用最佳解决方案。多云战略让企业采购更灵活，在可用性、性能、数据主权、监管要求及劳动力成本之间能取得平衡。

❏ 通过多云架构使用多云服务，实现跨云的高可用和灾难恢复。

❏ 运用 API 化和声明化的工具实现企业统一 IT 系统管理与监控，更容易实现应用和数据的迁移。

❏ 通过统一的服务治理能力，实现多语言微服务跨云、跨地域的分布式治理。

❏ 通过云安全的下沉，实现云计算安全能力在企业 IT 系统的统一。

❏ 通过统一的应用中心，为线下 Kubernetes 集群输出标准的 SaaS 软件。

本书从阐述云原生技术加速多云 / 混合云架构变革开始，涵盖了多集群统一管理，混合集群网络规划、弹性伸缩、多集群应用编排、生命周期管理和交付，流量治理和跨集群应用迁移等多个方面，同时包含大量实践案例。

随着多云 / 混合云战略的逐步深入，我相信松耦合的多云分布式云方案的成本会更低、采用速度会更快，会让企业在不变更已有应用结构的前提下最大限度地获得分布式云管理在弹性、容灾、运维、安全上的红利。

李鹏

阿里云容器服务分布式云技术负责人

2021 年 5 月

为什么要写这本书

随着云计算技术的蓬勃发展和落地，越来越多的企业选择云计算技术快速完成业务数字化转型，以便更好地适应市场变化，赢得更大的市场空间。一些企业基于降低技术开发和运维成本、享受随时随地的即时服务等原因，将业务部署在云端；一些企业出于数据主权和安全隐私方面的考虑，在内部数据环境中搭建专有云平台；对于公有云和专有云都有需求的企业，会选择搭建混合云架构；还有一些企业为了满足安全合规、成本优化等需求，以及扩大地域覆盖范围，避免固定云厂商绑定，会选择多个云供应商。

云厂商在不同基础设施、不同能力特性以及不同 API 的基础上构建多云 / 混合云方案，需要耗费大量精力在适配和整合云平台能力上，同时用另一种形式绑定了用户，使其无法真正按需切换云服务提供商。传统多云 / 混合云的种种缺陷，导致这种云架构无法形成标准化的生态体系，这也是一直以来我们无法针对这种云架构实现统一管理、统一交付的原因。

Kubernetes 的出现让多云 / 混合云云架构进入了 2.0 时代，Kubernetes 的多项特性及相关生态体系为多云 / 混合云的标准化提供了可能性，以 Kubernetes 为代表的云原生技术屏蔽了基础设施的差异性。目前各个云厂商以及大量的数据中心都已经落地云原生技术，使得应用"一次定义，随处部署"成为可能。Kubernetes 标准化、声明式的 API，简化了应用的部署流程，让应用交付变得越来越标准化和统一化，并且支持在不同的云上使用相同的方式描述和编排应用。

以 Kubernetes 为代表的云原生技术推动了以应用为中心的多云 / 混合云云架构的到来，Kubernetes 已经成为企业多云管理的事实基础。本书的写作目的是向读者介绍当前多云 / 混合云多集群管理、混合集群弹性扩容、多集群应用管理和交付、多集群服务网格以及跨集群应用迁移等方面的实践。

本书内容

全书分 9 章。

❑ 第 1 章介绍云原生的关键技术、特性以及多云 / 混合云云架构中存在的问题，进而引出云原生技术如何加速多云 / 混合云云架构的变革，最后列举多云 / 混合云多集群的使用场景，阐述其在实际生产环境中的价值。

❑ 第 2 章演示如何使用 Minikube、Kubeadm 和 Rancher 搭建 Kubernetes 多集群环境，如何基于公有云容器服务搭建用于企业级应用开发和生产运行的 Kubernetes 集群，以及如何设置多个集群的环境。

❑ 第 3 章重点介绍如何将不同地域的多个集群统一到同一个控制平面，并以开源社区的集群联邦方案和阿里云注册集群为例展示公有云厂商如何实现多集群的统一管控和安全治理。

❑ 第 4 章重点介绍如何组建一个包含云下和云上网络的混合网络。从 Flannel、Calico、Cilium 等主流网络插件以及阿里云容器服务 Terway 网络插件的功能特性入手，对比不同容器网络插件的优缺点和适用场景，还展示了将本地数据中心网络与云上网络专线拉通并配置容器网络互联互通的方案。

❑ 第 5 章介绍如何为本地数据中心内的 Kubernetes 集群扩容云上弹性资源。

❑ 第 6 章详述多集群云原生应用编排技术，包括如何使用 Helm 和 Kustomize 编排多集群应用，达到使用同一份应用编排，根据不同目标集群环境渲染不同参数配置的目的。

❑ 第 7 章介绍如何使用 Argo CD 系统管理多集群应用的生命周期和应用交付，包括 Argo CD 的用户管理、源仓库管理、集群管理、项目管理和应用管理等方面的实践。

❑ 第 8 章介绍如何使用 Istio 服务网格技术跨多集群组建服务网格，包括 Istio 服务网格技术的基础知识和相关实践。

❑ 第 9 章展示如何对云原生应用进行备份、恢复以及跨集群的应用迁移。

本书包含大量实践案例，且大部分内容都是基于开源项目，希望读者能够亲自动手运行，结合开源项目的源码，详细了解每一个项目或组件的工作流程。

适用读者

❑ 需要对多个 Kubernetes 集群进行资源统一管理、安全统一治理、应用统一交付的系统管理员。

❑ 需要部署跨集群应用的应用管理员。

❑ 需要为本地数据中心内的 Kubernetes 集群扩容云上弹性资源的系统管理员。

❏ 需要在不同 Kubernetes 集群之间迁移应用的开发运维人员。

❏ 云原生技术爱好者。

勘误

由于作者水平有限，编写时间仓促，书中难免会存在一些错误或者不准确的地方，如果读者发现了问题，请及时与我联系。我的邮箱是 haoshuwei24@gmail.com。

致谢

感谢所有为本书撰写、出版提供帮助的人。

首先要特别感谢我所在的阿里云容器服务团队负责人易立、容器服务分布式云技术负责人李鹏以及每一位同事，正是有了他们的支持和团队的智慧，我才能在有限的时间内将这些经验、知识总结成一本书。

感谢机械工业出版社华章公司的杨福川编辑，是他促成了这本书的出版；感谢韩蕊编辑，是她多次高效率的审稿极大地提升了本书的质量。

特别感谢我的爱人、父母，他们在我写书期间给予我极大的支持；感谢刚刚能满地跑的我的小宝宝，他在工作和生活中给予我无限力量。他们是我人生中最宝贵的财富。

本书在撰写过程中参考了很多开源社区和云厂商的资料，恕不一一列举，在此对这些同行表示衷心感谢。

最后，感谢正在阅读本书的你，希望你可以从本书中获取有价值的知识。

Contents 目　录

第 1 章 *Chapter 1*

云原生与多云 / 混合云

本章主要介绍云原生的关键技术以及多云 / 混合云云架构中存在的问题，然后介绍云原生技术如何加速多云 / 混合云云架构的变革，最后列举多云 / 混合云多集群的使用场景，阐述其在实际生产环境中的价值。

1.1　什么是云原生

云原生计算加速了应用与基础设施资源之间的解耦，通过定义开放标准，向下封装资源，将复杂性下沉到基础设施层；向上支撑应用，让开发者更关注业务价值。此外，云原生计算提供统一的技术栈，动态、混合、分布式的云原生环境将成为新常态。本节我们将一起探讨什么是云原生，它的关键技术包括哪些。

1.1.1　云原生的定义

云原生（Cloud Native）是一个组合词，"云"表示应用程序运行于分布式云环境中，"原生"表示应用程序在设计之初就充分考虑到了云平台的弹性和分布式特性，就是为云设计的。可见，云原生并不是简单地使用云平台运行现有的应用程序，它是一种能充分利用云计算优势对应用程序进行设计、实现、部署、交付和操作的应用架构方法。

云原生技术一直在不断地变化和发展，关于云原生的定义也在不断地迭代和更新，不同的社区组织或公司对云原生也有自己的理解和定义。

Pivotal 公司是云原生应用架构的先驱者和探路者，云原生的定义最早也是由 Pivotal 公司的 Matt Stine 于 2013 年提出的。Matt Stine 在 2015 年出版的 *Migrating to Cloud-Native*

Application Architectures 一书中提出，云原生应用架构应该具备以下几个主要特征。

- ❑ 符合 12 因素，如表 1-1 所示。
- ❑ 面向微服务架构。
- ❑ 自服务敏捷架构。
- ❑ 基于 API 的协作。
- ❑ 具有抗脆弱性。

表 1-1 云原生应用的 12 因素

因　素	描　述
基准代码	一份基准代码，多份部署
依赖	显示声明依赖关系
配置	应用配置存储在环境中，与代码分离
后端服务	将通过网络调用的其他后端服务当作应用的附加资源
构建、发布、运行	严格分离构建、发布和运行
进程	以一个或多个无状态进程运行应用
端口绑定	通过端口绑定提供服务
并发	通过进程模型进行扩展
易处理	快速启动和优雅终止的进程可以最大化应用的健壮性
开发环境和线上环境一致性	尽可能保证开发环境、预发环境和线上环境的一致性
日志	把日志当作事件流的汇总
管理进程	把后台管理任务当作一次性进程运行

2017 年 Matt Stine 对云原生的定义做了一些修改，认为云原生应用架构应该具备 6 个主要特征：模块化、可观测性、可部署性、可测试性、可处理性和可替换性。截至本书结稿，Pivotal 公司对云原生的最新定义为 4 个要点：DevOps、持续交付、微服务、容器。

除了对云原生技术发展做出巨大贡献的 Pivotal 公司，另一个不得不提的云原生技术推广者就是云原生计算基金会（Cloud Native Computing Foundation，CNCF）。CNCF 是由开源基础设施界的翘楚 Google 等多家公司共同发起的基金会组织，致力于维护一个厂商中立的云原生生态系统，目前已经是云原生技术最大的推动者。

云原生计算基金会对云原生的定义：云原生技术有利于各组织在公有云、私有云和混合云等新型动态环境中构建和运行可弹性扩展的应用。云原生的代表技术包括容器、服务网格、微服务、不可变基础设施和声明式 API。这些技术能够构建容错性好、易于管理和便于观察的松耦合系统。结合可靠的自动化手段，云原生技术使工程师能够轻松地对系统做出频繁和可预测的重大变更。

1.1.2 云原生关键技术概述

1. 容器

容器技术是一种相对于虚拟机来说更加轻量的虚拟化技术，能为我们提供一种可移植、

可重用的方式来打包、分发和运行应用程序。容器提供的方式是标准化的，可以将不同应用
程序的不同组件组装在一起，又可以将它们彼此隔离。

容器的基本思想就是将需要执行的所有软件打包到一个可执行程序包中，比如将一个
Java 虚拟机、Tomcat 服务器以及应用程序本身打包进一个容器镜像。用户可以在基础设施
环境中使用这个容器镜像启动容器并运行应用程序，还可以将容器化运行的应用程序与基础
设施环境隔离。

容器具有高度的可移植性，用户可以轻松地在开发测试、预发布或生产环境中运行相
同的容器。如果应用程序被设计为支持水平扩缩容，就可以根据当前业务的负载情况启动或
停止容器的多个实例。

Docker 项目是当前最受欢迎的容器实现，以至于很多人通常都将 Docker 和容器互换使
用，但请记住，Docker 项目只是容器技术的一种实现，将来有可能会被替换。

因为具备轻量级的隔离属性，容器技术已然成为云原生时代应用程序开发、部署和运
维的标准基础设置。使用容器技术开发和部署应用程序的好处如下。

- 应用程序的创建和部署过程更加敏捷：与虚拟机镜像相比，使用应用程序的容器镜
  像更简便和高效。
- 可持续开发、集成和部署：借助容器镜像的不可变性，可以快速更新或回滚容器镜
  像版本，进行可靠且频繁的容器镜像构建和部署。
- 提供环境一致性：标准化的容器镜像可以保证跨开发、测试和生产环境的一致性，
  不必为不同环境的细微差别而苦恼。
- 提供应用程序的可移植性：标准化的容器镜像可以保证应用程序运行于 Ubuntu、
  CentOS 等各种操作系统或云环境下。
- 为应用程序的松耦合架构提供基础设置：应用程序可以被分解成更小的独立组件，
  可以很方便地进行组合和分发。
- 资源利用率更高。
- 实现了资源隔离：容器应用程序和主机之间的隔离、容器应用程序之间的隔离可以
  为运行应用程序提供一定的安全保证。

容器技术大大简化了云原生应用程序的分发和部署，可以说容器技术是云原生应用发
展的基石。

2. 微服务

微服务是一种软件架构方式，我们使用微服务架构可以将一个大型应用程序按照功能
模块拆分成多个独立自治的微服务，每个微服务仅实现一种功能，具有明确的边界。为了让
应用程序的各个微服务之间协同工作，通常需要互相调用 REST 等形式的标准接口进行通信
和数据交换，这是一种松耦合的交互形式。

微服务基于分布式计算架构，其主要特点可以概括为如下两点。

- 单一职责：微服务架构中的每一个服务，都应是符合高内聚、低耦合以及单一职责原则的业务逻辑单元，不同的微服务通过 REST 等形式的标准接口互相调用，进行灵活的通信和组合，从而构建出庞大的系统。
- 独立自治性：每个微服务都应该是一个独立的组件，它可以被独立部署、测试、升级和发布，应用程序中的某个或某几个微服务被替换时，其他的微服务都不应该被影响。

基于分布式计算、可弹性扩展和组件自治的微服务，与云原生技术相辅相成，为应用程序的设计、开发和部署提供了极大便利。

- 简化复杂应用：微服务的单一职责原则要求一个微服务只负责一项明确的业务，相对于构建一个可以完成所有任务的大型应用程序，实现和理解只提供一个功能的小型应用程序要容易得多。每个微服务单独开发，可以加快开发速度，使服务更容易适应变化和新的需求。
- 简化应用部署：在单体的大型应用程序中，即使只修改某个模块的一行代码，也需要对整个系统进行重新构建、部署、测试和交付。而微服务则可以单独对某一个指定的组件进行构建、部署、测试和交付。
- 灵活组合：在微服务架构中，可以重用一些已有的微服务组合新的应用程序，降低应用开发成本。
- 可扩展性：根据应用程序中不同的微服务负载情况，可以为负载高的微服务横向扩展多个副本。
- 技术异构性：通常在一个大型应用程序中，不同的模块具有不同的功能特点，可能需要不同的团队使用不同的技术栈进行开发。我们可以使用任意新技术对某个微服务进行技术架构升级，只要对外提供的接口保持不变，其他微服务就不会受到影响。
- 高可靠性、高容错性：微服务独立部署和自治，当某个微服务出现故障时，其他微服务不受影响。

微服务具备灵活部署、可扩展、技术异构等优点，但需要一定的技术成本，而且数量众多的微服务也增加了运维的复杂度，是否采用微服务架构需要根据应用程序的特点、企业的组织架构和团队能力等多个方面来综合评估。

3. 服务网格

随着微服务逐渐增多，应用程序最终可能会变为成百上千个互相调用的服务组成的大型应用程序，服务与服务之间通过内部或者外部网络进行通信。如何管理这些服务的连接关系以及保持通信通道无故障、安全、高可用和健壮，就成了一个非常大的挑战。服务网格（Service Mesh）可以作为服务间通信的基础设施层，解决上述问题。

服务网格是轻量级的网络代理，能解耦应用程序的重试 / 超时、监控、追踪和服务发现，并且能做到应用程序无感知。服务网格可以使服务与服务之间的通信更加流畅、可靠、安全，它的实现通常是提供一个代理实例，和对应的服务一起部署在环境中，这种模式我们称为 Sidecar 模式，Sidecar 模式可处理服务之间通信的任何功能，比如负载均衡、服务发现等。

服务网格的基础设施层主要分为两个部分，控制平面与数据平面，如图 1-1 所示。控制平面主要负责协调 Sidecar 的行为，提供 API 便于运维人员操控和测量整个网络。数据平面主要负责截获不同服务之间的调用请求并对其进行处理。

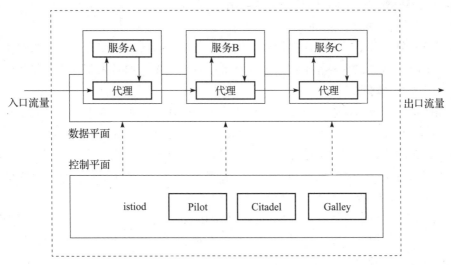

图 1-1　服务网格典型架构

与微服务架构相比，服务网格具有 3 个方面的优势。

❑ 可观测性：所有服务间通信都需要经过服务网格，所以在此处可以捕获所有调用相关的指标数据，如来源、目的地、协议、URL、状态码等，并通过 API 供运维人员观测。

❑ 流量控制：服务网格可以为服务提供智能路由、超时重试、熔断、故障注入和流量镜像等控制能力。

❑ 安全性：服务网格提供认证服务、加密服务间通信以及强制执行安全策略的能力。

4. DevOps

DevOps（Development & Operations，开发和运维）是软件开发人员和 IT 人员之间的合作过程，是一种工作环境、文化和实践的集合，目标是高效地自动执行软件交付和基础架构更改流程。开发和运维人员通过持续不断的沟通和协作，可以以一种标准化和自动化的方式快速、频繁且可靠地交付应用。

开发人员通常以持续集成和持续交付（CI/CD）的方式，快速交付高质量的应用程序。持续集成是指开发人员频繁地将开发分支代码合并到主干分支，这些开发分支在真正合并到主干分支之前，都需要持续编译、构建和测试，以提前检查和验证其存在的缺陷。持续集成的本质是确保开发人员新增的代码与主干分支正确集成。持续交付是指软件产品可以稳定、持续地保持随时可发布的状态，它的目标是促进产品迭代更频繁，持续为用户创造价值。与持续集成关注代码构建和集成相比，持续交付关注的是可交付的产物。持续集成只是对新代码与原有代码的集成做了检查和测试，在可交付的产物真正交付至生产环境之前，我们一般还需要将其部署至测试环境和预发布环境，进行充分的集成测试和验证，最后才会交付至生产环境，保证新增代码在生产环境中稳定可用。

使用持续集成和持续交付的优势如下。

- □ 避免重复性劳动，减少人工操作的错误：自动化部署可以将开发运维人员从应用程序集成、测试和部署等重复性劳动环节中解放出来，而且人工操作容易犯错，机器犯错的概率则非常小。
- □ 提前发现问题和缺陷：持续集成和持续交付能让开发和运维人员更早地获取应用程序的变更情况，更早地进入测试和验证阶段，也就能更早地发现和解决问题。
- □ 更频繁的迭代：持续集成和持续交付缩短了从开发、集成、测试、部署到交付各个环节的时间，中间有任何问题都可以快速"回炉"改造和更新，整个过程敏捷且可持续，大大提高了应用程序的迭代频率和效率。
- □ 更高的产品质量：持续集成可以结合代码预览、代码质量检查等功能，对不规范的代码进行标识和通知；持续交付可以在产品上线前充分验证应用可能存在的缺陷，最终提供给用户一款高质量的产品。

云原生应用通常包含多个子功能组件，DevOps 可以大大简化云原生应用从开发到交付的过程，实现真正的价值交付。

5. 不可变基础设施

在应用开发测试到上线的过程中，应用通常需要被频繁部署到开发环境、测试环境和生产环境中，在传统的可变架构时代，通常需要系统管理员保证所有环境的一致性，而随着时间的推移，这种靠人工维护的环境一致性很难维持，环境的不一致又会导致应用越来越容易出错。这种由人工维护、经常被更改的环境就是我们常说的"可变基础设施"。

与可变基础设施相对应的是不可变基础设施，是指一个基础设施环境被创建以后不接受任何方式的更新和修改。这个基础设施也可以作为模板来扩展更多的基础设施。如果需要对基础设施做更新迭代，那么应该先修改这些基础设施的公共配置部分，构建新的基础设施，将旧的替换下线。简而言之，不可变基础设施架构是通过整体替换而不是部分修改来创建和变更的。

不可变基础设施的优势在于能保持多套基础设施的一致性和可靠性，而且基础设施的创建和部署过程也是可预测的。在云原生结构中，借助 Kubernetes 和容器技术，云原生不可变基础设施提供了一个全新的方式来实现应用交付。云原生不可变基础设施具有以下优势。

❑ 能提升应用交付效率：基于不可变基础设施的应用交付，可以由代码或编排模板来设定，这样就可以使用 Git 等控制工具来管理应用和维护环境。基础设施环境一致性能保证应用在开发测试环境、预发布环境和线上生产环境的运行表现一致，不会频繁出现开发测试时运行正常、发布后出现故障的情况。

❑ 能快速、可靠地水平扩展：基于不可变基础设施的配置模板，我们可以快速创建与已有基础设施环境一致的新基础设施环境。

❑ 能保证基础设施的快速更新和回滚：基于同一套基础设施模板，若某一环境被修改，则可以快速进行回滚和恢复，若需对所有环境进行更新升级，则只需更新基础设施模板并创建新环境，将旧环境一一替换。

6. 声明式 API

声明式设计是一种软件设计理念：我们负责描述一个事物想要达到的目标状态并将其提交给工具，由工具内部去处理如何实现目标状态。与声明式设计相对应的是过程式设计。在过程式设计中，我们需要描述为了让事物达到目标状态的一系列操作，这一系列的操作只有都被正确执行，才会达到我们期望的最终状态。

在声明式 API 中，我们需要向系统声明我们期望的状态，系统会不断地向该状态驱动。在 Kubernetes 中，声明式 API 指的就是集群期望的运行状态，如果有任何与期望状态不一致的情况，Kubernetes 就会根据声明做出对应的合适的操作。使用声明式 API 的好处可以总结为以下两点。

❑ 声明式 API 能够使系统更加健壮，当系统中的组件出现故障时，组件只需要查看 API 服务器中存储的声明状态，就可以确定接下来需要执行的操作。

❑ 声明式 API 能够减少开发和运维人员的工作量，极大地提升工作效率。

1.2　多云 / 混合云

本节主要介绍多云 / 混合云云架构的概念以及企业用户需要构建多云 / 混合云云架构的原因。

1.2.1　什么是多云 / 混合云

多年来，随着云计算技术的蓬勃发展和落地，越来越多的企业选择采用云计算技术快速完成业务数字化转型，以便更好地适应市场变化，进而赢得更大的市场空间。其中有很大一部分企业基于降低技术开发和运维成本、享受随时随地的即时服务等原因，选择将自己的业务部署在云端；还有一部分企业出于数据主权和安全隐私方面的考虑，选择在内部数据中心搭建专有云平台；而对公有云和专有云都有需求的企业用户，则选择搭建混合云架构；除此之外，一些企业为了满足安全合规、成本优化、扩大地域覆盖范围以及避免云厂商绑定等需求，会选择多个云供应商提供服务。

多云和混合云并不是一个新概念，而且它们之间还很容易混淆，有的人认为多云是混合云的一种，有的人认为这两个词可以互换，还有人认为它们完全不相关。目前主流的定义是使用了超过一家云服务提供商的服务，就属于多云云架构，比如企业用户同时使用阿里云和 AWS 提供的云服务。同时使用了公有云和专有云服务的场景，属于混合云架构，这里的专有云可以是自建的，也可以是云厂商提供的。按照以上定义，如果一个企业用户既使用了云厂商 A 提供的公有云服务，又使用了云厂商 B 提供的专有云服务，那么这种场景既符合多云的定义，又符合混合云的定义，就是典型的多云 / 混合云云架构。一种更复杂的场景是，企业用户既使用了云厂商 A 和 B 的公有云服务，又使用了自建的专有云服务，那么这也是一种典型的多云 / 混合云云架构。

1.2.2　为什么需要多云 / 混合云

要探讨这个问题，我们需要从企业用户的角度去思考。促使企业用户选择多云 / 混合云云架构的原因大致有以下 5 点。

1. 出于企业自身业务安全性考虑

"鸡蛋不能放在同一个篮子里"，对于企业用户，特别是大型企业用户来说，把公司的"生命线"业务完全托付给一个外部云厂商来保障，是有一定风险的。虽然公有云厂商通常都提供了安全可靠的冗余方案，以保证企业用户服务的不间断性，但也并不是没有意外发生。使用多云 / 混合云方案可以保证企业用户同时具有 A、B 两套方案可供选择和切换，最大限度地保证了业务稳定性。

2. 出于数据主权和安全隐私方面的监管要求

基于不同国家对于数据安全的法律规定，或者跨国企业自身的安全策略需求，一些商业数据需要驻留在指定的区域，而多云 / 混合云云架构就可以帮助企业用户满足这一类监管要求。

3. 为了享受不同云厂商的服务特性

不同云厂商提供的服务质量是有一定差异性的，这种差异性体现在方方面面，取决于用户的实际需求和考量，我们以地域覆盖面的差异性为例，某企业用户通常采购云厂商 A 提供的服务，但在某个特定的区域内，云厂商 B 提供的服务在访问延迟上更优。如果企业用户在此区域有重要客户且对云服务的访问延迟有较高要求，则企业用户会选择将此区域的业务部署在云厂商 B 提供的云服务上，其他业务继续部署在云厂商 A 提供的云服务上。

4. 避免单一厂商绑定，优化成本

企业用户可能只选择使用云厂商提供的某些基础云服务，比如短信通知服务。绝大多数的云厂商都会提供这些服务，用户可以自由选择收费更低的云厂商，以此降低投入成本。

此外，多云 / 混合云云架构也可以为企业用户提供更多与云厂商议价的空间。

5. 追随技术革新

对于一些人工智能、机器学习、物联网等高精尖技术的革新和演进，云厂商通常能够第一时间提供与之对应的云服务，企业用户可以以更少的成本使用这些云服务，并推动企业自身的技术革新和发展，多云 / 混合云云架构可以让企业随时随地采用最好的云服务。

1.3　云原生技术助力多云 / 混合云云架构变革

在 1.2 节中，我们探讨了什么是多云 / 混合云，为什么要使用多云 / 混合云云架构。多云 / 混合云已经成为企业上云的新趋势，然而残酷的现实却是，每一朵公有云或专有云都有自己的一套基础设施以及 API，所谓的多云 / 混合云云架构在多数情况下只是云厂商 A 对云厂商 B 的一套主动接入，这种多云 / 混合云云架构一直以来都是以架构的复杂性著称。

在这种不同基础设施、不同能力特性以及不同 API 接口的基础上构建多云 / 混合云方案，一方面需要云厂商耗费大量精力在适配和整合云平台的能力上；另一方面，用户在这种架构下也无法真正按需切换云服务提供商，反而是另一种形式的绑定。传统多云 / 混合云的种种缺陷，导致这种云架构无法形成标准化的生态体系，也是一直以来我们无法针对这种云架构构建统一管理、统一交付的原因。

Kubernetes 的出现让多云 / 混合云云架构进入 2.0 时代，Kubernetes 的多项特性及相关生态体系为多云 / 混合云的标准化提供了可能性。

- ❑ 以 Kubernetes 为代表的云原生技术屏蔽了基础设施的差异性，目前各个云厂商以及大量的数据中心都已经落地这些技术，使得应用"一次定义，到处部署"成为可能。
- ❑ Kubernetes 标准化、声明式的 API，简化了应用的部署，让应用交付变得越来越标准化和统一化，支持在不同的云上使用相同的方式描述和编排应用。
- ❑ 网格服务技术可以跨越多个 Kubernetes 集群，实现统一的流量管理和服务治理，使得多云 / 混合云云架构下的应用服务统一到一个控制平面进行管理。

在云原生时代，以 Kubernetes 为代表的云原生技术推动了以应用为中心的多云 / 混合云云架构的发展，Kubernetes 已经成为企业多云管理的事实基础。

1.4　云原生多云 / 混合云多集群的使用场景

本节主要介绍云原生多云 / 混合云多集群的使用场景和优势。

1. 异地多活——跨地域容灾

从设计的角度讲，Kubernetes 本身就是一个健壮的分布式系统，在一个高可用配置集群中，比如典型的 3 masters + 3 workers 集群架构中，即使某个节点出现故障，Kubernetes 系

统也能通过健康检查和重启策略自动实现 Pod 故障的自我修复，然后通过调度算法将 Pod
分布式部署在其他运行健康的节点上，同时保持预期的副本数，实现应用层的高可用性。

从基础设施层面讲，各个云厂商的 IaaS 产品基本都提供了等级协议（Service Level
Agreement，SLA），规定其服务可用性等级指标及赔偿方案，能最大限度地保证用户数据完
整性，提供容错能力和快速恢复能力。数据完整性是指云厂商能够保护客户生产数据的精确
性和可靠性。容错能力是指云厂商能够及时检测到服务器侧的故障并自动采取补救措施，保
证用户业务不受影响。快速恢复是指在发生不可预期的故障时，能够快速且全面地恢复服务
的能力。用户可以选择使用这些产品化能力，以最低的成本提升业务应用的高可用性。

从基础设施服务和 Kubernetes 容器平台这两个维度看，用户可以低成本搭建一个高可
用应用业务架构，但是不管上述服务和平台的设计和构建如何全面，都会遇到不可避免的突
发事件，这不是会不会发生问题，而是什么时候发生问题。

因此，对于容灾能力要求更高的业务，就需要通过异地多活这样的地域级容灾能力来
实现。用户可以在单一云厂商的不同区域搭建多个集群，也可以选择在不同云厂商的不同
区域搭建多个集群，或者分别在线下 IDC 和线上云厂商的不同区域搭建集群，实现业务
应用的异地多活部署。图 1-2 展示了混合云场景下 IDC 内的容器集群和公有云上容器集群
Active-Active 的部署。在异地多活架构下，应用的业务负载同时部署在多个集群上，然后
使用一个全局的 DNS 服务将请求转发至对应的后端集群，当其中一个集群发生故障，无法
处理请求时，DNS 服务会自动处理并转发请求到健康的集群上。

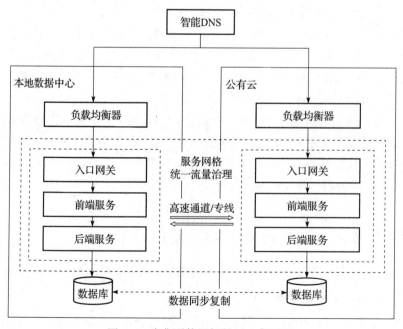

图 1-2　多集群使用场景——高可用

2. 低延时——就近访问

对于开展国际业务的用户来说，服务的访问者分布广泛，如果服务器部署在某个特定的区域内，势必会影响其他部分地区的网络。

在这种场景下，我们可以选择在多个地区分别部署集群，通过智能 DNS 解析将用户请求转发至距离最近的集群进行处理，最大限度地减少网络带来的延迟。图 1-3 中，某应用服务分别部署于北京、成都、香港 3 个地区的 Kubernetes 集群中，华北地区的用户请求会被智能解析到北京的 Kubernetes 集群上，西南地区的用户请求会被智能解析到成都的 Kubernetes 集群上，海外的用户请求则会被智能解析到香港的 Kubernetes 集群上，这样可以最大限度地减少地理距离带来的网络延迟，为各地用户带来一致的服务体验。

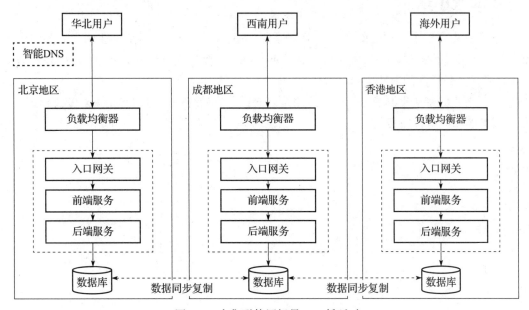

图 1-3　多集群使用场景——低延时

3. 降低爆炸半径

通常情况下，多个小规模的集群要比一个大规模的集群更容易进行故障隔离。集群有可能因为磁盘、网络等故障导致无法处理请求，使用多个集群可以将故障限制和隔离在某个集群中，避免引起更大的连锁反应。

4. 业务隔离

对于不同的业务需要做好业务隔离，虽然 Kubernetes 本身也有命名空间机制来帮助用户做安全隔离，但这只是逻辑上的软隔离，不同命名空间之间依然可以网络互通，而且也还存在资源抢占的问题，需要进一步配置网络隔离策略和资源限额。

将不同的业务部署在不同的 Kubernetes 集群中，可以在物理层面实现业务的彻底隔离，安全性和可靠性均高于使用命名空间进行隔离。例如企业不同部门部署各自独立的集群、使用多个集群分别部署开发、测试、生产环境等。

5. 避免单一云厂商绑定

多云 / 混合云多集群的云架构可以使企业用户避免被单一云厂商绑定，企业用户不仅可以随时选择某一云厂商提供的前沿技术服务，还可以在必要时以相对小的成本进行业务迁移。除此之外，企业用户在选择云服务的时候还可以"货比三家"，在自主选择最适合自身业务的云服务的同时，拥有一定的议价能力。

1.5 本章小结

本章首先介绍了云原生的定义以及云原生关键技术，然后探讨了企业用户需要构建多云 / 混合云云架构的原因，最后介绍了以 Kubernetes 开源容器平台为基石的云原生技术为多云 / 混合云场景带来的新架构和新希望。

接下来我们将从集群统一管理、应用统一交付、流量统一治理等方面探索多云 / 混合云下的多集群和应用管理实践。

快速搭建 Kubernetes 多集群环境

为了能更好地理解和实践 Kubernetes 多集群管理，本章我们将学习如何使用不同的工具快速搭建 Kubernetes 多集群环境。

2.1　使用 Minikube 搭建本地 Kubernetes 集群

Minikube 由 Kubernetes 开源社区维护，用于搭建本地 Kubernetes 集群，支持 MacOS、Linux、Windows 等多种操作系统，旨在帮助开发者学习和开发 Kubernetes 容器平台。用户可以在这个单机版的 Kubernetes 集群中学习容器编排管理、权限控制、负载均衡等功能。

本章将使用 Linux 系统演示如何创建 Minikube Kubernetes 集群，其他类型操作系统的安装及部署步骤参见 https://minikube.sigs.k8s.io/docs/start/。

1. 集群信息和节点配置要求

使用 Minikube 搭建的集群信息如表 2-1 所示。

表 2-1　Minikube 集群信息

节点名称	节点角色	节点规格	Kubernetes 版本	OS 版本	IP 地址
local-minikube	主节点 + 工作节点	2C4G	1.19.4	CentOS 8.2	192.168.0.44

用 Minikube 搭建 Kubernetes 集群，对节点规格有以下要求。

❑ CPU 资源不小于 2 核。

❑ 内存不小于 2GB。

❑ 磁盘存储空间不小于 20GB。

❑ 具备公网访问能力。

❑ 支持容器技术。

2. 安装和启动 Docker

执行如下命令，卸载旧版本 Docker。

```
$ yum remove -y docker \
               docker-client \
               docker-client-latest \
               docker-ce-cli \
               docker-common \
               docker-latest \
               docker-latest-logrotate \
               docker-logrotate \
               docker-selinux \
               docker-engine-selinux \
               docker-engine
```

执行如下命令，设置 yum repo。

```
$ yum install -y yum-utils
$ yum-config-manager --add-repo https://download.docker.com/linux/centos/
  docker-ce.repo
```

执行如下命令，安装并启动 Docker。

```
$ yum install -y docker-ce-19.03.13 docker-ce-cli-19.03.13 containerd.io-1.4.3
  conntrack
$ systemctl start docker
$ systemctl enable docker
```

3. 安装和启动 Minikube

下载 minikube 和 kubectl 二进制文件到 idc-minikube 节点。

```
$ curl -Lo minikube https://storage.googleapis.com/minikube/releases/latest/
  minikube-linux-amd64 \
  && chmod +x minikube

$ curl -LO https://storage.googleapis.com/kubernetes-release/release/
$ (curl -s https://storage.googleapis.com/kubernetes-release/release/stable.
  txt)/bin/linux/amd64/kubectl \
  && chmod +x kubectl
```

将 minikube 可执行二进制文件安装到当前节点的可执行路径下。

```
$ install minikube /usr/local/bin/
$ install kubectl /usr/local/bin/
```

安装并启动一个 1.19.4 版本的 Kubernetes 集群。

```
$ minikube start --kubernetes-version v1.19.4 --driver=none
  Centos 7.8.2003 上的 minikube v1.16.0
  根据用户配置使用 none 驱动程序
  Starting control plane node minikube in cluster minikube
  Running on localhost (CPUs=2, Memory=3646MB, Disk=40188MB) ...
  OS release is CentOS Linux 7 (Core)
    > kubelet.sha256: 64 B / 64 B [--------------------------] 100.00% ? p/s 0s
    > kubeadm.sha256: 64 B / 64 B [--------------------------] 100.00% ? p/s 0s
    > kubectl.sha256: 64 B / 64 B [--------------------------] 100.00% ? p/s 0s
    > kubeadm: 37.30 MiB / 37.30 MiB [---------------] 100.00% 20.08 MiB p/s 2s
    > kubectl: 41.01 MiB / 41.01 MiB [---------------] 100.00% 18.85 MiB p/s 2s
    > kubelet: 104.92 MiB / 104.92 MiB [-------------] 100.00% 14.19 MiB p/s 8s

    ▪ Generating certificates and keys ...
    ▪ Booting up control plane ...
    ▪ Configuring RBAC rules ...
  开始配置本地主机环境 ...

The 'none' driver is designed for experts who need to integrate with an
  existing VM
Most users should use the newer 'docker' driver instead, which does not
  require root!
For more information, see: https://minikube.sigs.k8s.io/docs/reference/
  drivers/none/

kubectl 和 minikube 配置将存储在 /root 中
  如需以您自己的用户身份使用 kubectl 或 minikube 命令，您可能需要重新定位该命令。例如，如需覆
    盖您的自定义设置，请运行：

    ▪ sudo mv /root/.kube /root/.minikube $HOME
    ▪ sudo chown -R $USER $HOME/.kube $HOME/.minikube

此操作还可通过设置环境变量 CHANGE_MINIKUBE_NONE_USER=true 自动完成
Verifying Kubernetes components...
Enabled addons: default-storageclass, storage-provisioner
Done! kubectl is now configured to use "minikube" cluster and "default"
  namespace by default
```

执行如下命令，检查集群节点状态是否就绪。

```
$ kubectl get no
NAME              STATUS   ROLES    AGE   VERSION
local-minikube    Ready    master   4m    v1.19.4
```

查看 minikube 集群中组件的运行状态，可以使用 minikube status 命令，也可以使用 kubectl 直接查看系统组件的 Pod 运行状态。

```
$ minikube status
minikube
```

```
type: Control Plane
host: Running
kubelet: Running
apiserver: Running
kubeconfig: Configured
timeToStop: Nonexistent

$ kubectl -nkube-system get po
NAME                                          READY    STATUS     RESTARTS    AGE
coredns-f9fd979d6-9gw7x                       1/1      Running    0           5m43s
etcd-local-minikube                           1/1      Running    0           5m52s
kube-apiserver-local-minikube                 1/1      Running    0           5m52s
kube-controller-manager-local-minikube        1/1      Running    0           5m52s
kube-proxy-mbxnz                              1/1      Running    0           5m43s
kube-scheduler-local-minikube                 1/1      Running    0           5m52s
storage-provisioner                           1/1      Running    0           5m58s
```

4. 部署应用

成功创建 Kubernetes 集群后，我们可以继续部署一个应用，验证应用在集群中是否正常运行。

使用如下命令部署 Nginx 应用，服务端口为 80。

```
$ kubectl create deployment nginx --image=nginx
$ kubectl expose deployment nginx --type=NodePort --port=80
```

查看 Nginx 服务映射到集群节点上的端口号。

```
$ kubectl get svc nginx -o jsonpath="{.spec.ports[0].nodePort}"
30439
```

Nginx 服务启动完毕后，就可以通过 http://192.168.0.44:30439/ 地址访问 Nginx 了，界面如图 2-1 所示。

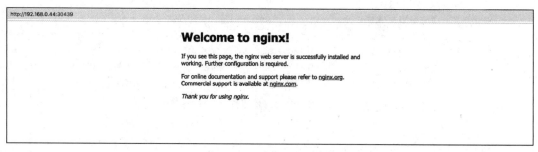

图 2-1　浏览器访问 Nginx 应用

2.2　使用 Kubeadm 搭建 Kubernetes 集群

本节将演示如何使用 Kubeadm 初始化一个单主节点 + 工作节点的 Kubernetes 集群。

1. 集群信息

使用 Kubeadm 搭建的集群信息如表 2-2 所示。

表 2-2　Kubeadm 集群信息

节点名称	节点角色	节点规格	Kubernetes 版本	OS 版本	IP 地址
idc-kubeadmin-master	主节点	2C4G	1.19.4	CentOS 8.2	192.168.0.45
idc-kubeadmin-worker	工作节点	2C4G	1.19.4	CentOS 8.2	192.168.0.46

2. 安装和启动 Docker

分别在 idc-kubeadmin-master 和 idc-kubeadmin-worker 节点安装和启动 Docker。

3. 安装和启动 kubelet

按照以下步骤，分别在 idc-kubeadmin-master 和 idc-kubeadmin-worker 节点安装和启动 kubelet。

关闭防火墙，命令如下。

```
$ systemctl stop firewalld
$ systemctl disable firewalld
```

关闭 Selinux，命令如下。

```
$ setenforce 0
$ sed -i "s/SELINUX=enforcing/SELINUX=disabled/g" /etc/selinux/config
```

关闭 swap，命令如下。

```
$ swapoff -a
$ sed -i '/swap/d' /etc/fstab
```

修改 /etc/sysctl.conf，配置以下参数，命令如下。

```
net.ipv4.ip_forward = 1
net.bridge.bridge-nf-call-ip6tables = 1
net.bridge.bridge-nf-call-iptables = 1
net.ipv6.conf.all.disable_ipv6 = 1
net.ipv6.conf.default.disable_ipv6 = 1
net.ipv6.conf.lo.disable_ipv6 = 1
net.ipv6.conf.all.forwarding = 1
```

执行如下命令使其生效。

```
$ sysctl -p
```

配置 kubernetes yum 源，命令如下。

```
$ cat <<EOF > /etc/yum.repos.d/kubernetes.repo
[kubernetes]
name=Kubernetes
```

```
baseurl=https://packages.cloud.google.com/yum/repos/kubernetes-el7-x86_64
enabled=1
gpgcheck=1
repo_gpgcheck=1
gpgkey=https://packages.cloud.google.com/yum/doc/yum-key.gpg
            https://packages.cloud.google.com/yum/doc/rpm-package-key.gpg
EOF
```

卸载旧版本的 kubelet，命令如下。

```
$ yum remove -y kubelet kubeadm kubectl
```

安装 kubelet、kubeadm、kubectl，命令如下。

```
$ yum install -y kubelet-1.19.4 kubeadm-1.19.4 kubectl-1.19.4
```

启动 kubelet 服务，命令如下。

```
$ systemctl start kubelet
$ systemctl enable kubelet
```

4. 初始化主节点

按照以下步骤，在节点 idc-kubeadmin-master 上完成主节点的初始化。主节点初始化需要的信息统一配置在 kubeadm-config.yaml 文件中，MASTER_IP 根据实际情况进行配置，其他配置可以保持不变，配置步骤如下。

```
$ export MASTER_IP=192.168.0.45
$ export SERVICE_SUBNET=10.96.0.0/16
$ export POD_SUBNET=10.100.0.1/16
$ export KUBE_VERSION=v1.19.4
$ cat <<EOF > ./kubeadm-config.yaml
apiVersion: kubeadm.k8s.io/v1beta2
kind: ClusterConfiguration
kubernetesVersion: ${KUBE_VERSION}
controlPlaneEndpoint: "${MASTER_IP}:6443"
networking:
  serviceSubnet: "${SERVICE_SUBNET}"
  podSubnet: "${POD_SUBNET}"
  dnsDomain: "cluster.local"
EOF
```

执行 kubeadm init 命令，完成主节点的初始化。

```
$ kubeadm init --config=kubeadm-config.yaml --upload-certs

....
Then you can join any number of worker nodes by running the following on each as root:

kubeadm join 192.168.0.45:6443 --token msdbsj.tb8k2oz17ewuju62 \
   --discovery-token-ca-cert-hash sha256:8f56a2c39335622f0eff2c0a7a70fe8ed44c
```

```
1675dda64f50594a915b2d76ab55
```

主节点初始化完毕后，将 /etc/kubernetes/admin.conf 文件配置为 kubeconfig，使用 kubeconfig 在集群中部署网络插件。本示例部署 calico 网络插件，插件版本为 3.13.1。

```
$ mkdir -p ~/.kube
$ cp -i /etc/kubernetes/admin.conf ~/.kube/config
```

安装 Tigera Calico operator 和相关的 CRD 自定义 Kubernetes 资源，命令如下。

```
$ kubectl apply -f https://docs.projectcalico.org/manifests/tigera-operator.yaml
```

编辑 custom-resources.yaml 文件，将 spec.calicoNetwork.ipPools 下默认的 cidr 参数配置为实际值，本示例为 10.100.0.1/16。

```
$ cat <<EOF > custom-resources.yaml
apiVersion: operator.tigera.io/v1
kind: Installation
metadata:
  name: default
spec:
  calicoNetwork:
    ipPools:
    - blockSize: 26
      cidr: 10.100.0.1/16
      encapsulation: VXLANCrossSubnet
      natOutgoing: Enabled
      nodeSelector: all()
EOF
```

部署 custom-resources.yaml 并确认 calico-system 命名空间下所有 Pod 都运行正常。

```
$ kubectl apply -f custom-resources.yaml

$ kubectl -n calico-system get pods
NAME                                        READY   STATUS    RESTARTS   AGE
calico-kube-controllers-546d44f5b7-pfqsn    1/1     Running   0          4m7s
calico-node-fbc9g                           1/1     Running   0          4m7s
calico-typha-655f98f7b9-fwfkf               1/1     Running   0          4m7s
```

至此，我们已经完成了主节点的初始化，可以查看当前集群节点状态是否就绪。

```
$ kubectl get no
NAME                   STATUS   ROLES    AGE   VERSION
idc-kubeadmin-master   Ready    master   17m   v1.19.4
```

5. 添加工作节点

在使用 kubeadm init 完成集群初始化时，可以看到日志输出如下内容。

```
Then you can join any number of worker nodes by running the following on each as root:
```

```
kubeadm join 192.168.0.45:6443 --token msdbsj.tb8k2oz17ewuju62 \
    --discovery-token-ca-cert-hash sha256:8f56a2c39335622f0eff2c0a7a70fe8ed44c
        1675dda64f50594a915b2d76ab55
```

根据以上提示，在节点 idc-kubeadmin-worker 上执行 kubeadm join 命令可将工作节点添加进集群，命令的执行日志如下所示。

```
$ kubeadm join 192.168.0.45:6443 --token msdbsj.tb8k2oz17ewuju62 \
    --discovery-token-ca-cert-hash sha256:8f56a2c39335622f0eff2c0a7a70fe8ed44c
        1675dda64f50594a915b2d76ab55

...
This node has joined the cluster:
* Certificate signing request was sent to apiserver and a response was received.
* The Kubelet was informed of the new secure connection details.

Run 'kubectl get nodes' on the control-plane to see this node join the cluster.
```

成功将工作节点加入集群后，可以在主节点上查看当前集群中所有节点的信息及状态。

```
$ kubectl get no
NAME                    STATUS    ROLES     AGE    VERSION
idc-kubeadmin-master    Ready     master    48m    v1.19.4
idc-kubeadmin-worker    Ready     <none>    63s    v1.19.4
```

2.3 使用 Rancher 搭建 Kubernetes 集群

Rancher 是一个开源的容器管理平台，使用 Rancher 可以非常方便地搭建和管理 Kubernetes 集群。

1. 集群信息

使用 Rancher 搭建的集群信息如表 2-3 所示。

表 2-3 Rancher 集群信息

节点名称	节点角色	节点规格	版本	OS 版本	IP 地址
idc-rancher	Rancher 平台管控服务节点	2C4G	2.5.0	CentOS 8.2	192.168.0.47
idc-rancher-master	主节点	2C4G	1.19.4	CentOS 8.2	192.168.0.48
idc-rancher-worker	工作节点	2C4G	1.19.4	CentOS 8.2	192.168.0.49

2. 安装和启动 Docker

分别在 idc-rancher、idc-rancher-master 和 idc-rancher-worker 节点安装和启动 Docker。

3. 部署和启动 Rancher

在 idc-rancher 节点上使用如下 Docker 命令部署 Rancher。

```
$ docker run -d --restart=unless-stopped -p 80:80 -p 443:443 --privileged
  rancher/rancher
```

Rancher 部署完毕，通过 https://192.168.0.47 访问登录页面，如图 2-2 所示。

图 2-2　访问 Rancher 登录页面

配置管理员密码及 Rancher Server URL，如图 2-3 所示。

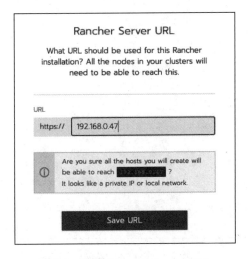

图 2-3　配置 Rancher Server URL

最后进入集群列表页面，如图 2-4 所示。

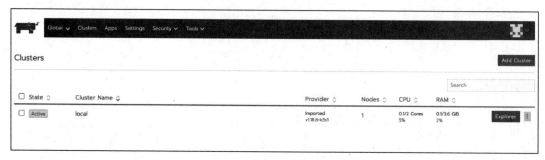

图 2-4　Rancher 集群列表

4. 部署主节点

点击 Add Cluster 按钮，在弹出的新页面中选择 Existing nodes，然后进入集群配置页面，填写集群名称为 idc-rancher。选择 Kubernetes Version 为 v1.19.6-rancher1-1，选择 Network Provider 为 Calico，其他选项可以使用默认配置，如图 2-5 所示。

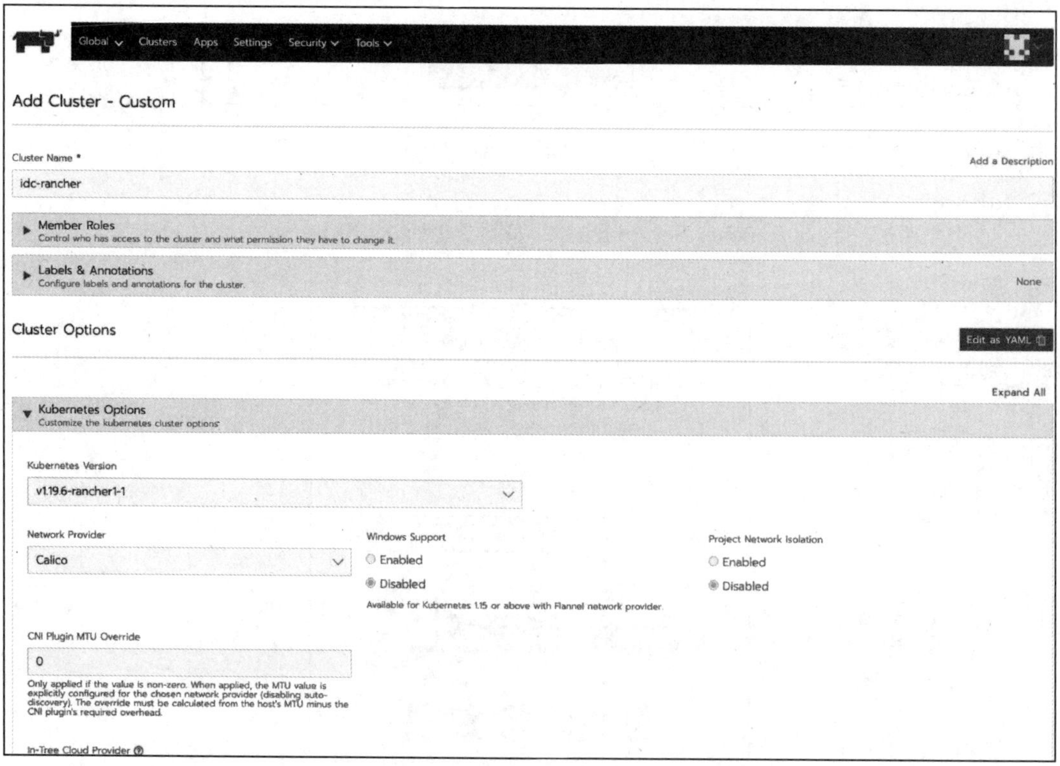

图 2-5　Rancher 集群配置

集群配置完毕后，点击 Next 按钮，就可以看到初始化 Kubernetes 集群节点的命令行内容，为主节点勾选节点角色 etcd 和 Control Plane 后，最终的初始化命令如图 2-6 所示。

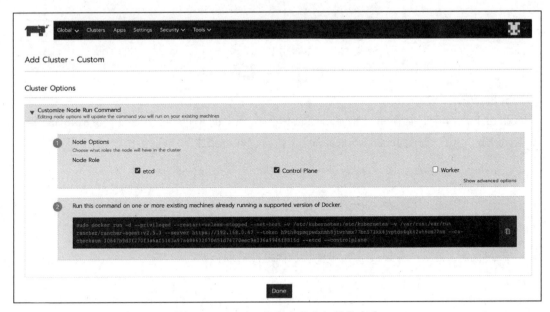

图 2-6　Rancher 集群主节点初始化命令

在 idc-rancher-master 节点上运行图 2-6 中的节点初始化命令，如下所示。

```
$ sudo docker run -d --privileged --restart=unless-stopped --net=host -v /etc/
  kubernetes:/etc/kubernetes -v /var/run:/var/run rancher/rancher-agent:v2.5.3
  --server https://192.168.0.47 --token h9th8qpmqpwdxnmh8jtwzhmx77bn572kk6
  jvptds4qk42wh6cm77nn --ca-checksum 10647b9d3f270f3a6af5163a97a484632070d51d
  74770eec9e136a9946f8816d --etcd --controlplane
```

在初始化命令执行过程中，我们可以在 Rancher 集群列表中看到集群状态信息的变化，状态更新为 Active 表示集群创建成功，如图 2-7 所示。

State	Cluster Name	Provider	Nodes	CPU	RAM	
Active	idc-rancher	Custom v1.19.6	1	n/a	n/a	Explorer
Active	local	imported v1.18.8+k3s1	1	0.1/2 Cores 5%	0.1/3.6 GiB 2%	Explorer

图 2-7　Rancher 集群创建成功

点击 idc-rancher 集群可以在新页面查看集群 kubeconfig 文件的内容。

复制文件内容并保存至 ~/.kube/config。安装 kubectl 工具，查看集群节点列表，如下所示。

```
$ kubectl get no
NAME                      STATUS     ROLES              AGE       VERSION
idc-rancher-master        Ready      controlplane,etcd  7m28s     v1.19.6
```

5. 添加工作节点

添加工作节点非常简单，将主节点初始化命令中的角色参数 --etcd -controlplane 替换成 --worker，并在 idc-rancher-worker 节点上执行，即可完成节点初始化。

```
$ sudo docker run -d --privileged --restart=unless-stopped --net=host -v /etc/
   kubernetes:/etc/kubernetes -v /var/run:/var/run rancher/rancher-agent:v2.5.3
   --server https://192.168.0.47 --token h9th8qpmqpwdxnmh8jtwzhmx77bn572kk6jvptds
   4qk42wh6cm77nn --ca-checksum 10647b9d3f270f3a6af5163a97a484632070d51d74770eec
   9e136a9946f8816d --worker
```

在主节点上再次查看集群节点列表及系统组件的运行状态。

```
$ kubectl get no
NAME                      STATUS     ROLES              AGE       VERSION
idc-rancher-master        Ready      controlplane,etcd  17m       v1.19.6
idc-rancher-worker        Ready      worker             62s       v1.19.6

$ kubectl -nkube-system get po
NAME                                        READY     STATUS       RESTARTS     AGE
calico-kube-controllers-744dd87786-tgv2w    1/1       Running      0            17m
calico-node-b6zwx                           1/1       Running      0            17m
calico-node-ws5zj                           1/1       Running      0            2m2s
coredns-6f85d5fb88-xnrsp                    1/1       Running      0            17m
coredns-autoscaler-79599b9dc6-fmxm7         1/1       Running      0            17m
metrics-server-8449844bf-lb5rq              1/1       Running      0            17m
rke-coredns-addon-deploy-job-wzp97          0/1       Completed    0            17m
rke-ingress-controller-deploy-job-rs2jp     0/1       Completed    0            17m
rke-metrics-addon-deploy-job-r7h7p          0/1       Completed    0            17m
rke-network-plugin-deploy-job-zkfgf         0/1       Completed    0            18m
```

2.4   使用公有云容器服务搭建 Kubernetes 集群

Kubernetes 是主流的开源容器编排平台，除了可以使用 Minikube、Kubeadm 或者 Rancher 等工具在本地或 IDC 服务器中搭建 Kubernetes 集群之外，大多数公有云厂商都配备了 Kubernetes 集群服务，例如阿里云容器服务，面向多种业务场景提供多样化的容器集群形态。

❑ 专有版容器集群：用户享有完全控制包含主节点和工作节点资源的整个集群的能力。

❑ 托管版容器集群：用户只需创建工作节点资源，运行于主节点的集群管控服务由云厂商托管，为用户节省了资源和运维成本，以便快速开展业务，托管版容器集群是最经济通用的容器集群形态。

❑ Serverless Kubernetes 集群：用户无须创建任何主节点或者工作节点，开通服务后就可以部署容器实例，适合开发测试、单次或批量任务以及突发流量等场景。

❑ 边缘容器集群：用户可以将边缘节点添加到集群中进行管理，提供类似边缘自治、网络自治等适配边缘计算场景的能力，适用于边缘智能、音视频直播、在线教育、CDN 等边缘业务场景。

❑ 注册集群：当用户希望扩展 IDC 内的 Kubernetes 集群，使用公有云上的弹性伸缩等产品化能力，或者希望使用阿里云容器服务控制台统一管理分布在不同云环境中的 Kubernetes 集群时，可以通过注册集群将目标集群接入阿里云容器服务。我们将在第 3 章演示如何将 IDC 内的容器集群接入云上注册集群，使其拥有和云上容器集群一致的授权管理、集群审计、日志采集等能力。

下面就以阿里云容器服务托管版 Kubernetes 为例，介绍当前公有云厂商的容器服务能力。

❑ 确保已成功创建 Kubernetes 集群需要的 VPC 专有网络和交换机，Kubernetes 集群的网络地址段规划参见 https://help.aliyun.com/document_detail/86500.html，创建 VPC 专有网络参见 https://help.aliyun.com/document_detail/65398.html，创建交换机参见 https://help.aliyun.com/document_detail/65387.html。

❑ 登录容器服务控制台，在左侧导航栏单击集群进入集群列表，然后单击页面右上角的"创建集群"按钮，在 ACK 托管页面中完成集群的配置。

❑ 根据表 2-4 描述的信息，完成集群基础选项配置。

表 2-4　集群基础选项配置

配置项	描　述
集群名称	填写集群的名称
集群规格	支持标准版和 Pro 版
地域	选择集群所在的地域
资源组	默认使用账户全部资源
时区	选择集群使用的时区。默认时区为浏览器配置的时区
Kubernetes 版本	选择 Kubernetes 版本
容器运行时	支持 Docker 或安全沙箱
专有网络	选择集群的 VPC 网络，支持普通 VPC 和共享 VPC，如果没有 VPC 网络，则需要参见前提条件中的文档链接进行创建
虚拟交换机	选择集群的虚拟交换机，可以根据可用区选择 1~3 个交换机，如果没有虚拟交换机，则需要参见前提条件中的文档链接进行创建
网络插件	支持 Flannel 和 Terway 两种网络模式，本示例选择默认的 Flannel 网络插件

（续）

配置项	描　述
Pod 网络 CIDR	网络插件选择 Flannel 时，需要配置 Pod 网络 CIDR。网段不能和 VPC 及 VPC 已有 Kubernetes 集群使用的网段重复，且创建成功后不能修改。Service 地址段不能和 Pod 地址段重复
Service CIDR	Service CIDR 的网段不能与 VPC 及 VPC 内已有 Kubernetes 集群使用的网段重复，且创建成功后不能修改。Service 地址段也不能和 Pod 地址段重复
节点 IP 数量	节点 IP 数量是指可分配给一个节点的 IP 数量，建议保持默认值
配置 SNAT	如果用户选择的 VPC 不具备公网访问能力，选中为专有网络配置 SNAT 后，容器服务会自动创建 NAT 网关并配置 SNAT 规则
API Server 访问	默认情况下，API Server 使用一个内网 SLB 实例，如果需要从外部公网访问集群，则须勾选 EIP 暴露
安全组	支持自动创建普通安全组、自动创建企业级安全组、选择已有安全组

❑ 根据表 2-5 中描述的信息，完成集群高级选项配置。

表 2-5　集群高级选项配置

配置项	描　述
kube-proxy 代理模式	支持 iptables 和 IPVS 两种模式。如果对服务发现和负载均衡有高性能需求，可以选择 IPVS 模式进行配置
标签	输入键和对应的值，单击添加，为集群绑定标签
集群本地域名	设置是否配置集群本地域名，默认域名为 cluster.local
自定义证书 SAN	在集群 API Server 服务端证书的 SAN（Subject Alternative Name）字段中添加自定义的 IP 或域名，以实现对客户端的访问控制
集群删除保护	设置是否启用集群删除保护功能，防止通过控制台或 API 误释放集群

❑ 点击"下一步"进入工作节点配置页面，根据表 2-6 中描述的信息，完成节点配置。

表 2-6　工作节点配置选项

配置项	描　述
付费类型	支持按量付费和包年 / 包月两类节点付费方式
实例规格	根据节点所需的 CPU 内存等资源选择合适的实例规格，支持选择多个实例规格
已选规格	呈现上一选项选中的实例规格
数量	新增工作实例的数量。节点太少或者规格太低都会影响集群组件的运行。集群创建完毕后也可选择扩缩容
系统盘	支持 ESSD 云盘、SSD 云盘和高效云盘等块存储设备
挂载数据盘	支持 ESSD 云盘、SSD 云盘和高效云盘等块存储设备。挂载数据盘时，支持云盘加密和开启云盘备份
操作系统	支持 Alibaba Cloud Linux 2 和 CentOS 7.x，默认为 Alibaba Cloud Linux 2
登录方式	支持密钥对或者密码登录
实例保护	默认启用实例保护，防止通过控制台或 API 误释放集群节点
实例自定义数据	支持用户自定义实例启动行为及传入数据的功能
自定义镜像	除了默认的系统镜像，用户还可以选择自定义镜像

（续）

配置项	描　　述
自定义节点名称	是否开启自定义节点名称。节点名称由前缀、节点 IP 地址和子串后缀三部分组成
CPU Policy	设置 CPU Policy。none 表示启用现有的默认 CPU 亲和方案，static 表示允许为节点上具有某些资源特征的 Pod 赋予增强的 CPU 亲和性和独占性
污点（Taints）	为集群内所有工作节点添加污点

❑ 根据表 2-7 描述的信息，完成组件配置。

表 2-7　组件配置选项

配置项	描　　述
Ingress	设置是否安装 Ingress 组件，默认安装
存储插件	设置存储插件，支持 Flexvolume 和 CSI。Kubernetes 集群通过 Pod 可以自动绑定阿里云云盘、NAS 和 OSS 存储服务
监控插件	设置是否启用云监控插件。默认选中在 ECS 节点上安装云监控插件和使用 Prometheus 监控服务，前者用于在云监控控制台查看创建 ECS 实例的监控信息
日志服务	设置是否启用日志服务，默认启用

❑ 完成配置后勾选服务协议，点击“创建集群”按钮，集群创建完毕后如图 2-8 所示。

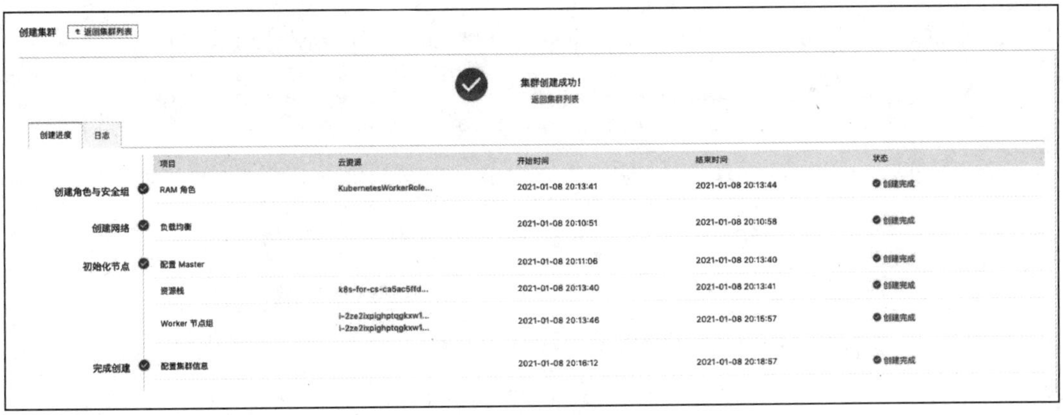

图 2-8　集群创建完成

❑ 在集群列表页面点击集群，进入集群概览页面，在连接信息页面查看集群的公网和内网 kubeconfig 文件。也可以直接点击页面右上角的“通过 CloudShell 管理集群”按钮。在 CloudShell 中使用 kubectl 命令查看集群节点的运行状态。

2.5　配置多集群的访问和切换

通过前面的实践，我们已经分别创建了 local-minikube、idc-kubeadm、idc-rancher 和

aliyun-k8s 几个不同的 Kubernetes 容器集群，本节将展示如何使用它们的 kubeconfig 文件配置对多个集群进行访问和上下文切换。

在本示例中，我们将把上述每个 Kubernetes 集群的集群信息、用户信息和上下文信息合并到同一个配置文件中，其中 local-minikube、idc-kubeadm、idc-rancher 的集群 API Server 使用内网连接端点，aliyun-k8s 使用公网连接端点，idc-rancher 集群则通过 token 的方式访问 API Server，其他集群都通过证书进行认证。

配置访问 local-minikube，通过以下步骤分别配置集群信息、用户信息和上下文信息到 /tmp/kubeconfig_all 文件中。minikube_ca.crt、minikube_client.crt、minikube_client.key 的内容可以从 local-minikube 集群节点的 ~/.kube/config 中获取。

为集群 local-minikube 配置集群信息并保存到 /tmp/kubeconfig.all 文件中。

```
$ kubectl config set-cluster local-minikube --certificate-authority=minikube_
  ca.crt --embed-certs=true --server=https://192.168.0.44:8443  --kubeconfig=
  /tmp/kubeconfig_all
```

为集群 local-minikube 配置证书信息并保存到 /tmp/kubeconfig.all 文件中。

```
$ kubectl config set-credentials local-minikube --client-certificate=minikube_
  client.crt --embed-certs=true --client-key=minikube_client.key --kubeconfig=
  /tmp/kubeconfig_all
```

为集群 local-minikube 配置上下文信息并保存到 /tmp/kubeconfig.all 文件中。

```
$ kubectl config set-context local-minikube --cluster=local-minikube
  --user=local-minikube --kubeconfig=/tmp/kubeconfig_all
```

查看当前 kubeconfig 文件 /tmp/kubeconfig_all 中定义的集群上下文，如下所示。

```
$ kubectl config get-contexts --kubeconfig=/tmp/kubeconfig_all
CURRENT   NAME             CLUSTER          AUTHINFO         NAMESPACE
          local-minikube   local-minikube   local-minikube
```

切换当前上下文为 local-minikube 集群，如下所示。

```
$ kubectl config use-context local-minikube  --kubeconfig=/tmp/kubeconfig_all
```

查看集群 local-minikube 的运行状态，如下所示。

```
$ kubectl cluster-info --kubeconfig=/tmp/kubeconfig_all
Kubernetes control plane is running at https://192.168.0.44:8443
KubeDNS is running at https://192.168.0.44:8443/api/v1/namespaces/kube-system/
  services/kube-dns:dns/proxy
```

以同样的方式，将 idc-kubeadm 和 aliyun-k8s 集群的证书认证方式配置到 /tmp/kubeconfig_all 中。

分别配置 idc-kubeadm 的集群信息、用户信息和上下文信息并保存在 /tmp/kubeconfig.all 文件中，命令如下所示。

```
$ kubectl config set-cluster idc-kubeadm  --certificate-authority=idc-
  kubeadm_ca.crt --embed-certs=true --server=https://192.168.0.45:6443
  --kubeconfig=/tmp/kubeconfig_all

$ kubectl config set-credentials idc-kubeadm --client-certificate=idc-
  kubeadm_client.crt --embed-certs=true --client-key=idc-kubeadm_client.key
  --kubeconfig=/tmp/kubeconfig_all

$ kubectl config set-context idc-kubeadm --cluster=idc-kubeadm --user=idc-
  kubeadm --kubeconfig=/tmp/kubeconfig_all
```

切换上下文为 idc-kubeadm 并检查集群的运行状态，验证配置是否正常，命令如下所示。

```
$ kubectl config use-context idc-kubeadm --kubeconfig=/tmp/kubeconfig_all

$ kubectl cluster-info --kubeconfig=/tmp/kubeconfig_all
Kubernetes control plane is running at https://192.168.0.45:6443
KubeDNS is running at https://192.168.0.45:6443/api/v1/namespaces/kube-system/
  services/kube-dns:dns/proxy
```

继续配置 aliyun-k8s 的集群信息、用户信息和上下文信息并保存在 /tmp/kubeconfig.all 文件中，命令如下所示。

```
$ kubectl config set-cluster aliyun-k8s --certificate-authority=aliyun-k8s_
  ca.crt --embed-certs=true --server=https://39.106.178.250:6443 --kubeconfig=
  /tmp/kubeconfig_all

$ kubectl config set-credentials aliyun-k8s --client-certificate=aliyun-k8s_
  client.crt --embed-certs=true --client-key=aliyun-k8s_client.key --kubeconfig=
  /tmp/kubeconfig_all

$ kubectl config set-context aliyun-k8s --cluster=aliyun-k8s --user=aliyun-k8s
  --kubeconfig=/tmp/kubeconfig_all
```

切换上下文为 aliyun-k8s 并检查集群的运行状态，验证配置信息是否正常，命令如下所示。

```
$ kubectl config use-context aliyun-k8s --kubeconfig=/tmp/kubeconfig_all

$ kubectl cluster-info --kubeconfig=/tmp/kubeconfig_all
Kubernetes control plane is running at https://39.106.178.250:6443
metrics-server is running at https://39.106.178.250:6443/api/v1/namespaces/
  kube-system/services/heapster/proxy
KubeDNS is running at https://39.106.178.250:6443/api/v1/namespaces/kube-
  system/services/kube-dns:dns/proxy
```

配置 idc-rancher 的集群信息、用户信息和上下文信息时，需要配置用户使用 token 方式访问集群，命令如下。

```
$ kubectl config set-cluster idc-rancher --certificate-authority=idc-rancher_
```

```
      ca.crt --embed-certs=true --server=https://192.168.0.48:6443 --kubeconfig=
      /tmp/kubeconfig_all

$ kubectl config set-credentials idc-rancher --token=kubeconfig-user-8hq7r.c-l
  j287:hcj4zsvpng4kqdtqscv9v9jkdgwqmg97s58dlj47plmddf5f2wpdmw --kubeconfig=
  /tmp/kubeconfig_all

$ kubectl config set-context idc-rancher --cluster=idc-rancher --user=idc-
  rancher --kubeconfig=/tmp/kubeconfig_all
```

切换上下文为 idc-rancher 并检查集群的运行状态，验证配置是否正常，命令如下所示。

```
$ kubectl config use-context idc-rancher --kubeconfig=/tmp/kubeconfig_all

$ kubectl cluster-info --kubeconfig=/tmp/kubeconfig_all
Kubernetes control plane is running at https://192.168.0.48:6443
CoreDNS is running at https://192.168.0.48:6443/api/v1/namespaces/kube-system/
  services/kube-dns:dns/proxy
```

设置 KUBECONFIG 环境变量，默认使用 /tmp/kubeconfig_all 或将 /tmp/kubeconfig_all
复制为 ~/.kube/config，命令如下。

```
$ export KUBECONFIG=/tmp/kubeconfig_all
```

或使用如下命令。

```
$ cp -i /tmp/kubeconfig_all ~/.kube/config
```

再次运行以下命令，查看当前已经配置了的集群上下文列表。

```
$ kubectl config get-contexts
CURRENT   NAME             CLUSTER          AUTHINFO          NAMESPACE
          aliyun-k8s       aliyun-k8s       aliyun-k8s
          idc-kubeadm      idc-kubeadm      idc-kubeadm
*         idc-rancher      idc-rancher      idc-rancher
          local-minikube   local-minikube   local-minikube
```

2.6 本章小结

　　本章介绍了如何使用 Minikube、Kubeadm、Rancher 快速搭建单主节点和工作节点的
Kubernetes 集群环境，以便于在 Kubernetes 集群中开展开发测试活动。在实际生产中，通
常需要搭建高可用的 Kubernetes 集群环境，使用公有云 Kubernetes 容器服务可以节省复杂
运维和人力成本。本章以阿里云容器服务为例，介绍了如何在公有云上创建一个托管版的
Kubernetes 容器集群。通过本章的介绍，读者可以学习到如何通过配置 kubeconfig 文件和
切换上下文环境管理多集群的访问。

多云 / 混合云多集群统一管理

以 Kubernetes 为代表的云原生技术不仅屏蔽了云厂商和数据中心基础设施层面的差异性，还使得应用可以在不同的云上使用标准化的方式进行描述和运行，在此基础之上，多云 / 混合云云架构的能力才开始真正体现出来。本章将重点介绍多云 / 混合云多集群统一管理。

3.1 多云 / 混合云多集群管理现状

如今，越来越多的企业使用 Kubernetes 容器集群，而在大规模业务增长和新型技术服务驱动不断创新的同时，搭建一个大型 Kubernetes 集群承载新方法、新场景，会引发诸多矛盾。在 1.4 节，我们介绍了多集群的主要使用场景，从多地域容灾到避免单一云厂商绑定，多集群可以解决很多问题，但它本身也带来了一个问题，就是多集群管理的复杂性。

1. 不一致的资源管理方式

在企业内部，不同的部门对于 Kubernetes 容器集群的需求是不同的。例如，开发团队使用了云厂商 A 提供的技术栈，还需要搭建云厂商 B 的技术栈来满足新的业务需求，同时在 IDC 中还需要搭建第三个技术栈。在这种情况下，随着业务的增长，Kubernetes 集群和运行于其中的业务负载也会不断增加甚至成倍增长，运维团队需要十几甚至几十种不同的方法来配置和运维这些集群，这会导致非常高的开发和维护成本。

2. 不一致的安全策略和访问控制

在使用不同云平台的 Kubernetes 集群时，不同云平台的安全治理能力、安全策略配置及管理方式不尽相同，这种参差不齐的安全治理能力使得运维团队在定义用户角色、访问权限的时候，需要对每个云平台的安全管理机制都十分熟悉。如果安全治理能力不足，非常容易出现角色违规、访问管理风险等问题。例如，在多个项目都使用 Kubernetes 容器集群且容器集群属于不同云平台的场景下，管理员需要将所有用户和他们的活动都引导到对应的容器集群中，这样才能知道谁在什么时候做了什么。当遇到多个账户需要分别设置不同访问层级，或者有越来越多的人加入、离开、变换团队和项目的情况时，管理这些用户的权限会变得更加复杂。

3. 不一致的应用交付和生命周期管理

在多个集群下，虽然可以使用每个集群的 kubeconfig 文件逐一交付或者更新指定集群中的应用，但这样操作效率低下且容易出错，并不是企业级覆盖多集群应用交付和管理的正确处理方式。在此场景下，实现定义统一的应用交付和分发中心、自动化运维运行于各云平台的应用以及跨云的应用治理能力，将会产生非常大的价值。

4. 不一致的日志、监控、告警策略

在多云 / 混合云多集群场景下，多个集群部署在不同的环境中，业务应用的日志来源以及监控和告警体系不同，如何使用统一的日志、监控、告警体系，是管理多集群的一个无法绕过的问题。

目前针对多云 / 混合云多集群统一管理，开源社区和各云厂商都有自己的产品化解决方案，比如开源社区推出了 KubeFed 集群联邦解决方案。各大云厂商推出的产品或解决方案可以分两大类：一类是线上管控平台统一纳管线下集群，比如阿里云容器服务注册集群、Google Anthos、Azure Arc、AWS+D2IQ 混合云解决方案等，其中 Azure Arc 更加面向数据中心，Google Anthos 支持线上和线下安装两种方式；另一类是线下管控平台纳管线上集群，比如 Rancher、OpenShift 等开源平台。

3.2 云上云下 Kubernetes 多集群环境准备

我们使用 kubeadm 工具自建的 Kubernetes 集群 cluster01、cluster02 和阿里云容器服务创建的 Kubernetes 集群 cluster03 完成本章的若干实践，3 个集群的节点信息如表 3-1 所示。

表 3-1 Kubernetes 多集群环境信息

集群名称	节点名称	节点角色	节点规格	Kubernetes 版本	OS 版本	IP 地址
cluster01	cluster01-master	主节点	2C4G	1.19.4	CentOS 8.2	192.168.0.4
cluster01	cluster01-worker	工作节点	2C4G	1.19.4	CentOS 8.2	192.168.0.5
cluster02	cluster02-master	主节点	2C4G	1.19.4	CentOS 8.2	172.16.0.153
cluster02	cluster02-worker	工作节点	2C4G	1.19.4	CentOS 8.2	172.16.0.154
cluster03	cn-shenzhen.192.168.0.43	工作节点	2C4G	1.18.8	CentOS 7.8	192.168.0.43

cluster01 与 cluster02 分属两个不同的虚拟专有网络，在没有做专线拉通的情况下，只能通过公网端点互相访问。这也是大多数多云 / 混合云多集群架构常见的场景。

下面我们介绍开源社区及云厂商对于多集群管理的探索和实践。

3.3　KubeFed 详解

1.4 节介绍了多集群的主要使用场景，多集群可以解决很多问题，但是它本身又带来了运维复杂性的问题。对于单个集群来说，部署、更新应用是非常简单的，直接更新集群上的 YAML 编排即可。多个集群下，虽然可以使用 kubeconfig 文件更新指定的集群，但是如何将多个集群收敛到一个统一的控制平面进行管理呢？开源社区给出的方案是 KubeFed。

3.3.1　KubeFed 架构设计

KubeFed（Kubernetes Cluster Federation，Kubernetes 集群联邦）是 Kubernetes 项目下的多集群特殊兴趣小组（Special Interest Group，SIG）发布和管理的。集群联邦实现了单一集群统一管理多个 Kubernetes 集群的机制，这些集群可能是不同公有云厂商的云平台下创建的集群，也可能是数据中心内部自建的集群。集群联邦解决的最主要的使用场景就是将应用的部署扩展到多集群环境中，用户可以在被称为 Hosting Cluster 的主集群中统一配置并管理其他成员集群（包括主集群自身）。

集群联邦经历了两个版本的迭代，第 1 版由 Kubernetes 项目核心团队维护，跟随 Kubernetes 1.5 发布，在迭代至 Kubernetes 1.8 时转交给多集群特殊兴趣小组。第 1 版集群联邦的整体架构与 Kubernetes 类似，如图 3-1 所示，在被管理的成员集群上层引入用于接收创建多集群工作负载请求的联邦 API 服务器（Federation API Server）和用于将对应的多集群工作负载下发给成员集群的联邦控制管理器（Federation Controller Manager）。

在 API 层面，联邦资源的调度通过添加注解（annotation）实现，最大限度地兼容原有 Kubernetes API。这样做的好处是可以复用现有的代码，用户已有的部署文件不需要做太大改动即可迁移。但这也制约了集群联邦的进一步发展，使之无法很好地对 API 进行演进。对于每一种联邦资源，需要有对应的控制器实现多集群调度，所以早期的集群联邦只支持有限的几种资源类型。

集群联邦方案的资源设计非常不灵活，基于角色的访问控制（RBAC）策略的支持也存在诸多问题，导致其无法做到多集群资源的权限管理。多集群特殊兴趣小组意识到这种设计与 Kubernetes 主要发行版中的配置管理方式不符，且在设计上存在很多缺陷，所以在 Kubernetes 1.11 之后开发了新的版本，也就是现在的 KubeFed 项目。

与第 1 版相比，第 2 版最大的变化就是移除了联邦 API 服务器，并且利用 Kubernetes 的自定义资源定义（CRD）机制实现了集群联邦的整体功能，架构如图 3-2 所示。部署 KubeFed 后可以看到两个组件：kubefed-controller-manager 和 kubefed-admission-webhook。

kubefed-controller-manager 组件负责处理自定义资源以及协调被管理集群之间的状态，
kubefed-admission-webhook 组件则提供了准入机制。

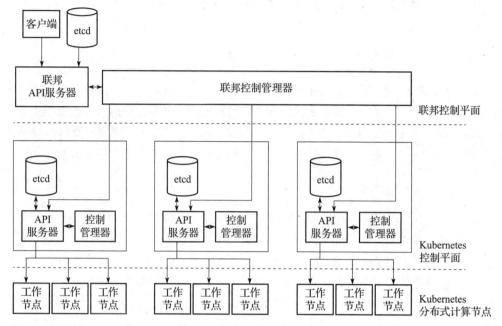

图 3-1　集群联邦第 1 版架构

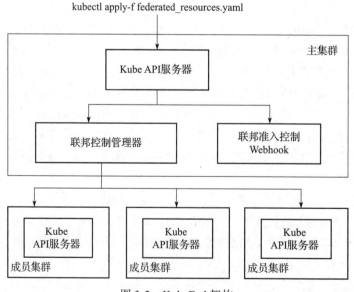

图 3-2　KubeFed 架构

在图 3-2 中可以看到一个主集群（Host Cluster）和多个成员集群（Member Cluster），主集群可以是成员集群并且运行具体的工作负载，也可以只作为管控集群。

在 Kubernetes 集群联邦第 2 版的处理逻辑中，通过 ClusterConfiguration 声明了哪些 Kubernetes 集群纳入联邦，通过 TypeConfiguration 声明了哪些 Kubernetes API 资源用于联邦管理。TypeConfiguration 又包括 Template、Placement 和 Overrides 几种类型定义。Template 用于定义跨集群资源通用的表示形式，Placement 用于定义资源应用于哪些集群，Overrides 用于定义对集群中哪些字段进行更新、覆盖。FederatedDeployment 资源中关于 Template、Placement 和 Overrides 的定义如下所示。

```
apiVersion: types.kubefed.k8s.io/v1beta1
kind: FederatedDeployment
metadata:
  name: test-deployment
  namespace: test-namespace
spec:
  template: # 定义 Deployment 的所有内容，可以理解为 Deployment 与 Pod 之间的关联
    metadata:
      labels:
        app: nginx
    spec:
      ...
  placement:
    clusters:
    - name: cluster2
    - name: cluster1
  overrides:
  - clusterName: cluster2
    clusterOverrides:
    - path: spec.replicas
      value: 5
```

下面我们将进行 KubeFed 集群联邦管理相关能力的实践，使用的版本为 KubeFed 0.5.0，要求 Kubernetes 版本不低于 1.13、Helm 版本不低于 3.2。

3.3.2　Helm Chart 部署 KubeFed

本节我们选择 cluster01 作为 KubeFed 的主集群，将 cluster02 作为成员集群加入集群联邦。

首先，我们需要在主集群中安装并部署 KubeFed，本示例使用 Helm Chart 进行部署，需要安装 Helm3 客户端，命令如下。

```
$ curl https://raw.githubusercontent.com/helm/helm/master/scripts/get-helm-3 | bash
  % Total    % Received % Xferd  Average Speed   Time    Time     Time  Current
                                 Dload  Upload   Total   Spent    Left  Speed
100 11213  100 11213    0     0   110k      0 --:--:-- --:--:-- --:--:--  110k
Downloading https://get.helm.sh/helm-v3.4.1-linux-amd64.tar.gz
Verifying checksum... Done.
```

```
Preparing to install helm into /usr/local/bin
helm installed into /usr/local/bin/helm
```

添加 KubeFed 的 chart repo，命令如下。

```
$ helm repo add kubefed-charts https://raw.githubusercontent.com/kubernetes-
  sigs/kubefed/master/charts

$ helm repo list
NAME              URL
kubefed-charts    https://raw.githubusercontent.com/kubernetes-sigs/kubefed/
  master/charts
```

chart repo 添加完毕后，我们可以使用下面的命令查看有哪些可用的 chart 及对应的版本号。

```
$ helm search repo kubefed
NAME                      CHART VERSION    APP VERSION DESCRIPTION
kubefed-charts/kubefed    0.5.0                        KubeFed helm chart
```

安装 KubeFed，命令如下。

```
$ helm --namespace kube-federation-system upgrade -i kubefed kubefed-charts/
  kubefed --version=0.5.0 --create-namespace
Release "kubefed" does not exist. Installing it now.
NAME: kubefed
LAST DEPLOYED: Fri Nov 13 16:43:58 2020
NAMESPACE: kube-federation-system
STATUS: deployed
REVISION: 1
TEST SUITE: None
```

安装完毕后，检查命名空间 kube-federation-system 下的 kubefed-admission-webhook 和 kubefed-controller-manager 组件是否运行正常。

```
$ kubectl -n kube-federation-system get deploy
NAME                         READY    UP-TO-DATE    AVAILABLE    AGE
kubefed-admission-webhook    1/1      1             1            3m
kubefed-controller-manager   2/2      2             2            3m
```

至此，KubeFed 在主集群中的安装过程执行完毕。

3.3.3 集群注册

下面我们将 cluster01 和 cluster02 这两个成员集群注册至 KubeFed，需要先下载和安装 kubefedctl CLI。

```
$ curl -LO https://github.com/kubernetes-sigs/kubefed/releases/download/
  v0.5.0/kubefedctl-0.5.0-linux-amd64.tgz
```

```
$ tar -zxvf kubefedctl-*.tgz

$ chmod +x kubefedctl

$ mv kubefedctl /usr/local/bin/
```

在使用 kubefedctl join 命令接入新集群之前，需要将 cluster01 和 cluster02 集群信息配置在本地 kubeconfig 文件中。本例中，我们使用 Kubernetes 原生的 kubectl config 命令配置 kubeconfig 文件，具体配置过程参见 2.5 节。

设置 KUBECONFIG 环境变量并查看 cluster01 和 cluster02 的 context 信息。

```
$export KUBECONFIG=/root/.kube/config_all

$ kubectl config get-contexts
CURRENT   NAME        CLUSTER     AUTHINFO         NAMESPACE
*         cluster01   cluster01   cluster01-admin
          cluster02   cluster02   cluster02-admin
```

使用 kubefedctl join 命令依次将 context 为 cluster01 和 cluster02 的集群注册至 KubeFed。

```
$ kubefedctl join cluster01 --cluster-context=cluster01 --host-cluster-context
  cluster01 --v=2

$ kubefedctl join cluster02 --cluster-context=cluster02 --host-cluster-context
  cluster01 --v=2
```

在 kube-federation-system 命名空间下可以查看注册成功的成员集群及状态。

```
$ kubectl -n kube-federation-system get kubefedclusters
NAME        AGE    READY
cluster01   94s    True
cluster02   21s    True
```

如果想从集群联邦中移除某个成员集群，可以使用 kubefedctl unjoin 命令，例如执行如下命令可以从集群联邦中移除 cluster02。

```
$ kubefedctl unjoin cluster02 --cluster-context=cluster02 --host-cluster-
  context cluster01 --v=2
```

3.3.4 部署联邦应用

KubeFed 通过定义 CRD 资源对 Kubernetes 资源进行联邦管理，如 FederatedNamespace、FederatedDeployment 等，下面我们创建一个联邦命名空间，将联邦 Deployment 资源部署至所有成员集群。

在主集群运行以下命令创建一个联邦命名空间 go-demo。命名空间 go-demo 的编排如下所示。

```
$ cat go-demo-ns.yaml
apiVersion: v1
kind: Namespace
metadata:
  name: go-demo
```

使用 kubefedctl federate 命令，基于 go-demo-ns.yaml 生成 federated-go-demo-ns.yaml。

```
$ kubefedctl federate -f go-demo-ns.yaml  > federated-go-demo-ns.yaml
```

查看并更新 federated-go-demo-ns.yaml 的内容。

```
$ cat federated-go-demo-ns.yaml
---
apiVersion: types.kubefed.io/v1beta1
kind: FederatedNamespace
metadata:
  name: go-demo
  namespace: go-demo
spec:
  placement:
    clusters:
    - name: cluster01
    - name: cluster02
```

用户也可以为指定的成员集群打标签，然后在 FederatedNamespace 资源的声明中使用 clusterSelector 过滤目标集群。使用以下命令为成员集群打标签 federation-enabled=true。

```
$ kubectl -n kube-federation-system label kubefedclusters cluster01 federation-
  enabled=true
kubefedcluster.core.kubefed.io/cluster01 labeled

$ kubectl -n kube-federation-system label kubefedclusters cluster02 federation-
  enabled=true
kubefedcluster.core.kubefed.io/cluster02 labeled
```

编辑并更新 federated-go-demo-ns.yaml 的内容。

```
$ cat federated-go-demo-ns.yaml
---
apiVersion: types.kubefed.io/v1beta1
kind: FederatedNamespace
metadata:
  name: go-demo
  namespace: go-demo
spec:
  placement:
    clusterSelector:
      matchLabels:
        federation-enabled: "true"
```

创建联邦命名空间。

```
$ kubectl apply -f go-demo-ns.yaml -f federated-go-demo-ns.yaml
namespace/go-demo created
federatednamespace.types.kubefed.io/go-demo created
```

检查集群联邦中所有成员集群是否都已经成功创建命名空间 go-demo。

```
$ for c in `kubectl config get-contexts --no-headers=true -o name`;
do echo ---- $c ----;kubectl get ns --context=$c |grep go-demo ; done
---- cluster01 ----
go-demo                          Active    2m1s
---- cluster02 ----
go-demo                          Active    85s
```

以同样的方式部署 go-demo 的 Deployment 和 Service 资源，在部署 go-demo 的联邦 Deployment 资源之前，我们想要在 cluster01 中部署 go-demo 的版本 1，在 cluster02 中部署 go-demo 的版本 2，那么 federated-go-demo-deployment.yaml 内容如下。

```
$ cat federated-go-demo-deployment.yaml
---
apiVersion: types.kubefed.io/v1beta1
kind: FederatedDeployment
metadata:
  name: go-demo
spec:
  placement:
    clusters:
      - name: cluster01
      - name: cluster02
  template:
    spec:
      replicas: 1
      selector:
        matchLabels:
          app: go-demo
      template:
        metadata:
          labels:
            app: go-demo
        spec:
          containers:
          - image: registry.cn-hangzhou.aliyuncs.com/haoshuwei24/go-demo:v1
            imagePullPolicy: Always
            name: go-demo
            ports:
            - containerPort: 8080
  overrides:
    - clusterName: cluster02
      clusteroverrides:
```

```
        - path: "/spec/template/spec/containers/0/image"
          value: "registry.cn-hangzhou.aliyuncs.com/haoshuwei24/go-demo:v2"
```

部署 go-demo 并检查成员集群中是否都已成功部署。

```
$ kubectl -n go-demo apply -f federated-go-demo-deployment.yaml
federateddeployment.types.kubefed.io/go-demo created

$ for c in `kubectl config get-contexts --no-headers=true -o name`;
do echo ---- $c ----;kubectl -n go-demo get po --context=$c; done
---- cluster01 ----
NAME                      READY    STATUS                  RESTARTS    AGE
go-demo-55cfc8d46d-vt4g9  1/1      Running      0          4m1s
---- cluster02 ----
NAME                      READY    STATUS                  RESTARTS    AGE
go-demo-6bd5649445-7w7gr  1/1      Running      0          4m1s
```

以同样的方式部署 federated-go-demo-service.yaml。

```
$ cat federated-go-demo-service.yaml
---
apiVersion: types.kubefed.io/v1beta1
kind: FederatedService
metadata:
  name: go-demo
spec:
  placement:
    clusters:
      - name: cluster01
      - name: cluster02
  template:
    spec:
      ports:
      - name: go-demo
        port: 80
        targetPort: 8080
      selector:
        app: go-demo
      type: ClusterIP

$ kubectl -n go-demo apply -f federated-go-demo-service.yaml
federatedservice.types.kubefed.io/go-demo created
```

分别访问 cluster01 和 cluster02 集群中的 go-demo 服务，验证联邦应用是否已按照我们的预期完成部署。首先在 cluster01-master 节点上访问 go-demo 的版本 1。

```
$ kubectl -n go-demo get svc
NAME        TYPE        CLUSTER-IP      EXTERNAL-IP     PORT(S)     AGE
go-demo     ClusterIP   10.96.173.8     <none>          80/TCP      20m
# curl 10.96.173.8
Version: v1
```

然后在 cluster02-master 节点上访问 go-demo 的版本 2。

```
$ kubectl -n go-demo get svc
NAME        TYPE        CLUSTER-IP      EXTERNAL-IP    PORT(S)    AGE
go-demo     ClusterIP   10.96.177.180   <none>         80/TCP     92s
$ curl 10.96.177.180
Version: v2
```

3.3.5　KubeFed 的发展现状

开源社区推出的 KubeFed 集群联邦方案相当于通过将 Kubernetes 资源联邦化，实现应用在多集群中的交付和管理。联邦中的集群虽然处于同一个控制平面，但只限于完成应用资源或者安全策略在多个集群的联合部署任务。多集群管理的问题远不止如此，通过社区的集群联邦方案就能看出，经历了两个版本的迭代，时至今日仍未大规模应用于实际生产环境中。

3.4　公有云厂商的集群纳管解决方案

Kubernetes 已经屏蔽了多云 / 混合云基础设施的差异性问题，推动了以应用为中心的多云 / 混合云云架构的发展，但本地数据中心和各个云厂商在基础设施的维护和安全架构等方面不尽相同，会造成企业 IT 架构和运维体系的割裂，加大多云 / 混合云云架构实施的复杂性并提高运维成本。

无论是开源社区还是各大云厂商，都已经着手努力解决这些新的问题。本节我们使用阿里云注册集群对本地数据中心自建的 Kubernetes 集群进行纳管，了解公有云厂商在多云 / 混合云多集群管理方面的解决方案。

3.4.1　注册集群的架构设计

在使用 KubeFed 组建集群联邦时，我们需要在主控集群上获取所有注册集群的访问权限，这就要求主控集群在网络连通性上能单向访问注册集群，也就是说准备加入联邦的远端集群在无法使用私网访问的情况下，需要打开公网访问端点，且主控集群需要保存注册集群的访问凭证，相当于全面"接管"了注册集群，这样做有很大的安全隐患，生产中大多数情况下都不会采纳这种方案。

阿里云注册集群对用户本地数据中心自建的 Kubernetes 集群进行纳管的过程，是用户将自建的 Kubernetes 集群"托管"至阿里云容器服务。"托管"意味着云端不应该存储用户集群内的任何访问凭证或者机密信息。此外，不管需要被"托管"到云上的集群部署在什么地域，只要它具有访问公网的能力，就应该能主动接入，即只要求具有云下到云上的网络连通性。

如图 3-3 所示，在云上，我们可以根据自身业务需求创建专有版 / 托管版 /Serverless/ Edge Kubernetes 集群，也可以创建注册集群，用于纳管云下或者其他云厂商的 Kubernetes 集群。这些不同类型、处于不同地域的集群可以统一使用容器服务控制台或者 OpenAPI 进行管理。注册集群的结构分为云上和云下两部分，云上的组件被称为 Stub，云下的组件被称为 Agent。Stub 与 Agent 之间使用的通信技术是 Kubernetes API 隧道技术。

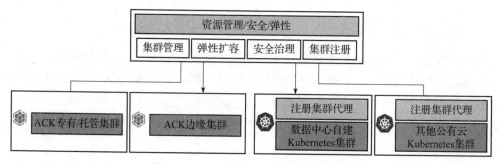

图 3-3　阿里云容器服务注册集群架构

当我们使用容器服务控制台或者 OpenAPI 管理注册集群时，实际上是在管理注册集群的云上部分——Stub 组件。Stub 是注册集群的代理组件，部署在云上管控侧，每一个云下自建 Kubernetes 集群托管到云上之前，都需要创建一个与之对应的 Stub 组件，Stub 负责将云上的管控操作等请求透传到云下的 Agent 端。注册集群的 Agent 组件需要部署在用户云下自建的 Kubernetes 集群中，Agent 首先会与 Stub 端建立通信隧道，然后接收 Stub 端发送的请求并将请求原模原样地转发给对应的 Kubernetes API Server。请求处理后，Agent 接收 Kubernetes API Server 的返回信息并将其发送给 Stub 组件。Stub 和 Agent 之间的通信流程如图 3-4 所示。

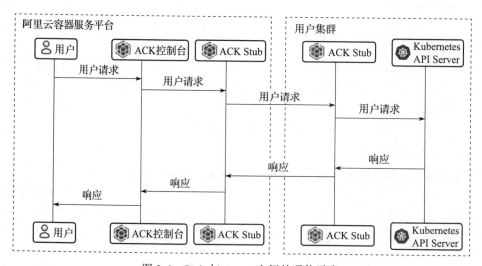

图 3-4　Stub 与 Agent 之间的通信示意

3.4.2　通信链路安全

1. 组件访问安全

当用户将本地数据中心自建的 Kubernetes 集群接入云上注册集群后，Agent 组件与 Stub 组件之间会建立 TLS 长连接，云上到云下各个组件之间的访问均需要经过认证授权，所有访问目标都是经过了安全校验的合法对象，确保数据只在可信的对象之间传输。

如图 3-5 所示，在认证方面，首先，终端用户访问容器服务控制台需要通过阿里云的账户登录并认证。其次，容器服务控制台与注册集群 Stub 之间以及 Stub 与 Agent 之间都是双向 TLS 认证的，组件之间的所有访问链接及数据在传输过程中都进行了 TLS 加密。在鉴权方面，采用了基于阿里云 RAM 服务的访问控制和 x509 证书校验中的白名单机制。

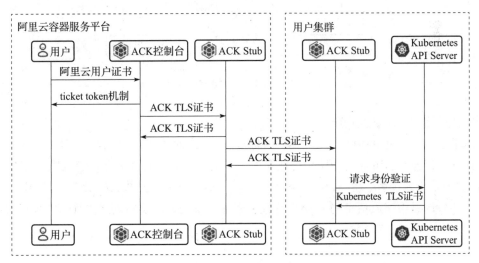

图 3-5　组件访问安全

2. 终端用户请求链路安全

多云 / 混合云管理请求链路上的所有访问凭证均包含请求者的身份信息，包括用户使用阿里云容器服务下发的访问凭证和容器服务内部组件访问凭证，以保证所有发送到外部集群 API Server 的请求都能够经过鉴权和审计处理。

所有终端用户的请求都需要使用阿里云管理控制系统签发带有用户身份的集群访问凭证，外部集群的访问流程如图 3-6 所示。

在阿里云平台侧，集群的管理人员可以通过 RAM 访问控制策略配置指定终端用户对外部集群的控制权限。经过 RAM 鉴权的用户可以在容器服务控制台获取指定外部集群的访问凭证，该访问凭证会作为认证凭证通过 Stub 和 Agent 的认证，且组件间所有的访问链路都经过了 TLS 加密。Agent 完成认证后，会接收来自 Stub 的添加了用户扮演 header 的用户请求，并转发给用户集群的 API Server，在 API Server 中会根据接收到的用户身份完成认证、鉴权和请求审计等操作。

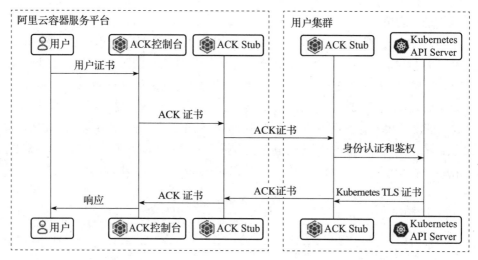

图 3-6   终端用户请求链路安全

3. 服务组件请求链路安全

阿里云容器服务的内部组件访问外部 API Server 的请求链路与终端用户访问链路类似，首先，管理控制组件会使用集群注册时下发的 Agent 访问证书并发起请求；在 Stub 和 Agent 完成请求认证后，由 Agent 以身份扮演的方式向目标 API Server 做 7 层代理转发；最终在 API Server 中完成请求的 RBAC 鉴权和审计。整个请求链路均经过加密，保证数据传输的安全性，如图 3-7 所示。

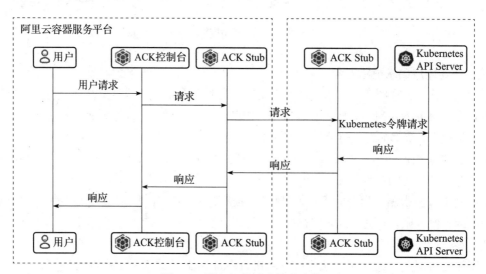

图 3-7   服务组件请求链路安全

4. Agent 请求链路安全

Agent 请求在目标集群 API Server 中的请求流程如图 3-8 所示。

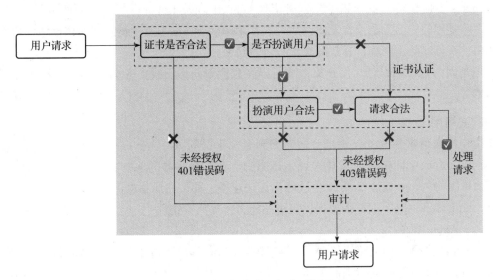

图 3-8　Agent 组件请求目标集群链路安全

在集群 API Server 内部，首先会在认证阶段校验请求凭证的合法性。如果请求凭证不合法，则 API Server 会直接返回 401 的认证失败信息。如果认证通过，API Server 会查看请求是否存在指定格式的身份扮演 header。如果存在，则以指定的身份进入下一段鉴权流程。

在鉴权流程中，API Server 会判断传入的用户身份是否有对目标资源的指定操作权限。如果鉴权失败，则 API Server 返回 403 的鉴权失败信息。如果鉴权成功，则经过审计流程后返回请求结果。

3.4.3　Kubernetes API 隧道

注册集群的 Agent 组件需要部署在用户云下自建的 Kubernetes 集群中，Agent 首先会与 Stub 建立通信隧道，这个通信隧道就是我们本小节要介绍的 Kubernetes API 集群隧道。

1. 隧道链路

在初始阶段，Stub 端会先进行主节点选举，然后，Stub 开启对 Agent 的监听，等待 Agent 发起加入请求。Agent 在初始化自身的基本配置后，会尝试连接 Stub，如果连接失败，则会隔一段时间进行重试；如果连接成功，则会定时向 Stub 发送心跳信息，上报自身的健康状态。这就是 Agent 到 Stub 的隧道链路。

如果有用户发送请求至 Stub，Stub 会加上与本次请求相关的一些认证信息，然后将请求直接转发至 Agent。Agent 收到请求后，会向 Stub 创建新的链路，用于回传消息，同时向用户 Kubernetes 集群的 API Server 转发来自 Stub 的请求。Agent 从 API Server 获取响应消息后，沿之前新建的回传链路返回响应消息。所以 Stub 到 Agent 的隧道链路是多路复用了 Agent 主动发起的隧道链路，但响应消息的回传需要创建新的隧道链路，这是因为在 Kubernetes 容器集群的操作指令中，有诸如 kubectl logs -f 这种反馈持续时间较长的响应，使得多路复用的能力无法正常发挥。如果只在发送请求方向上复用链路，每次反馈都建立新的链路，就可以防止阻塞，有效解决长响应的问题。

正是因为这样的设计，用户集群才可以在只能单向访问线上 Stub 端点的情况下完成集群的纳管。

2. 高可用

用户发送请求到 Stub，请求会被转发到目标集群的 API Server 中。Stub 到 Agent 或者 Agent 到 Stub 的中间链路对用户来说是透明的。在目标集群的 API Server 正常运转的情况下，如果因为 Agent 或者 Stub 发生故障而无法连接，那么注册集群的稳定性就会大打折扣。所以，Stub 端和 Agent 端都需要提供高可用能力，提高容错性。

（1）Agent 高可用

Agent 的高可用即允许多个 Agent 同时连接 Stub，当运行于目标集群的某个 Agent 故障断连时，也不会影响注册集群整体的可用性。这种情况可能涉及多个来自不同 Kubernetes 集群的 Agent，干扰 Stub 判断当前生效的应该是哪个 Agent。因此在 Agent 与 Stub 建立连接时，也需要加入 Agent 所在集群的唯一 ID 作为标识，当且仅当之前建立的 Agent 到 Stub 的所有连接都断开，Stub 才允许用户在新集群中启动新的 Agent 进行集群切换。

此外，同时存在多个 Agent 还可以作为负载均衡。Stub 进行数据包转发时，会采用轮询的机制，将数据包转发给一个可用的 Agent 进行处理。

（2）Stub 高可用

因为客户端只会向同一个 IP 发送请求，所以多个 Stub 之间需要使用 Kubernetes 的负载均衡器服务进行协调。但是，使用负载均衡器对请求进行分流时，由于长连接的存在，从客户端发出的信息可能是上下文相关的，而非互相独立的，而负载均衡器的 TCP 四层分流会破坏上下文，因此对于这类链接，Stub 在同一时刻只能有一个起作用。

3.5 纳管自建 Kubernetes 集群

本节我们将在线上创建一个注册集群，然后将 cluster01 接入这个注册集群。我们将看到接入注册集群的本地数据中心 Kubernetes 集群在集群资源管理和权限管理等方面，与线上容器集群的运维习惯和体验保持一致。

3.5.1 创建注册集群

我们可以在容器服务控制台创建一个注册集群，如图 3-9 所示，也可以使用 Aliyun CLI

调用 OpenAPI 创建注册集群。

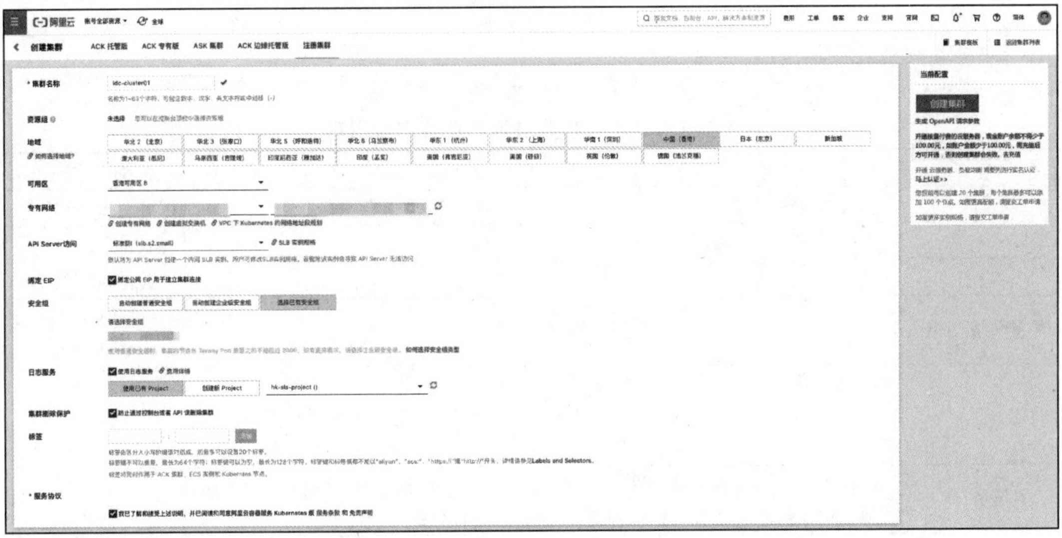

图 3-9　在控制台创建注册集群

也可以使用 Aliyun CLI 命令创建注册集群，如下所示。

```
$ cat << EOF > create-idc-cluster01.json
{
    "name": "idc-cluster01",
    "cluster_type": "ExternalKubernetes",
    "disable_rollback": true,
    "timeout_mins": 60,
    "network_mode": "vpc",
    "region_id": "cn-hongkong",
    "zoneid": "cn-hongkong-b",
    "vpcid": "vpc-xxxxxxxx",
    "vswitchid": "vsw-xxxxxxxx",
    "endpoint_public_access": true,
    "tags": [],
    "addons": [
        {
            "name": "logtail-ds",
            "config": "{\"sls_project_name\":\"idc-cluster01-sls-project\"}"
        }
    ],
    "deletion_protection": true,
    "security_group_id": "sg-xxxxxxxx",
    "load_balancer_spec": "slb.s2.small",
    "logging_type": "SLS",
    "sls_project_name": "idc-cluster01-sls-project"
}
```

```
EOF
$ aliyun cs  POST /clusters --header "Content-Type=application/json" --body
  "$(cat create-idc-cluster01.json)"
```

集群参数及描述如表 3-2 所示。

表 3-2　阿里云容器服务注册集群配置项

配置项	描　　述	示　　例
集群名称	填写集群的名称	idc-cluster01
地域	选择集群所在的地区	香港
可用区	选择集群所在的可用区	香港可用区 B
专有网络	在已有 VPC 列表中选择需要的 VPC 网络及交换机	vpc-xxxxxxxx，vsw-xxxxxxxx
绑定 EIP	设置是否启用绑定公网弹性 EIP，若勾选此项，则为注册集群自动绑定 EIP，本地数据中心 Kubernetes 集群接入云上注册集群时，将会使用此公网连接端点	
日志服务	设置是否启用日志服务，可以选择已有 Project 或新建一个 Project，若勾选此项，则在集群中自动配置日志服务插件	
集群删除保护	设置是否启用集群删除保护，防止通过控制台或 API 误释放集群	

集群创建完毕后，在容器服务控制台的集群列表中可以看到注册集群 idc-cluster01，如图 3-10 所示。

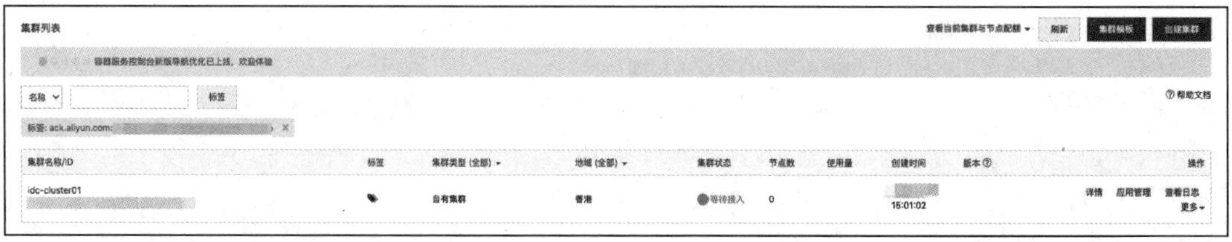

图 3-10　集群列表

3.5.2　接入注册集群

集群创建完毕后，我们可以看到注册集群 idc-cluster01 的集群状态为等待接入，点击集群列表右侧的"详情"按钮，进入集群详情页面。

在基本信息页面可以看到集群 ID、集群状态、地域、集群删除保护的基本信息以及集群 API Server 连接端点相关的集群信息。因为我们在创建注册集群 idc-cluster01 时，勾选了绑定弹性 EIP，所以当前注册集群同时拥有公网连接端点和内网连接端点，如图 3-11 所示。

连接信息页面展示了非常重要的集群导入代理配置信息，分为公网和内网两种。如果本地数据中心中的 Kubernetes 集群已经通过专线打通云上专有网络 VPC，则使用内网代理配置将本地数据中心集群接入注册集群，否则需要使用公网代理配置。在本例中，我们使用公网代理配置。

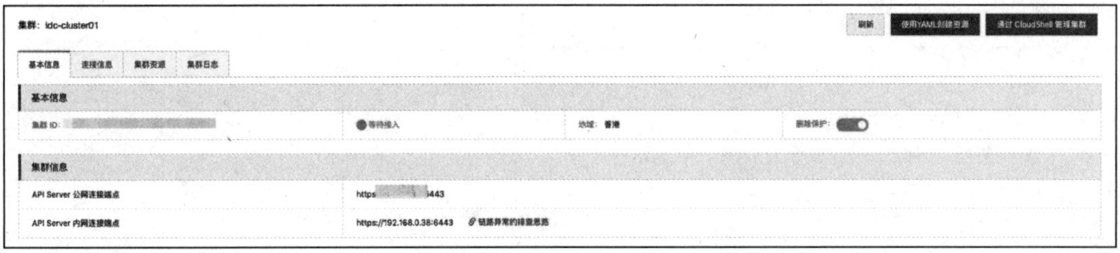

图 3-11　集群基本详情

点击公网代理配置页面中的"复制"按钮，对内容进行复制，将其保存在 agent.yaml 文件中，并部署在 cluster01 集群中。

```
$ cat << EOF > agent.yaml
---
apiVersion: v1
kind: ConfigMap
metadata:
  name: alibaba-log-configuration
  namespace: kube-system
data:
    log-project: "hk-sls-project"
---
apiVersion: v1
kind: ServiceAccount
metadata:
  name: ack
  namespace: kube-system
---
apiVersion: rbac.authorization.k8s.io/v1beta1
kind: ClusterRoleBinding
metadata:
  name: ack-admin-binding
  namespace: kube-system
  labels:
    ack/creator: "ack"
subjects:
- kind: ServiceAccount
  name: ack
  namespace: kube-system
roleRef:
  kind: ClusterRole
  name: ack-admin
  apiGroup: rbac.authorization.k8s.io
---
```

```
apiVersion: v1
kind: Secret
metadata:
  name: ack-credentials-qvpffyls
  namespace: kube-system
type: Opaque
data:
  url: "xxxxxx"
  token: "xxxxxx"
  cert: "xxxxxx"
  key:  "xxxxxx"
  ca: "xxxxxx"
---
apiVersion: rbac.authorization.k8s.io/v1
kind: ClusterRole
metadata:
  name: ack-admin
  labels:
    ack/creator: "ack"
rules:
- apiGroups:
  - '*'
  resources:
  - '*'
  verbs:
  - '*'
- nonResourceURLs:
  - '*'
  verbs:
  - '*'
---
apiVersion: apps/v1
kind: Deployment
metadata:
  name: ack-cluster-agent
  namespace: kube-system
spec:
  replicas: 2
  selector:
    matchLabels:
      app: ack-cluster-agent
  template:
    metadata:
      labels:
        app: ack-cluster-agent
    spec:
      affinity:
        nodeAffinity:
          requiredDuringSchedulingIgnoredDuringExecution:
            nodeSelectorTerms:
              - matchExpressions:
```

```
                - key: beta.kubernetes.io/os
                  operator: NotIn
                  values:
                    - windows
      serviceAccountName: ack
      containers:
        - name: cluster-register
          imagePullPolicy: Always
          env:
          - name: ALI_STUB_REGISTER_ADDR
            value: "x.xx.xxx.xx:5533"
          - name: ACK_CA_CHECKSUM
            value: ""
          - name: ACK_CLUSTER
            value: "true"
          - name: ACK_K8S_MANAGED
            value: "true"
          - name: KUBERNETES_CLUSTER_ID
            value: "xxxxxx"
          - name: SECRET_NAME
            value: "ack-credentials-qvpffyls"
          - name: INTERNAL_ENDPOINT
            value: "false"
          - name: REGION
            value: "cn-hongkong"
          image: registry.cn-hongkong.aliyuncs.com/acs/agent:v1.13.1.21-
          g2c50771-aliyun
          volumeMounts:
          - name: ack-credentials
            mountPath: /ack-credentials
            readOnly: true
      volumes:
      - name: ack-credentials
        secret:
          secretName: ack-credentials-qvpffyls
EOF
```

可以看到，集群导入的代理配置信息中包含 Agent 组件的 Deployment 资源编排及需要使用的 RBAC 权限配置等信息。

部署 Agent 组件，命令如下。

```
$ kubectl apply -f agent.yaml
configmap/alibaba-log-configuration created
serviceaccount/ack created
clusterrolebinding.rbac.authorization.k8s.io/ack-admin-binding created
secret/ack-credentials-qvpffyls created
clusterrole.rbac.authorization.k8s.io/ack-admin created
deployment.apps/ack-cluster-agent created
```

在 cluster01 中查看 Agent 组件的运行状况。

```
$ kubectl get all -n kube-system |grep agent
pod/ack-cluster-agent-6fd8bb8cf-22t85              1/1      Running    0      2m53s
pod/ack-cluster-agent-6fd8bb8cf-68hjr              1/1      Running    0      2m53s
deployment.apps/ack-cluster-agent                  2/2      2          2      2m53s
replicaset.apps/ack-cluster-agent-6fd8bb8cf        2        2          2      2m53s
```

Agent 组件运行正常后，我们可以在容器服务控制台的集群列表中看到 idc-cluster01 的集群状态为运行中，如图 3-12 所示。

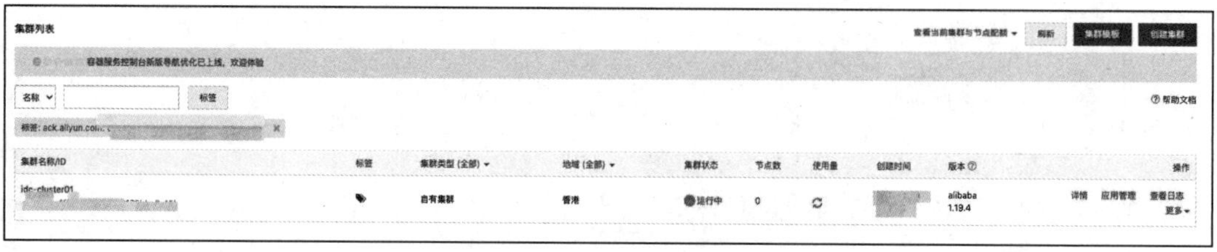

图 3-12   集群状态

至此，本地数据中心集群 cluster01 已经成功接入云上的注册集群。

3.5.3　注册集群的使用

成功将本地数据中心集群 cluster01 接入注册集群 idc-cluster01 后，我们通过 kubeconfig 或者在控制台直接操作 idc-cluster01 来管理本地数据中心集群 cluster01。

首先，可以在控制台查看集群概览信息，包括应用状态、节点状态等，如图 3-13 所示。

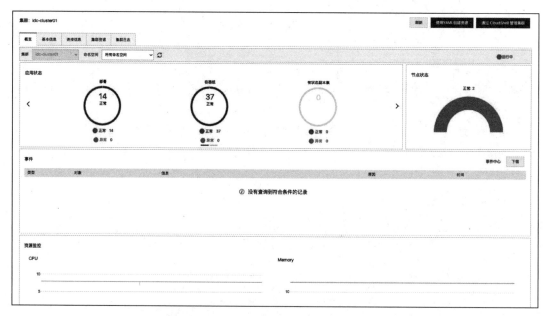

图 3-13   集群概览

然后，在连接信息页面可以看到 idc-cluster01 的运行状态更新为运行中，且动态生成了 kubeconfig 信息，包括公网连接端点和内网连接端点两种。

使用 kubeconfig 查看集群资源。

```
$ kubectl --kubeconfig=idc-cluster01 get ns
NAME                        STATUS    AGE
default                     Active    7d
go-demo                     Active    7d
ingress-nginx               Active    6d
kube-federation-system      Active    7d
kube-node-lease             Active    7d
kube-public                 Active    7d
kube-system                 Active    7d
test-namespace              Active    6d
```

查看集群节点列表，如图 3-14 所示。

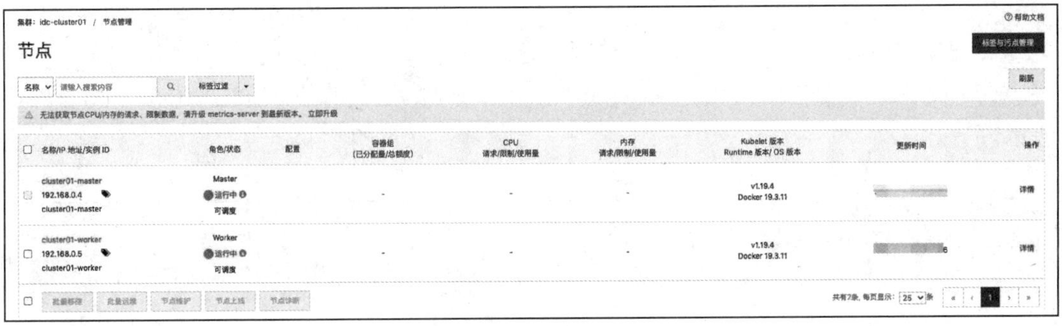

图 3-14　集群节点列表

查看集群工作负载，如图 3-15 所示。

图 3-15　集群工作负载

可见，使用注册集群 idc-cluster01 将 cluster01 纳管之后，用户可以使用阿里云容器服务控制台同时管理云上集群和云下集群，达到了云上云下集群资源统一管理的目的。

3.6 统一的权限管理

多云 / 混合云多集群场景下，一个重要的挑战就是安全管的割裂。在 3.5 节中，我们将本地数据中心集群 cluster01 通过云上注册集群 idc-cluster01 纳管后，在集群资源管理维度将不同云平台下的 Kubernetes 集群统一到同一控制平面，为我们下一步对所有访问账户进行统一权限管理打下了坚实的基础。

接下来我们学习如何对线下集群 cluster01 和线上集群 cluster03 进行统一权限管理。

3.6.1 用户管理

将阿里云容器服务控制台作为多集群管理的统一控制平面，统一的身份认证需要经过访问控制云服务，用户可以使用资源访问管理（Resource Access Management，RAM）服务建立主子账户体系，也可以结合企业内部现有的身份认证系统和 RAM 云服务，进行用户 SSO（Single Sign-On，单点）登录。

1. 使用 RAM 云服务建立主子账户体系

在本例中，我们将创建子账户 testuser01 和 testuser02，它们的基本信息如图 3-16 和图 3-17 所示。

图 3-16　RAM 子账户 testuser01 基本信息

2. 结合企业内部现有的身份认证系统进行用户 SSO 登录认证

如果企业内部已有身份系统，那么可以选择配置基于 SAML 2.0 的 SSO 登录，也称为身份联合登录。Microsoft Active Directory Federation Service（ADFS）与阿里云进行用户 SSO 登录的示例参见 https://help.aliyun.com/document_detail/93686.html 和 https://developer. aliyun.com/article/748631。使用 testuser01 SSO 登录阿里云控制台的效果如图 3-18 所示。

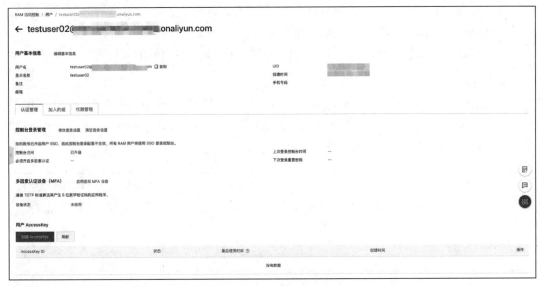

图 3-17　RAM 子账户 testuser02 基本信息

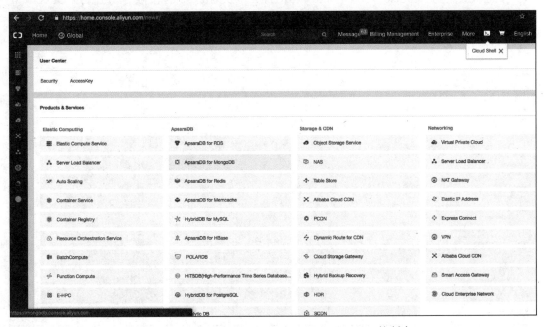

图 3-18　ADFS 身份系统成功 SSO 登录阿里云控制台

3.6.2 统一授权

本节我们将学习如何管理用户访问云资源的权限、如何对用户进行 RBAC 授权并访问 Kubernetes 集群内资源，子账户的授权设置如下。

❑ testuser01：用于访问集群 idc-cluster01 并拥有所有命名空间下资源的读写权限，访问 cluster03 并拥有 default 命名空间下资源的读写权限。

❑ testuser02：仅授权访问 idc-cluster01 并拥有 default 命名空间的读权限。

1. RAM 授权

因为 testuser01 和 testuser02 都是 RAM 子账户，所以子账户本身需要包含 RAM 授权访问容器服务，在没有获得访问容器服务集群列表的权限之前，使用 testuser01 或者 testuser02 登录容器服务，看到的是空的集群列表，如图 3-19 所示。

图 3-19　未进行 RAM 授权的子账户看到的空集群列表

下面我们授予 testuser01 查看 idc-cluster01 和 cluster03 的权限。新建自定义权限策略 cs-testuser01-policy，如图 3-20 所示。其中 c4cxxxxxxx 为 idc-cluster01 的集群 ID，c07xxxxxxx 为 cluster03 的集群 ID。

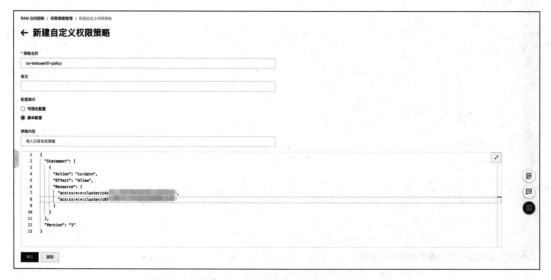

图 3-20　新建自定义权限策略 cs-testuser01-policy

以同样的方式新建自定义权限策略 cs-testuser02-policy，用于授予子账户 testuser02 查看 idc-cluster01 的权限。

分别为 testuser01 和 testuser02 添加权限 cs-testuser01-policy 和 cs-testuser02-policy。

再次使用 testuser01 登录容器服务，可以看到集群列表展示了 idc-cluster01 和 cluster03 集群，如图 3-21 所示。

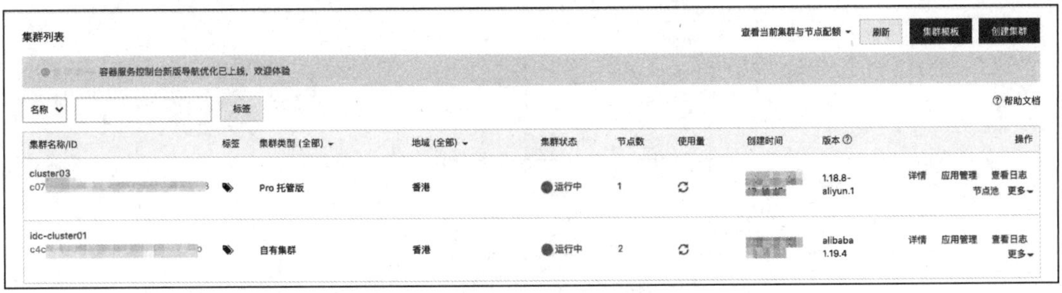

图 3-21　testuser01 看到的集群列表

使用 testuser02 登录容器服务可以看到集群列表只展示了 idc-cluster01 集群，如图 3-22 所示。

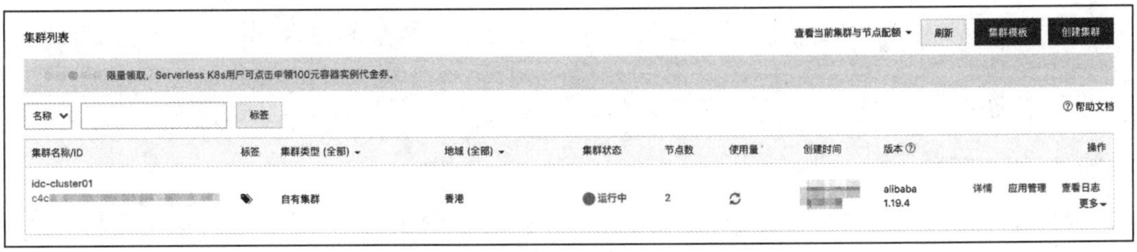

图 3-22　testuser02 看到的集群列表

2. RBAC 授权

RAM 授权是云厂商对云服务资源的权限管理，而 Kubernetes 集群中资源的访问控制则可以通过 RBAC 授权实现。

在 Kubernetes 的 RBAC 机制中，主要通过定义描述资源访问控制规则的角色以及将用户主体与角色进行绑定这两个步骤完成对用户的访问授权，如图 3-23 所示。

角色包含代表权限集合的规则，分为普通角色（Role）和集群角色（ClusterRole）两类。一个普通角色只能授予访问单一命名空间中的资源，而集群角色则可以授予类似节点这样的集群范围资源以及集群中所有命名空间下资源的访问权限。

角色绑定用于将角色与一个或一组用户进行绑定，角色绑定也分为普通角色绑定（RoleBinding）和集群角色绑定（ClusterRoleBinding）。主体分为用户、组和服务账户。

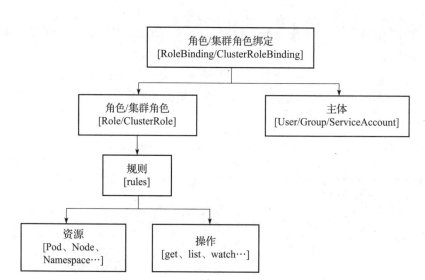

图 3-23　Kubernetes 中的 RBAC 授权机制

在未进行任何 RBAC 授权的情况下，使用 testuser01 访问 idc-cluster01 集群资源会返回被目标集群 API Server 拒绝的 403 状态码。

使用主账户登录容器服务控制台，点击左侧菜单栏中的"授权管理"，找到子账户 testuser01 和 testuser02，分别点击"管理权限"进行设置。

首先授权 testuser01 访问集群 idc-cluster01 的所有命名空间以及 cluster03 的 default 命名空间。

点击"下一步"完成授权。以同样的方式授权 testuser02 访问集群 idc-cluster01 的 default 命名空间。

点击"下一步"完成授权。其中阿里云容器服务默认设置的 4 个角色权限说明如表 3-3 所示，我们也可以根据业务需要自定义角色访问权限。

表 3-3　集群内 RBAC 权限

角色	集群内 RBAC 权限
管理员	拥有所有命名空间下资源的读写权限
运维人员	拥有所有命名空间下控制台可见资源的读写权限，对集群节点、存储卷、命名空间、配额等资源拥有只读权限
开发人员	拥有所有命名空间或所选命名空间下控制台可见资源的读写权限
受限用户	拥有所有命名空间或所选命名空间下控制台可见资源的只读权限
自定义	权限由用户选择的集群角色决定，需要在确定所选集群角色对各类资源的操作权限后再进行授权，以免子账户获得不符合预期的权限

完成 testuser01 和 testuser02 的 RBAC 授权后，我们可以分别使用它们登录容器服务控制台访问集群资源，以此验证 RBAC 授权是否生效。

使用 testuser01 可正常访问 idc-cluster01 集群内的所有资源，如图 3-24 所示。

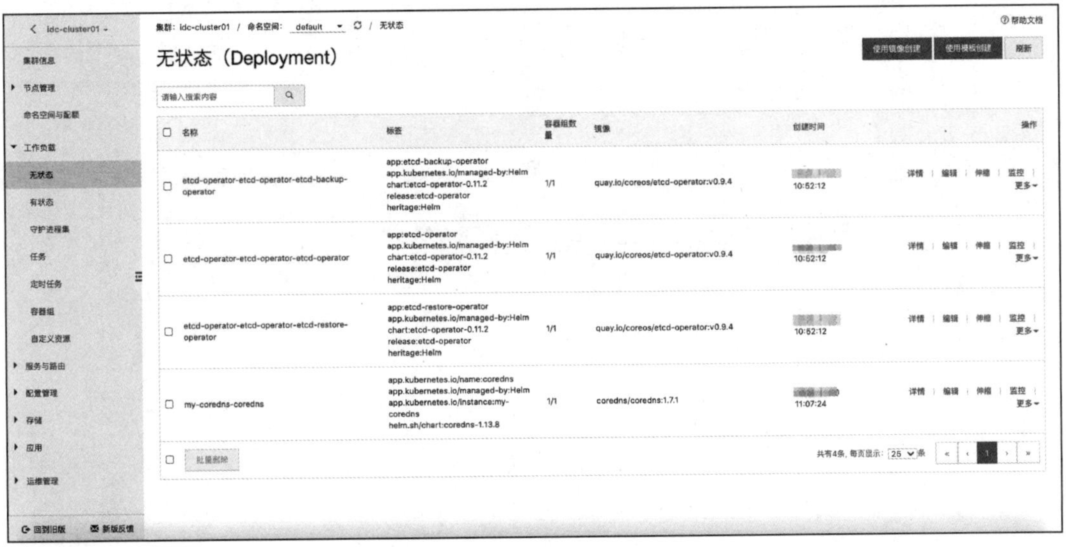

图 3-24　RBAC 授权 testuser01 正常访问 idc-cluster01 集群内的所有资源

使用 testuser01 可正常访问集群 cluster03 的 default 命名空间，但其他命名空间对其不可见。

使用 testuser01 访问集群 cluster03 的节点列表，返回 403 状态码。

使用 testuser02 可正常访问集群 idc-cluster01 的 default 命名空间，但其他命名空间对其不可见。

3.7　本章小结

通过本章的介绍，读者了解了当前多云 / 混合云多集群在实际使用中存在哪些急需解决的现实问题。对于如何在同一控制平面对不同平台的多集群进行统一管理，本章首先介绍了开源社区的集群联邦解决方案，然后以阿里云容器服务为例介绍了云厂商是如何通过集群注册的能力将不同的容器集群收敛到同一控制平面的。最后，介绍了如何以一致的用户体验和运维方式管理容器集群和用户授权。

混合集群——混合网络

构建混合集群的前提是本地数据中心集群的网络与线上注册集群使用的专有网络 VPC 互联互通，也就是将线上线下专线打通，使其处于同一个数据平面，线上节点使用内网网络添加到本地数据中心的集群。事实上，使用公网网络也可以实现将线上节点添加至线下集群，但考虑到公网链路潜在的不稳定性，可能出现因节点离线导致业务应用受影响的情况。当然，目前有面向弱网络连接场景下的边缘计算模型，可以在远端节点离线时维持节点自治，保证业务离线时也能正常运行，但这不是本章讨论的重点。在混合集群模型下，最稳定的方式是专线打通内网并使用内网链路将线上节点添加至线下集群，这样不仅可以提高网络拓扑的灵活性，还能保证跨网络通信的质量和安全性。

规划一个混合线上线下计算节点的 Kubernetes 集群网络，是构建混合集群的难点，本章我们将对当前主流的 Kubernetes 开源网络插件和云厂商自研网络插件进行分析、对比和实践，以本地数据中心网络与阿里云云上专有网络 VPC 打通为例，演示如何构建一个混合网络。

4.1　容器网络接口

在实际生产环境中，网络环境多种多样，有的网络环境可能二层连通，有的可能三层连通，对于不同的网络环境，容器网络的解决方案也不同。为了避免重复，Kubernetes 开源容器平台把网络接口标准化、规范化，并以插件的形式提供，这就是 Kubernetes 容器网络接口（Container Network Interface，CNI）。

容器网络接口的出现提升了用户选择网络插件的自由度，只要符合规则，用户也可以自研网络插件。容器网络接口为 Kubernetes 容器集群的用户提供了一个容器网络框架，用于在创建或销毁容器时为其动态分配适当的网络资源，容器网络接口包含用于配置网络的 AddNetwork 接口以及清理网络的 DelNetwork 接口等。

```
type CNI interface {
    AddNetworkList(ctx context.Context, net *NetworkConfigList, rt
      *RuntimeConf) (types.Result, error)
    CheckNetworkList(ctx context.Context, net *NetworkConfigList, rt
      *RuntimeConf) error
    DelNetworkList(ctx context.Context, net *NetworkConfigList, rt
      *RuntimeConf) error
    GetNetworkListCachedResult(net *NetworkConfigList, rt *RuntimeConf)
      (types.Result, error)
    GetNetworkListCachedConfig(net *NetworkConfigList, rt *RuntimeConf) ([]
      byte, *RuntimeConf, error)

    AddNetwork(ctx context.Context, net *NetworkConfig, rt *RuntimeConf)
      (types.Result, error)
    CheckNetwork(ctx context.Context, net *NetworkConfig, rt *RuntimeConf) error
    DelNetwork(ctx context.Context, net *NetworkConfig, rt *RuntimeConf) error
    GetNetworkCachedResult(net *NetworkConfig, rt *RuntimeConf) (types.Result,
      error)
    GetNetworkCachedConfig(net *NetworkConfig, rt *RuntimeConf) ([]byte,
      *RuntimeConf, error)

    ValidateNetworkList(ctx context.Context, net *NetworkConfigList) ([]
      string, error)
    ValidateNetwork(ctx context.Context, net *NetworkConfig) ([]string, error)
}
```

一个容器网络接口插件必须是可以被 Kubernetes 容器管理平台调用和执行的，插件主要负责将一个网络接口添加至容器网络命名空间以及在主机上做一些必要的变更配置（例如配置一个 vet-pair 的一端到容器，另一端到主机的网桥上），然后为这个网络接口分配 IP 地址并通过调用操作系统的 IP 地址管理模块（IP Address Management，IPAM，即 IP 地址管理）来保证整个网络环境下路由的一致性。

在 Kubernetes 集群中，容器网络模式定义了一个"扁平"的网络，具有以下两个特征。

❏ 每个 Pod 都拥有一个独立的 IP 地址。

❏ 运行于不同计算节点上的 Pod 之间可以在不使用网络地址转换（Network Address Translation，NAT）的情况下互相通信。

容器网络接口插件需要解决的问题如下。

❏ 为每个 Pod 分配 IP 地址并保证该 IP 地址在集群内唯一。

❏ 保证 Pod 与 Pod 之间可以互相通信。

为了解决上述问题，一系列开源容器网络接口插件与方案应运而生，一些主流的容器网络接口插件包括 Flannel 网络插件、Calico 网络插件、Cilium 网络插件。

各大公有云厂商也根据自身云上网络环境的特性提供了定制化的容器网络接口插件，例如阿里云容器服务的高性能 Terway 网络插件。

下面，我们分别实践 Flannel 网络插件、Calico 网络插件、Cilium 网络插件和阿里云 Terway 网络插件，并对其特性和适用场景进行解析。为了更贴近混合网络中集群节点分属 2 个或 2 个以上不同的网络环境，在实践过程中，我们也将设置集群节点网络网段为 192.168.0.0/24 或 10.10.24.0/24，这两个网络已设置为三层网络互通。

4.2 Flannel 网络插件

Flannel 网络插件是 CoreOS 团队针对 Kubernetes 容器平台设计的，Flannel 本质上是一种覆盖网络，是将 TCP 数据包包装在另一种网络包中进行路由转发。Flannel 网络插件的工作原理非常简单，在每个 Kubernetes 集群节点上运行 flanneld 进程，flanneld 会为其所在节点上的 Pod 申请一段虚拟网络地址空间，负责封装需要发送的报文，然后通过主机网络送出，同时从主机网络接收报文并进行解析，再转发到 Pod 所在的虚拟网络中。

Flannel 支持不同的数据包封装转发方式，我们称之为 Flannel 的后端实现（flannel backend），如 UDP、VXLAN、host-gw、AliVPC、AWS VPC、Alloc 路由等多种数据转发方式。

4.2.1 VXLAN 模式

VXLAN 模式是 Flannel 推荐使用的一种数据包封装转发方式，是 Linux 内核默认支持的一种虚拟化网络技术。与 UDP 模式相比，它可以在内核态完成所有数据包封装和解封的工作，减少内核态和用户态之间切换的次数。VXLAN 模式使用二层网络连接不同的主机并允许主机上的 Pod 之间互相通信，为了能在二层网络上打通隧道，Flannel 会在每个主机上设置一个名为 flannel.1 的特殊网络设备作为隧道的两端，也就是虚拟隧道端点（Virtual Tunnel End Point，VTEP），所有数据包的封装和解封都由 flannel.1 设备在内核态中完成。

参考 2.2 节使用 Kubeadm 搭建 Kubernetes 集群的步骤，我们在集群中部署 Flannel 网络插件并配置 VXLAN 模式，以便进一步了解其工作原理，集群信息如表 4-1 所示。

表 4-1 集群信息列表

节点名称	节点角色	节点规格	Kubernetes 版本	OS 版本	IP 地址
flannel-master-01	主节点	2C4G	1.19.4	CentOS 8.2	192.168.0.18
flannel-worker-01	工作节点	2C4G	1.19.4	CentOS 8.2	192.168.0.19
flannel-worker-02	工作节点	2C4G	1.19.4	CentOS 8.2	10.10.24.88

如表 4-1 所示，flannel-master-01 和 flannel-worker-01 两个节点运行于 192.168.0.0/24

网络之下，flannel-worker-02 运行于 10.10.24.0/24 网络之下，这属于两个不同的网络环境，我们通过专线将这两个网络环境打通，使得 flannel-master-01、flannel-worker-01 和 flannel-worker-02 工作节点之间可以互相通信。接下来，我们需要配置并部署 flannel 网络插件，首先运行以下命令下载 flannel 的部署编排文件。

```
$ curl -LO https://raw.githubusercontent.com/coreos/flannel/master/Documentation/
  kube-flannel.yml
```

从 flannel 的编排文件中我们可以看到，flannel pod 内主要有 2 个容器，分别是 install-cni 和 kube-flannel。

❑ install-cni 是一个初始化容器，负责将 flannel 组件 ConfigMap 配置中的 cni-conf.json 文件复制到主机的容器网络接口路径下，以便遵照标准的容器网络接口流程为 Pod 挂载网卡。

❑ kube-flannel 容器负责启动 flanneld 进程，flanneld 的启动参数有两个：-ip-masq 和 -kube-subnet-mgr。-ip-masq 代表需要配置 SNAT;-kube-subnet-mgr 代表使用 kube 类型的 subnet-manager（区别于使用 etcd 的 local-subnet-mgr 类型）。使用 kube 类型后，flannel 上各节点的 IP 子网会基于 Kubernetes 集群节点的 spec.podCIDR 属性进行分配。

将 kube-flannel.yml 文件中 Network 配置修改为 Kubernetes 集群实际使用的 podSubnet，本示例配置如下。

```
net-conf.json: |
    {
      "Network": "10.100.0.0/16",
      "Backend": {
        "Type": "vxlan"
      }
    }
```

使用以下命令，将 flannel 组件部署到集群上。

```
$ kubectl apply -f kube-flannel.yml
```

查看 flannel 组件的运行状态，如下所示。

```
$ kubectl -nkube-system get po|grep kube-flannel-ds
kube-flannel-ds-4gc5v                        1/1    Running    0      26s
kube-flannel-ds-4qdgq                        1/1    Running    0      26s
kube-flannel-ds-ndvtl                        1/1    Running    0      26s
```

查看集群节点状态，如下所示。

```
$ kubectl get no -o wide
NAME               STATUS   ROLES   AGE     VERSION   INTERNAL-IP
flannel-master-01  Ready    master  4m37s   v1.19.4   192.168.0.18
```

```
flannel-worker-01    Ready    <none>    2m48s    v1.19.4    192.168.0.19
flannel-worker-02    Ready    <none>    2m38s    v1.19.4    10.10.24.88
```

我们在每台主机上都可以看到 flannel.1 设备，它既有 IP 地址，也有 MAC 地址，正是 VXLAN 建立隧道通信需要的虚拟隧道端点设备。

接下来，我们分别部署 busybox01 和 busybox02 两个 Pod。

```
$ kubectl run busybox01 --image=busybox --restart=Never -- sleep 1d
$ kubectl run busybox02 --image=busybox --restart=Never -- sleep 1d
```

查看 busybox01 和 busybox02 的信息可以看到，它们被调度在不同的工作节点上，并且分配了不同的 IP 地址。

```
$ kubectl get po -o wide
NAME         READY    STATUS     RESTARTS    AGE    IP            NODE
busybox01    1/1      Running    0           26s    10.100.1.3    flannel-worker-01
busybox02    1/1      Running    0           7s     10.100.2.3    flannel-worker-02
```

现在，我们可以从 busybox01 访问 busybox02，查看其网络联通性。

```
$ kubectl exec -it busybox01 sh
/ # ping 10.100.2.3
PING 10.100.2.3 (10.100.2.3): 56 data bytes
64 bytes from 10.100.2.3: seq=0 ttl=62 time=40.213 ms
64 bytes from 10.100.2.3: seq=1 ttl=62 time=40.360 ms
```

busybox01 访问 busybox02 的请求链路如图 4-1 所示。

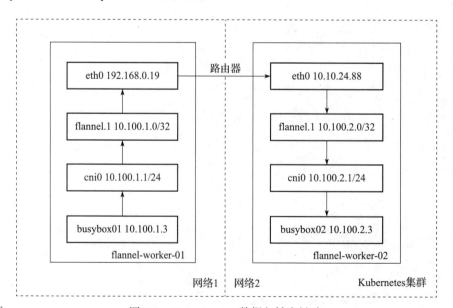

图 4-1　flannel vxlan 数据包转发链路

数据包转发流程如下。

1）busybox01 发送的数据包首先会被转发至其所在主机节点 flannel-worker01 上的 cni0。

2）cni0 通过本机路由将数据包转发至 flannel.1。

3）flannel.1 通过 ARP 记录找到目的 MAC 地址，将源 MAC 地址和目的 MAC 地址一起封装成二层数据帧。

4）Linux 内核在这个数据帧上会添加一个 VXLAN 头 VNI。在 flannel 中，VNI 的默认值是 1，这也是主机上 flannel.1 设备中 1 的含义，封装好的数据帧会通过主机上的 eth0 网络继续进行传输。

5）主机 flannel-worker-02 在收到数据包并检测到其 VNI 为 1 后，Linux 内核会对其进行解封操作，然后转发至 flannel-worker-02 上的 flannel.1 设备，最后通过 cni0 转发至 busybox02。

4.2.2　UDP 模式

UDP 模式是一个三层覆盖网络的实现模式，它首先会对发送的 IP 数据包进行 UDP 封装，在接受端将数据包解封再转发给目标端，但是因为其在发包的过程中会频繁在主机的内核态与用户态之间来回做数据交换，导致了非常高的性能消耗，所以这种模式一般只用于网络调试或者不支持 VXLAN 功能的老版本内核主机上。

4.2.3　host-gw 模式

host-gw 模式是将 Flannel 管理的所有子网的下一跳设置成该子网对应的主机的 IP 地址，这些子网和主机的信息会保存在 Etcd 数据库中，flanneld 进程只需要监听数据的变化，然后实时更新路由表。

host-gw 模式的工作原理非常简单，添加路由并将目的主机当作网关，直接路由原始封包，在这个过程中不再需要频繁做封包、解包操作，性能上优于 VXLAN 模式。但它在发送容器原始数据包时，封包中的源 IP 地址和目的 IP 地址都是容器地址，要求所有的主机都在一个二层网络连通可达的子网内，否则就没办法将目的主机当作网关进行直接路由转发。

在 Kubernetes 混合集群中，运行本地数据中心的节点与云上节点分属两个不同的二层网络环境，host-gw 模式是无法直接使用的，但是可以使用 Flannel VXLAN 模式支持线上线下 Pod 之间互相通信的目的。Flannel VXLAN 模式是一种非常简单的 Kubenretes 混合集群网络模式，但我们在上面也提到了，它在转发数据包的过程中会频繁封包、解包，会产生 20%～30% 的性能消耗，因此如果对容器网络性能有较高需求，这种网络模式可能无法达到预期。

4.3　Calico 网络插件

Calico 网络插件是 Kubernetes 生态中另一种比较主流的开源网络方案，Calico 是一个三层的网络方案，支持边界网关协议（Border Gateway Protocol，BGP[⊖]）模式和 IPIP 模式。

Calico 采用非常灵活的模块化架构设计，用户可以根据实际需求选择必要的模块进行安装部署，Calico 主要由以下几个模块组成。

- ❑ 容器网络接口插件：用于 Kubernetes 容器平台的网络接口，提供高效的 Pod 网络以及 IP 地址管理。
- ❑ Felix：一个策略引擎，也可以称作 Calico 代理，需要运行于每一个工作节点上，主要负责配置路由和访问控制策略，以确保工作节点端到端之间网络的连通性和安全限制。
- ❑ BIRD：主要负责将 Felix 写入 Linux 内核的路由信息分发给整个 Calico 网络，保证 Pod 与 Pod 之间的连通性。
- ❑ EEtcd：分布式键值存储，主要负责保证网络元数据一致性，确保 Calico 网络状态的准确性。
- ❑ calico/node：把 Felix、Bird 等封装成统一的组件，同时负责给其他组件做环境的初始化和条件准备。
- ❑ Typha：默认情况下，Felix 通过 Kubernetes 集群的 API 服务器与 Etcd 进行数据交互，但在集群节点数比较多的情况下，为了降低 API 服务器的压力，我们可以通过 Typha 直接和 Etcd 进行数据交互。
- ❑ calicocli：Calico 的命令行工具，可以用于管理 Calico 网络配置和网络策略。

Calico 架构如图 4-2 所示。

Calico 支持的网络模式种类丰富，大体可以分为覆盖网络类型和非覆盖网络类型两种，其中覆盖网络类型包括 VXLAN 网络模式和 IPIP 网络模式，非覆盖网络类型包括 BGP 全互联模式和 BGP 路由反射模式。

4.3.1　IPIP 模式

Calico 的 IPIP 模式即 IP-in-IP 的叠加网络模型，Calico 会在集群的每个计算节点上创建一个 tunl0 网卡，所有需要转发到集群内其他节点的数据包都需要经过这个 tunl0 网卡设备进行封装和解封，因此 IPIP 模式下的网络数据包转发存在非常大的网络性能损耗。

Calico 3.x 的默认配置是 IPIP 类型的传输方案而非 BGP 方案，IPIP 模式对于底层网络的要求较低，但与 Flannel VXLAN 模式类似，这种模式下的网络损耗较大，不适用于对容器网络有高性能要求的场景。

⊖　用于管理边界路由器之间数据包的路由方式。边界网关协议会基于数据包转发的可用路径、路由规则和特定的网络策略等，帮助决策如何将数据包从一个网络转发到另外一个网络。

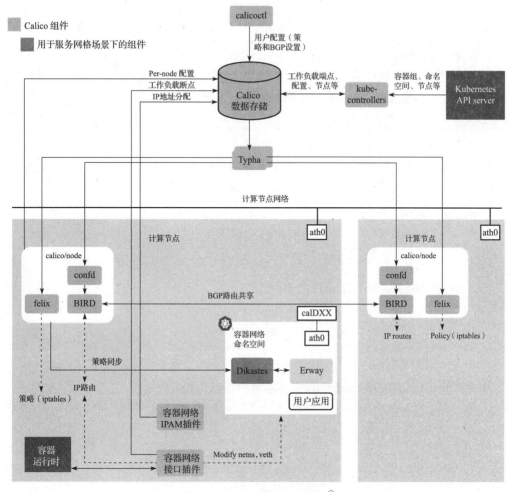

图 4-2　Calico 网络组件架构[一]

我们可以通过以下步骤在 Kubernetes 集群中部署 Calico 组件并默认使用 IPIP 模式。

```
$ curl -LO https://docs.projectcalico.org/manifests/calico.yaml
```

```
$ kubectl apply -f calico.yaml
```

Calico 组件运行状态如下所示。

```
$ kubectl -nkube-system get po |grep calico-node
calico-node-8mdm2                            1/1    Running    0        69s
calico-node-d8xvk                            1/1    Running    0        69s
calico-node-fv892                            1/1    Running    0        69s
```

集群节点状态如下所示。

㊀　图片来源 https://docs.projectcalico.org/images/architecture-calico.svg。

```
$ kubectl get no -o wide
NAME                       STATUS    ROLES     AGE      VERSION    INTERNAL-IP
calico-ipip-master-01      Ready     master    2m49s    v1.19.4    192.168.0.23
calico-ipip-worker-01      Ready     <none>    2m18s    v1.19.4    192.168.0.24
calico-ipip-worker-02      Ready     <none>    2m13s    v1.19.4    10.10.24.90
```

接下来，我们分别部署 busybox01 和 busybox02 两个 Pod。

```
$ kubectl run busybox01 --image=busybox --restart=Never -- sleep 1d
$ kubectl run busybox02 --image=busybox --restart=Never -- sleep 1d
```

busybox01 和 busybox02 的节点分布在不同的主机上，并且分配了不同的 IP 地址，如下所示。

```
$ kubectl get po -o wide
NAME         READY   STATUS     RESTARTS   AGE    IP             NODE
busybox01    1/1     Running    0          85s    10.100.27.2    calico-ipip-worker-01
busybox2     1/1     Running    0          8s     10.100.108.4   calico-ipip-worker-02
```

测试从 busybox01 到 busybox02 的连通性。

```
$ ping 10.100.108.4
PING 10.100.108.4 (10.100.108.4): 56 data bytes
64 bytes from 10.100.108.4: seq=0 ttl=62 time=40.163 ms
64 bytes from 10.100.108.4: seq=1 ttl=62 time=40.369 ms
```

在计算节点 calico-ipip-worker-01 上查看路由信息，如下所示。

```
$ route -n
Kernel IP routing table
Destination      Gateway          Genmask           Flags   Metric   Ref   Use Iface
0.0.0.0          192.168.0.253    0.0.0.0           UG      100      0     0 eth0
10.100.27.0      0.0.0.0          255.255.255.192   U       0        0     0 *
10.100.27.1      0.0.0.0          255.255.255.255   UH      0        0     0 calibfbe4d25690
10.100.27.2      0.0.0.0          255.255.255.255   UH      0        0     0 cali62b1ad91c8d
10.100.35.0      192.168.0.23     255.255.255.192   UG      0        0     0 tun10
10.100.108.0     10.10.24.90      255.255.255.192   UG      0        0     0 tun10
172.17.0.0       0.0.0.0          255.255.0.0       U       0        0     0 docker0
192.168.0.0      0.0.0.0          255.255.255.0     U       100      0     0 eth0
```

在计算节点 calico-ipip-worker-02 上查看路由信息，如下所示。

```
$ route -n
Kernel IP routing table
Destination      Gateway          Genmask           Flags   Metric   Ref   Use Iface
0.0.0.0          10.10.24.253     0.0.0.0           UG      100      0     0 eth0
10.10.24.0       0.0.0.0          255.255.255.0     U       100      0     0 eth0
10.100.27.0      192.168.0.24     255.255.255.192   UG      0        0     0 tun10
10.100.35.0      192.168.0.23     255.255.255.192   UG      0        0     0 tun10
10.100.108.0     0.0.0.0          255.255.255.192   U       0        0     0 *
10.100.108.1     0.0.0.0          255.255.255.255   UH      0        0     0 calia98d1331c48
```

```
10.100.108.2    0.0.0.0         255.255.255.255 UH      0       0      0 cali0bc0e882cfc
10.100.108.4    0.0.0.0         255.255.255.255 UH      0       0      0 caliafb2e1bddef
172.17.0.0      0.0.0.0         255.255.0.0     U       0       0      0 docker0
```

数据包转发过程如图 4-3 所示。

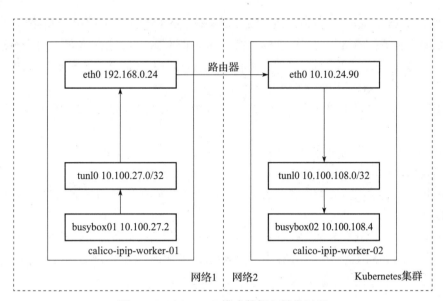

图 4-3　Calico IPIP 模式数据包转发过程

1）ping 10.100.108.4 的数据包从 Pod busybox01 发出，在 calico-ipip-worker-01 节点上会匹配到路由条目 10.100.108.0　10.10.24.90　255.255.255.192 UG　0　0　0 tunl0，这条路由的意思是发往 10.100.108.0/32 网段的数据包都统一由 tunl0 设备转发到网关 192.168.0.23 上，再由 eth0 转发至其他计算节点。

2）calico-ipip-worker-02 节点收到数据包后，发现数据包的目的 IP 为 10.100.108.4，则根据路由规则 10.100.108.4　0.0.0.0　255.255.255.255 UH　0　0　0 caliafb2e1bddef 将数据包转发至 caliafb2e1bddef 设备。caliafb2e1bddef 设备就是 Pod busybox02 的 veth-pair 在主机侧的一端。

4.3.2　BGP 模式

在 BGP 模式下，每个运行 BGP 的路由器都有一个或多个 BGP 对等体，也就是可以与该路由器通过 BGP 互相通信的路由器。在 Kubernetes 集群中，Calico 会在集群的每一个计算节点上利用 Linux 内核的能力搭建一个高效的虚拟路由器 vRouter，负责转发数据包。每个 vRouter 都可以通过 BGP 将本节点上运行的所有 Pod 的路由信息广播给整个 Calico 网络，同时也会自动设置数据包转发到其他计算节点的路由规则。

与 Calico 的 IPIP 模式相比，BGP 模式完全利用路由规则实现动态组网，通过 BGP 通告路由，报文的传输完全通过路由规则控制，这样就避免了覆盖网络模式下数据包封包、解包带来的额外开销。

在开始实践 Calico BGP 模式之前，我们先熟悉几个在 Calico BGP 模式中常用的概念和术语。

- AS：Autonomous System，即网络自治系统，AS 之间通过 BGP 交换路由信息。AS 是一个自治的网络，拥有独立的交换机、路由器等，可以独立运转，每个 AS 拥有一个全球唯一的 16 位 ID 号，其中 64512 到 65535 共 1023 个 AS 号码可以用于私有网络。Calico 默认使用的 AS 号是 64512。
- iBGP：AS 内部的 BGP 对等体，与同一个 AS 内部的 iBGP 或者 eBGP 交换路由信息。
- eBGP：AS 边界的 BGP 对等体，与同一个 AS 内部的 iBGP 以及其他 AS 的 eBGP 交换路由信息。
- BGP 发言者：发送 BGP 报文的设备，用于接收或产生新的报文信息并发布给其他 BGP 发言者。

Calico 的 BGP 模式分为全互联（node-to-node-mesh）模式和路由反射器（router reflection）模式。注意，Calico 网络插件的 BGP 模式需要运行于支持 BGP 的网络环境中才可以正常工作，类似阿里云等公有云厂商的云上网络环境不支持 BGP。

1. 全互联模式

在 BGP 全互联模式下，Kubernetes 集群中的每一个节点都会被当作一个 BGP 对等体，节点与节点之间通过 BGP 建立连接，最终形成一个 BGP 网格网络。在开启 BGP 特性的情况下，Calico 默认会使用 BGP 全互联模式。

我们可以通过以下命令在 Kubernetes 集群中部署 Calico 组件并使用 BGP 模式。

```
$ curl -LO https://docs.projectcalico.org/manifests/calico.yaml
```

上面的部署文件中默认配置为使用 IPIP 模式，对应的 CALICO_IPV4POOL_IPIP 变量值为 always，将其值替换为 off，即可配置为 Calico BGP 全互联网络模式，即将

```
- name: CALICO_IPV4POOL_IPIP
  value: always
```

修改为如下内容。

```
- name: CALICO_IPV4POOL_IPIP
  value: off
```

执行如下命令部署 Calico 组件到 Kubernetes 集群中。

```
$ kubectl apply -f calico.yaml
```

Calico 组件的运行状态如下所示。

```
$ kubectl -nkube-system get po|grep calico-node
calico-node-6qd2c                              1/1      Running    0        97s
calico-node-nxv7j                              1/1      Running    0        97s
calico-node-p7t4f                              1/1      Running    0        97s
calico-node-hxtnn                              1/1      Running    0        97s
```

集群节点状态如下所示。

```
$ kubectl get no -o wide
NAME                     STATUS    ROLES     AGE      VERSION    INTERNAL-IP
calico-bgp-master-01     Ready     master    4m3s     v1.19.4    192.168.0.25
calico-bgp-worker-01     Ready     <none>    3m35s    v1.19.4    192.168.0.26
calico-bgp-worker-02     Ready     <none>    3m30s    v1.19.4    192.168.0.27
calico-bgp-worker-03     Ready     <none>    3m25s    v1.19.4    10.10.24.91
```

下载 Calico 命令行工具 calicocli 可以查看当前集群的网络服务状态，下载命令如下所示。

```
$ curl -LO  https://github.com/projectcalico/calicoctl/releases/download/v3.17.1/
  calicoctl

$ mv calicoctl /usr/local/bin/calicoctl && chmod +x /usr/local/bin/calicoctl
```

使用 calicocli 工具查看服务状态。

```
$ calicoctl node status
Calico process is running.

IPv4 BGP status
+--------------+-------------------+-------+----------+-------------+
| PEER ADDRESS |     PEER TYPE     | STATE |  SINCE   |    INFO     |
+--------------+-------------------+-------+----------+-------------+
| 192.168.0.26 | node-to-node mesh | up    | 11:29:38 | Established |
| 192.168.0.27 | node-to-node mesh | up    | 11:49:39 | Established |
| 10.10.24.91  | node-to-node mesh | up    | 11:29:40 | Established |
+--------------+-------------------+-------+----------+-------------+


IPv6 BGP status
No IPv6 peers found.
```

如果需要查看更多 Calico 网络配置的信息，则需要添加配置访问 Kubernetes Etcd 集群数据。

```
$ mkdir -p /etc/calico/
$ cat <<EOF  > /etc/calico/calicoctl.cfg
apiVersion: projectcalico.org/v3
kind: CalicoAPIConfig
metadata:
spec:
  datastoreType: "kubernetes"
  kubeconfig: "/root/.kube/config"
EOF
```

calicoctl 默认使用 /etc/calico/calicoctl.cfg 配置文件访问 Etcd 集群数据，例如，我们可以查看 IPAM 的 IP 地址池信息。

```
$ calicoctl get ippools -o wide
NAME                CIDR            NAT    IPIPMODE   VXLANMODE   DISABLED   SELECTOR
default-ipv4-ippool 10.100.0.0/16   true   Never      Never       false      all()
```

下面我们分别部署 busybox01、busybox02 和 busybox03 三个 Pod。

```
$ kubectl run busybox01 --image=busybox --restart=Never -- sleep 1d
$ kubectl run busybox02 --image=busybox --restart=Never -- sleep 1d
$ kubectl run busybox03 --image=busybox --restart=Never -- sleep 1d
```

查看 busybox01、busybox02 分别运行于 calico-bgp-worker-01 和 calico-bgp-worker-02 节点，它们位于同一个网络 192.168.0.0/24 中，busybox03 运行于 calico-bgp-worker-03 节点，位于网络 10.10.24.0/24 中，Pod 分配的 IP 地址如下所示。

```
$ kubectl get po -o wide
NAME        READY   STATUS     RESTARTS   AGE    IP              NODE
            NOMINATED NODE   READINESS GATES
busybox01   1/1     Running    0          35s    10.100.118.195  calico-bgp-worker-01
busybox02   1/1     Running    0          24s    10.100.241.5    calico-bgp-worker-02
busybox03   1/1     Running    0          7s     10.100.199.130  calico-bgp-worker-03
```

测试从 busybox01 到 busybox02 的连通性。

```
$ kubectl exec -it busybox01 sh
/ # ping 10.100.241.5
PING 10.100.241.5 (10.100.241.5): 56 data bytes
64 bytes from 10.100.241.5: seq=0 ttl=62 time=40.658 ms
64 bytes from 10.100.241.5: seq=1 ttl=62 time=40.216 ms
```

测试从 busybox01 到 busybox03 的连通性。

```
$ kubectl exec -it busybox01 sh
/ # ping 10.100.199.130
PING 10.100.199.130 (10.100.199.130): 56 data bytes
64 bytes from 10.100.199.130: seq=0 ttl=62 time=40.628 ms
64 bytes from 10.100.199.130: seq=1 ttl=62 time=40.223 ms
```

数据包转发过程如图 4-4 所示。

如图 4-4 所示，busybox01 和 busybox02 位于同一个二层网络，busybox01 经过二层交换机就可以访问 busybox02 的数据包。与此同时，busybox01 和 busybox03 位于两个不同的网络，因此 busybox01 发出的数据包会先到达三层交换到路由器，再一步步跳转到 busybox03 上。

在 BGP 全互联模式下，随着集群规模越来越大，BGP 网格网络的规模将持续扩大，连接数成倍增加，当集群节点规模非常大时，全互联模式的网络效率将变得非常低，Calico 官方建议 BGP 全互联模式只运行于集群规模不大于 100 节点的场景下。

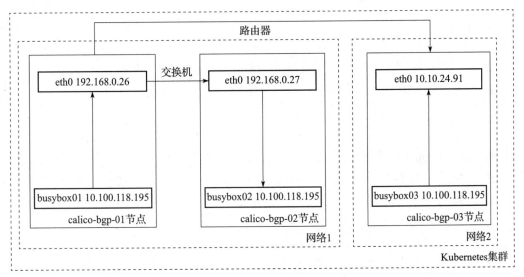

图 4-4　Calico BGP 全互联模式数据包转发过程

2. 路由反射模式

当集群规模大于 100 节点时，BGP 路由反射模式可以解决全互联模式下网络连接数过多而导致的性能下降问题。路由反射模式，就是在 Calico 网络中指定一个或者多个 BGP 发言者作为路由反射器，路由反射器负责与网络中所有 BGP 发言者建立 BGP 连接，每个 BGP 发言者只需要与路由反射器交换路由信息即可保证获取到全网路由信息。

我们可以在 Calico 网络中手动设置 Global Peer 或使用指定的计算节点充当路由反射器来实现路由器反射模式。

首先，编辑如下配置并使用 calicoctl 关闭 BGP 全互联模式。

```
$ calicoctl patch bgpconfiguration default -p '{"spec": {"nodeToNodeMeshEnabled":
  false}}'
```

Global Peer 配置可以应用于 Kubernetes 集群的每一个节点，例如配置当前集群中所有节点与 IP 地址为 192.168.0.253 的节点建立对等连接。

```
$ cat << EOF | calicoctl create -f -
apiVersion: projectcalico.org/v3
kind: BGPPeer
metadata:
  name: my-global-peer
spec:
  peerIP: 192.168.0.253
  asNumber: 64512
EOF
```

配置后通过 calicoctl 检查路由条目是否已经下发。

```
$ calicoctl node status
Calico process is running.

IPv4 BGP status
+---------------+-----------+-------+----------+---------+
| PEER ADDRESS  | PEER TYPE | STATE | SINCE    | INFO    |
+---------------+-----------+-------+----------+---------+
| 192.168.0.253 | global    | up    | 15:32:30 | Established |
+---------------+-----------+-------+----------+---------+
```

除了使用 Global Peer 配置之外，我们还可以指定集群中某一个或几个计算节点作为路由反射器。例如，我们选择 calico-bgp-worker-01 和 calico-bgp-worker-02 节点作为路由反射器，使用如下命令完成路由反射器节点的配置并使用 calicoctl 部署使其生效。

```
$ calicoctl patch node calico-bgp-worker-01 -p '{"spec": {"bgp":
  {"routeReflectorClusterID": "244.0.0.1"}}}'
$ calicoctl patch node calico-bgp-worker-02 -p '{"spec": {"bgp":
  {"routeReflectorClusterID": "244.0.0.1"}}}'
```

routeReflectorClusterID 是 BGP 路由器的集群标识，通常为一个不会被其他设备使用到的 IPv4 地址，本示例中设置为 244.0.0.1。

将 calico-bgp-worker-01 和 calico-bgp-worker-02 节点设置为路由反射器之后，我们可以进一步将 Kubernetes 集群中的所有节点都连接到路由反射器节点，为了达到这个目的，我们需要另外手动配置和创建 BGP Peer 自定义资源。为了让 BGP Peer 资源更容易地使用标签选择器，将路由反射器节点与其他非路由反射器节点配置为对等，首先给 calico-bgp-worker-01 和 calico-bgp-worker-02 节点添加节点标签，命令如下。

```
$ kubectl label node calico-bgp-worker-01 route-reflector=true
$ kubectl label node calico-bgp-worker-02 route-reflector=true
```

然后部署以下配置文件，配置其他非路由反射器节点与路由反射器之间的对等连接。

```
$ cat << EOF | calicoctl create -f -
kind: BGPPeer
apiVersion: projectcalico.org/v3
metadata:
  name: node-peer-to-rr
spec:
  nodeSelector: !has(route-reflector)
  peerSelector: has(route-reflector)
EOF
```

如果需要配置路由反射器与路由反射器之间的对等连接，则使用以下命令。

```
$ cat << EOF | calicoctl create -f -
kind: BGPPeer
```

```
apiVersion: projectcalico.org/v3
metadata:
  name: rr-to-rr-peer
spec:
  nodeSelector: has(route-reflector)
  peerSelector: has(route-reflector)
EOF
```

最后，在非路由反射器的 calico-bgp-worker-03 节点上再次运行查看服务状态的命令。

```
$ calicoctl node status
Calico process is running.

IPv4 BGP status
+--------------+-----------+-------+----------+-------------+
| PEER ADDRESS | PEER TYPE | STATE | SINCE    | INFO        |
+--------------+-----------+-------+----------+-------------+
| 192.168.0.26 | global    | up    | 15:11:42 | Established |
| 192.168.0.27 | global    | up    | 15:11:42 | Established |
+--------------+-----------+-------+----------+-------------+

IPv6 BGP status
No IPv6 peers found.
```

可见，IP 为 192.168.0.26 的节点和 IP 为 192.168.0.27 的节点就是与 calico-bgp-worker-03 节点建立 BGP 对等的两个路由反射器。

4.3.3　网络策略

Calico 网络还支持基于 iptables 的一系列网络安全策略，用户可以根据具体的业务需求限制或放行 Pod 与 Pod 之间的网络连通。下面我们针对 default 命名空间下的所有 Pod 创建一个默认不允许任何流量进入的网络策略。

```
$ kubectl apply -f - <<EOF
apiVersion: networking.k8s.io/v1
kind: NetworkPolicy
metadata:
  name: default-deny
spec:
  podSelector:
    matchLabels: {}
EOF
```

验证 busybox01 到 busybox02 的网络通信已经被隔离，证明网络策略已经生效。

```
$ kubectl exec -it busybox01 sh
/ # ping 10.100.241.5
PING 10.100.241.5 (10.100.241.5): 56 data bytes
```

接下来我们进一步将 busybox02 设置为只允许 busybox01 访问。

```
$ kubectl apply -f - <<EOF
apiVersion: networking.k8s.io/v1
kind: NetworkPolicy
metadata:
  name: bysubox02-network-policy
  namespace: default
spec:
  podSelector:
    matchLabels:
      run: busybox02
  policyTypes:
  - Ingress
  ingress:
  - from:
    - podSelector:
        matchLabels:
          run: busybox01
EOF
```

再次验证 busybox01 到 busybox02 的网络通信限制已打开。

```
$ kubectl exec -it busybox01 sh
/ # ping 10.100.241.5
PING 10.100.241.5 (10.100.241.5): 56 data bytes
64 bytes from 10.100.241.5: seq=0 ttl=62 time=0.399 ms
64 bytes from 10.100.241.5: seq=1 ttl=62 time=0.272 ms
```

创建 busybox03，因为我们设置的网络策略为只允许 busybox01 访问 busybox02，所以
busybox03 到 busybox02 的网络通信依旧被限制。

```
$ kubectl exec -it busybox03 sh
/ # ping 10.100.241.5
PING 10.100.241.5 (10.100.241.5): 56 data bytes
```

4.4　Cilium 网络插件

Cilium 网络插件是开源社区推出的一种基于 eBPF（extended Berkeley Packet Filter，扩
展伯克利包过滤器）和 XDF（eXpress Data Path，特快数据路径）的高性能容器网络方案，
与其他网络插件相比，Cilium 强调了在网络安全上的优势，可以透明地对运行于 Kubernetes
集群中应用服务之间的网络通信进行安全防护和观测。

4.4.1　eBPF 技术

BPF 是类 Unix 系统上数据链路层的一种原始接口，用于转发原始链路层数据封包，它
在 Unix 内核态实现网络数据包过滤，这种技术在诞生之初比当时最先进的数据包过滤技术
还要快 20 倍，大部分 Unix 系统都采用 BPF 作为网络数据包过滤技术。但随着现代硬件技

术的发展，BPF 技术渐渐满足不了网络数据包过滤日益增长的性能需求，经过重新设计，Alexei Starovoitov 于 2014 年推出了 eBPF。eBPF 针对现代硬件对 BPF 进行了优化，不仅生成的指令集比 BPF 解释器生成的机器码执行得更快，还增加了虚拟机中的寄存器数量，将原先的 2 个 32 位寄存器增加至 10 个 64 位寄存器，这使得开发人员可以使用函数参数自由交换更多的信息并编写更复杂的程序，这些优化使得 eBPF 的性能比 BPF 提高了 4 倍。

eBPF 最早被集成在 Linux3.18 内核版本中，当前，eBPF 已经成为 Linux 内核顶级子系统。区别于 eBPF，原先的 BFP 技术被称为经典 BPF，即 cBPF（classic Berkeley Packet Filter）。

虽然 eBPF 最初的实现目标是优化处理网络数据包过滤器，多数情况下只限于内核态使用，但随着 eBPF 技术的发展，它已经演进成为一套通用的执行引擎，提供了可基于系统或程序事件高效、安全执行特定代码的通用能力，比如开发性能分析工具、软件定义网络等，且不再局限于内核开发者。

此外，eBPF 在系统性能分析和观测、安全、网络等领域有广泛的应用。eBPF 结合 XDP 和 TC（Traffic Control，流量控制）技术可以实现更加强大的网络功能，为软件定义网络（Software Defined Network，SDN）提供基础支撑，Cilium 网络插件就是基于这些技术开发的开源容器网络方案。XDP 在网络包入口层面使用 BPF 程序执行数据包过滤，可用于丢弃非预期及恶意的流量，或者进行 DDoS 防护等场景。TC 在 L3 层之前运行 BPF 程序，能访问与数据包相关的大部分元数据，可以用于监控流量或在 L3、L4 层面实施端到端的连通策略控制。

依托 eBPF 技术，Cilium 实现了 Kubernetes 集群中网络的可观测性、网络隔离、网络安全过滤等功能。下面我们介绍 Cilium 网络插件结合 BPF 技术的架构设计。

4.4.2　架构设计

Cilium 网络插件向上可以为容器配置网络及其相关的安全策略，向下可以通过 Linux 内核挂载 BPF 程序来控制容器之间数据包的转发行为和执行安全策略，Cilium 架构如图 4-5 所示。

Cilium 架构主要包括以下组件。

❑ Cilium 代理：以 DaemonSet 守护进程集的方式运行于 Kubernetes 集群的每个计算节点上，是整个 Cilium 网络插件架构中最核心的一部分，我们可以通过它完成节点上容器网络和安全策略的配置。Cilium 代理调用 eBPF 程序对网络和安全进行配置时，会结合容器标识和相关的策略，生成对应的 eBPF 程序并编译为字节码，并将这些字节码传递到 Linux 内核中。

❑ Cilium Operator：负责管理集群中的任务，比如通过 Etcd 在节点之间同步资源信息、管理和更新集群网络策略等。

❑ Cilium CLI：一个方便管理 Cilium 网络的命令行工具。

❑ Hubble 组件：Cilium 提供的分布式组件，用于观测网络和安全性，它通过调用 Cilium 提供的 API 及 eBPF 程序，以完全透明的方式将容器网络的基础结构、通信行为等直观地展示给用户。

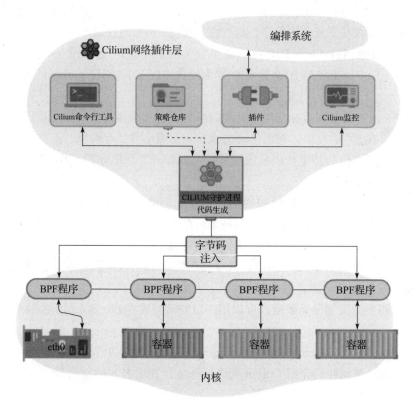

图 4-5　Cilium 架构[⊖]

4.4.3　功能特性

Cilium 网络插件的功能特性和优势主要表现在以下几个方面。

❑ 高性能网络插件：Cilium 网络插件的控制平面和数据平面是完全为大型云原生环境构建的，它可以在数秒内完成成百上千容器的创建和销毁。此外，Cilium 的数据平面使用 eBPF 进行有效的负载均衡和增量更新，从而避免了大型 iptables 规则集的陷阱。Cilium 还完全支持 IPv6。

❑ 负载均衡：基于服务的负载均衡是 Kubernetes 的核心网络功能，它通常是由 kube-proxy 组件配合 iptables 的能力构建的，kube-proxy 会为每个新服务添加 iptables 规则集，随着服务数量越来越多，iptables 规则集也会变得异常庞大，而 iptables 规则

⊖　图片来源 https://docs.cilium.io/en/stable/_images/cilium-arch.png。

是按先后顺序处理的，iptables 规则越靠下，处理所需的时间就越长，这会严重影响负载均衡的性能。Cilium 网络插件使用 eBPF 技术，实现了 Kubernetes 中基于服务的负载均衡能力并在性能上优于 kube-proxy 组件。

❑ 容器网络的可观测性、指标采集和故障排查：在实际生产环境下，网络的可观测性非常重要。在 Kubernetes 集群场景下，一个典型的问题就是集群中的容器经常动态变化，传统的基于 IP 地址的网络可视化工具少有能派上用场的。Cilium 可以利用 eBPF 技术基于 Kubernetes 标签标识（对于 Pod）和 DNS 感知的标识（对于外部工作负载）了解容器网络的具体情况，进而提供与标识相关联的应用程序和连接信息，帮助用户进行故障排除。Cilium 的 Hubble 框架通过 API、CLI 和图形化 UI 将上述这些能力可视化展示在用户面前，我们会在后面的章节进行实践。

❑ 网络安全策略支持：Cilium 不仅实现了基本的 Kubernetes 网络策略（例如使用标签或者 CIDR 进行匹配），还实现了基于身份感知和 API 感知的可视化能力，用于开启 DNS 感知策略（例如，允许访问 *.aliyun.com 策略）或 API 感知策略（例如，允许 HTTP 请求 GET/foo）。

❑ 通信加密：在对安全非常敏感的环境中，保护传输中的数据是非常重要的。Cilium 的加密功能使用 Linux 内核内置的高效 IPsec 功能自动加密 Kubernetes 集群内或集群之间所有工作负载的通信。

❑ 多集群网络连通：在标准的 Kubernetes 网络模型下，每个集群的网络都是相互独立的，当我们需要跨集群访问指定工作负载时，例如将集群 A 中的工作负载迁移至集群 B，那么不得不借助其他代理程序进行跨集群的网络连通。Cilium 网络插件将跨集群组网这件事变得简单，它支持跨多个集群的节点之间的负载平衡，具备可观察性和安全性，从而实现了简单、高性能的跨集群网络。

4.4.4　安装和部署

Cilium 提供如下组网模式。

❑ 基于 VXLAN 的覆盖网络，是 Cilium 默认组网方式。

❑ 通过 BGP 路由的方式，实现 Pod 的组网和互联。

❑ 集群网格组网，实现跨多个 Kubernetes 集群的网络连通。

本节将使用最简单的 VXLAN 模式快速组网，着重了解 Cilium 网络插件的网络可观测性以及网络安全策略特性。

搭建 Kubernetes 集群并使用 Helm 部署 Cilium 网络插件与 Hubble 可视化组件（Helm 的使用参见第 6 章）。

部署 Cilium 网络插件之前，需要先在 Kubernetes 集群中的每个节点上运行以下命令挂载 eBPF 文件系统。

```
$ mount bpffs -t bpf /sys/fs/bpf
```

在 Kubernetes 集群中添加 Cilium 官方维护的 Helm 仓库。

```
$ helm repo add cilium https://helm.cilium.io/
```

查看 cilium helm chart 的最新版本。

```
$ helm search repo cilium
NAME              CHART VERSION    APP VERSION DESCRIPTION
cilium/cilium     1.9.3            1.9.3       eBPF-based Networking, Security,
   and Observability
```

helm 部署 Cilium 网络插件。

```
$ helm install cilium cilium/cilium --version 1.9.3 \
   --namespace kube-system \
   --set etcd.enabled=true \
   --set etcd.managed=true \
   --set nodeinit.enabled=true \
   --set kubeProxyReplacement=partial \
   --set hostServices.enabled=false \
   --set externalIPs.enabled=true \
   --set nodePort.enabled=true \
   --set hostPort.enabled=true \
   --set bpf.masquerade=false \
   --set image.pullPolicy=IfNotPresent \
   --set ipam.mode=kubernetes \
   --set hubble.listenAddress=":4244" \
   --set hubble.relay.enabled=true \
   --set hubble.ui.enabled=true \
   --set hubble.metrics.enabled="{dns,drop,tcp,flow,icmp,http}" \
   --set prometheus.enabled=true \
   --set operator.prometheus.enabled=true
```

这里有几个配置项需要特别说明一下。

❏ hubble.enabled=true：表示启用 Hubble 组件。

❏ hubble.ui.enabled=true：表示启用 Hubble UI。

❏ hubble.metrics.enabled="{dns,drop,tcp,flow,icmp,http}：表示 Hubble 将指定的指标内容展示出来，如果不指定则表示禁用不展示。

❏ prometheus.enabled=true：表示开启 Cilium 组件自身的指标采集。

helm 部署成功后，查看 Cilium 组件的运行状态。

```
$ kubectl -nkube-system get po -l k8s-app=cilium -o wide
NAME            READY  STATUS    RESTARTS  AGE   IP             NODE
cilium-dxrrb    1/1    Running   0         69s   10.10.24.92    cilium-bgp-worker-03
cilium-pv57h    1/1    Running   0         69s   192.168.0.29   cilium-bgp-worker-01
cilium-zfmh4    1/1    Running   0         69s   192.168.0.30   cilium-bgp-worker-02
cilium-zts6v    1/1    Running   0         69s   192.168.0.28   cilium-bgp-master-01
```

查看节点运行状态。

```
$ kubectl get no -o wide
NAME                     STATUS    ROLES      AGE    VERSION    INTERNAL-IP
cilium-bgp-master-01     Ready     master     23m    v1.19.4    192.168.0.28
cilium-bgp-worker-01     Ready     <none>     23m    v1.19.4    192.168.0.29
cilium-bgp-worker-02     Ready     <none>     23m    v1.19.4    192.168.0.30
cilium-bgp-worker-03     Ready     <none>     23m    v1.19.4    10.10.24.92
```

等待 Hubble 组件的 Pod 运行正常后,我们可以使用 kubectl port-forward 命令将 hubble-ui 服务端口转发至本地。

```
$ kubectl port-forward -n kube-system svc/hubble-ui --address 0.0.0.0
  --address :: 12000:80
```

浏览器访问 http://192.168.0.28:12000/ 即可查看 Hubble 的 UI 界面,我们将在 4.4.5 节详细介绍 Hubble 组件。

继续安装 Prometheus 组件和 Grafana 组件,用于可视化查看容器网络信息。

```
$ kubectl apply -f https://raw.githubusercontent.com/cilium/cilium/v1.9/
  examples/kubernetes/addons/prometheus/monitoring-example.yaml
```

上述命令将部署 Prometheus 和 Grafana 组件到 cilium-monitoring 命名空间下,它们会自动采集 Cilium 和 Hubble 组件的运行指标,可以使用下面的命令暴露 Grafana 服务到本地,然后在浏览器访问其页面。

```
$ kubectl -n cilium-monitoring port-forward service/grafana --address 0.0.0.0
  --address :: 3000:3000
```

浏览器访问 http://192.168.0.28:3000/,在 Grafana 服务提供的页面中查看 Cilium 组件的指标数据。

4.4.5　网络和网络策略的可视化

Cilium 在 1.17 版本之后,开源了一个名叫 Hubble 的可视化组件,Hubble 建立在 Cilium 和 eBPG 程序之上,以完全透明的方式,将底层网络基础设置通信和应用之间的通信行为可视化展示给用户,可视化的方式包括使用 Hubble UI、CLI 或者对接 Prometheus、Grafana 等主流的云原生监控体系。

Hubble 组件可以提供以下 3 个方面的能力。

1. 服务之间的依赖关系和通信链路拓扑图可视化

用户可以在 Hubble 的 UI 界面上可视化查看有哪些服务正在相互通信、它们的通信频率是多少等信息。使用以下命令部署测试应用。

```
$ kubectl create ns cilium-test
$ kubectl -n cilium-test apply -f https://raw.githubusercontent.com/cilium/
```

cilium/HEAD/examples/kubernetes/connectivity-check/connectivity-check.yaml

在上面的测试应用中，包含一系列 Deployment 部署，它们之间会使用多种连接路径互相访问，这些访问路径包含基于 Kubernetes 服务的负载均衡，也包含多种与之相结合的网络策略。使用以下命令查看测试应用所有 Pod 资源的运行状态。

```
$ kubectl -n cilium-test get pods
NAME                                              READY   STATUS    RESTARTS   AGE
echo-a-dc9bcfd8f-cl7kz                            1/1     Running   0          4m39s
echo-b-5884b7dc69-q9p2r                           1/1     Running   0          4m39s
echo-b-host-cfdd57978-l891j                       1/1     Running   0          4m39s
host-to-b-multi-node-clusterip-c4ff7ff64-wb7jq    1/1     Running   0          4m38s
host-to-b-multi-node-headless-84d8f6f4c4-vsxc4    1/1     Running   1          4m37s
pod-to-a-5cdfd4754d-rmbpx                         1/1     Running   0          4m39s
pod-to-a-allowed-cnp-7d7c8f9f9b-n7fvv             1/1     Running   0          4m38s
pod-to-a-denied-cnp-75cb89dfd-srnjq               1/1     Running   0          4m39s
pod-to-b-intra-node-nodeport-99b499f7d-2qq4t      1/1     Running   0          4m37s
pod-to-b-multi-node-clusterip-cd4d764b6-jz861     1/1     Running   0          4m38s
pod-to-b-multi-node-headless-6696c5f8cd-wnvpr     1/1     Running   1          4m38s
pod-to-b-multi-node-nodeport-7ff5595558-prj48     1/1     Running   0          4m37s
pod-to-external-1111-d5c7bb4c4-ng79j              1/1     Running   0          4m39s
pod-to-external-fqdn-allow-google-cnp-f48574954-9pzbc  1/1  Running   0          4m38s
```

我们可以看到，pod-to-a 通过配置 liveness 和 readness 探针来访问 echo-a 服务，它们的通信链路如图 4-6 所示。

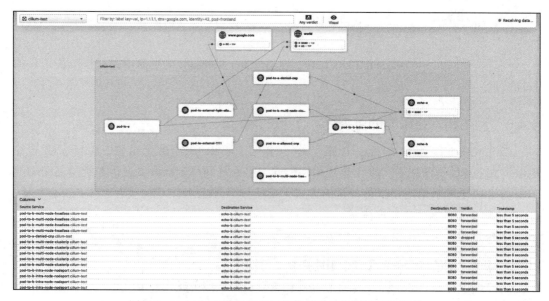

图 4-6　Hubble 查看服务之间的依赖关系和通信链路拓扑

我们可以点击"流量记录"查看通信详情，如图 4-7 所示。

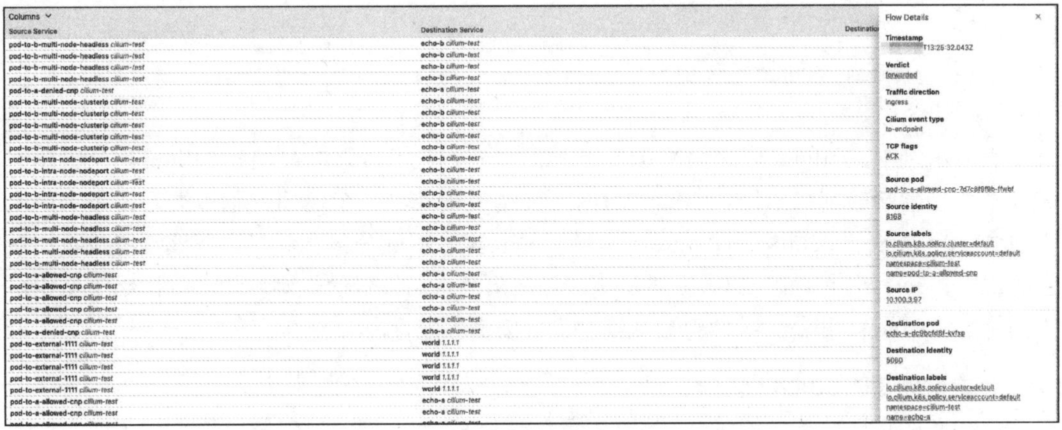

图 4-7 Hubble 查看服务之间通信详情

2. 网络可视化

我们可以在 Hubble UI 界面中看到有哪些失败的网络通信以及失败的原因，这些原因可能是 DNS 解析问题或应用的网络问题造成的，也可能是四层的 TCP 通信中断或七层的 HTTP 通信中断造成的。有网络流量被丢弃，丢弃的原因是安全策略拒绝。

3. 网络策略可视化

我们在部署上面的测试应用时，也部署了一个安全策略用于限制 pod-to-a-denied-cnp 访问 echo-a，在可视化图表里也可以看到被这些安全策略拒绝的请求。

4.4.6 网络策略

我们可以通过 Cilium 代理组件启动配置或 Cilium 网络策略配置两种方式，控制 Cilium 网络中目标端点是否接收来自某个源的流量。Cilium 代理组件的配置包括以下 3 种策略执行模式。

- ❑ default 执行模式：如果 Cilium 代理在启动时没有配置任何网络策略相关的参数，那么默认使用 default 执行模式。在 default 执行模式下，Kubernetes 集群容器网络完全互联互通，用户需要根据具体的应用服务情况设置相应的安全策略来隔离某些端点之间的网络通信。
- ❑ always 执行模式：在 always 执行模式下，Kubernetes 集群容器之间网络默认不通，用户需要根据具体的应用服务情况设置相应的安全策略来打开某些端点之间的网络通信。
- ❑ never 执行模式：在 never 执行模式下，Kubernetes 集群容器网络完全互联互通，即使用户设置了相应的安全策略也不会生效。

在 Cilium 代理的 DaemonSet 编排文件中指定如下环境变量可以设置开启哪种网络策略

执行模式。

```
- name: CILIUM_ENABLE_POLICY
  value: default
```

在本示例中，Cilium 代理使用 default 执行模式，我们可以继续配置 Cilium 网络策略来隔离某些端到端的网络通信。Cilium 的网络策略规则共享一个通用的基本类型，每个规则都包含一个 ingress 入口和一个 egress 出口。ingress 入口部分包含针对流入该端点流量而设置的规则，egress 出口部分包含针对从该端点流出流量而设置的规则。Cilium 网络策略中可以同时配制 ingress 和 egress 两部分规则，也可以都不配置。

1. 身份感知的 L3/L4 网络策略

Cilium 网络插件支持传统的基于 L3 网络层和 L4 传输层的网络隔离能力。下面我们通过示例演示 Cilium 如何执行用户自定义的网络策略。

下面是一个看门狗的微服务应用示例，由 guidedog（看门狗）、sheep（羊）和 wolf（狼）3 个微服务组成。guidedog 是一个监听 80 端口的 HTTP Web 服务，提供安全检查服务，容器 sheep 和 wolf 是两个客户端应用。使用以下命令部署示例应用。

```
$ kubectl apply -f  - <<EOF
---
apiVersion: v1
kind: Service
metadata:
  name: guidedog
spec:
  type: ClusterIP
  ports:
  - port: 80
  selector:
    org: farm
    class: dog
---
apiVersion: apps/v1
kind: Deployment
metadata:
  name: guidedog
spec:
  replicas: 2
  selector:
    matchLabels:
      org: farm
      class: dog
  template:
    metadata:
      labels:
        org: farm
        class: dog
```

```
    spec:
      containers:
      - name: guidedog
        image: registry.cn-hangzhou.aliyuncs.com/haoshuwei24/guidedog
---
apiVersion: v1
kind: Pod
metadata:
  name: sheep
  labels:
    org: farm
    class: sheep
spec:
  containers:
  - name: sheep
    image: registry.cn-hangzhou.aliyuncs.com/haoshuwei24/netperf
---
apiVersion: v1
kind: Pod
metadata:
  name: wolf
  labels:
    org: field
    class: wolf
spec:
  containers:
  - name: wolf
    image: registry.cn-hangzhou.aliyuncs.com/haoshuwei24/netperf
EOF
```

检查应用的运行状态，所有 Pod 运行状态都为 Running 时表示应用启动完毕。

```
$ kubectl get po,svc
NAME                                READY     STATUS      RESTARTS    AGE
pod/guidedog-6798c8b789-4vmtm       1/1       Running     0           21m
pod/guidedog-6798c8b789-l7jnx       1/1       Running     0           21m
pod/sheep                           1/1       Running     0           21m
pod/wolf                            1/1       Running     0           21m

NAME                    TYPE         CLUSTER-IP       EXTERNAL-IP    PORT(S)     AGE
service/guidedog        ClusterIP    10.96.105.169    <none>         80/TCP      21m
service/kubernetes      ClusterIP    10.96.0.1        <none>         443/TCP     3d
```

在 Cilium 网络中，每一个 Pod 代表一个端点，我们可以使用 cilium 命令行工具获取当前集群节点上的端点列表。

```
$ kubectl -n kube-system get pods -l k8s-app=cilium
NAME              READY     STATUS      RESTARTS    AGE
cilium-74k5b      1/1       Running     0           2d21h
cilium-l65ts      1/1       Running     0           2d21h
```

```
cilium-qcjg9    1/1      Running    0          2d21h
cilium-vwbjx    1/1      Running    0          2d21h
```

在 cilium-74k5b 上执行 cilium endpoint list 命令。

```
$ kubectl -n kube-system exec cilium-74k5b -- cilium endpoint list
ENDPOINT   POLICY (ingress)    POLICY (egress)     IDENTITY   LABELS (source:key[=value])      IPv6   IPv4           STATUS
           ENFORCEMENT         ENFORCEMENT
676        Disabled            Disabled            18675      k8s:class=dog                           10.100.2.156   ready
                                                              k8s:io.cilium.k8s.policy.cluster=default
                                                              k8s:io.cilium.k8s.policy.serviceaccount=default
                                                              k8s:io.kubernetes.pod.namespace=default
                                                              k8s:org=farm
2731       Disabled            Disabled            4          reserved:health                         10.100.2.67    ready
2930       Disabled            Disabled            1          reserved:host                                          ready
3331       Disabled            Disabled            20598      k8s:io.cilium.k8s.policy.cluster=default
                                                                                                      10.100.2.206   ready
                                                              k8s:io.cilium.k8s.policy.serviceaccount=hubble-
                                                                 relay
                                                              k8s:io.kubernetes.pod.namespace=kube-system
                                                              k8s:k8s-app=hubble-relay
```

可以看到，当前这些 Pod 的 ingress 和 egress 配置都是关闭的，表示当前没有任何网络策略在这些 Pod 上生效。

在这个示例应用中，我们希望只有羊可以通过看门狗的检查，狼会被拒之门外。因为当前没有任何网络策略在这些 Pod 上生效，所以羊和狼都可以通过看门狗的检查，使用如下命令进行验证。

```
$ kubectl exec sheep -- curl -s -XPOST guidedog.default.svc.cluster.local/v1/
    request-pass
Pass
$ kubectl exec wolf -- curl -s -XPOST guidedog.default.svc.cluster.local/v1/
    request-pass
Pass
```

接下来，我们需要配置一个网络策略，禁止狼访问看门狗，这是一个 TCP/IP 过滤，IP 属于七层网络模型中的第三层 L3，TCP 属于七层网络模型中的第四层 L4，通常我们称之为 L3/L4 网络安全策略。在传统的 L3/L4 网络数据包过滤技术下，过滤规则需要基于一个或多个固定的 IP 地址，但正如我们在前文提到过的，在 Kubernetes 集群中，看门狗、羊和狼的 IP 地址都是会动态销毁和再分配的，原先的网络策略在任何时间都有可能失效。Cilium 支持通过 Pod 标签标识一组 Pod 而不用关心其具体的 IP 地址信息。在这个示例中，我们需要在网络策略中添加规则，只允许 Pod 标签为 org=farm 的 Pod 通过，部署命令和内容如下所示。

```
$ kubectl apply -f - << EOF
apiVersion: "cilium.io/v2"
kind: CiliumNetworkPolicy
metadata:
```

```
    name: "allow-sheep-policy"
spec:
  endpointSelector:
    matchLabels:
      org: farm
      class: dog
  ingress:
  - fromEndpoints:
    - matchLabels:
      org: farm
    toPorts:
    - ports:
      - port: "80"
        protocol: TCP
EOF
```

Cilium 网络策略中使用 endpointSelector 字段匹配符合条件的源 Pod 和目标 Pod，allow-sheep-policy 网络策略中使用的规则是任何能匹配到 org=farm 标签的 Pod，都可以使用 TCP 访问带有标签 org=farm，class=dog 的 guidedog Pod。

部署这个 L3/L4 网络策略后，验证使用 sheep Pod 可以成功访问 guidedog，但是使用 wolf Pod 访问 guidedog 则会被拒绝。

```
$ kubectl exec sheep -- curl -s -XPOST guidedog.default.svc.cluster.local/v1/
  request-pass
Pass
$ kubectl exec wolf -- curl -s -XPOST guidedog.default.svc.cluster.local/v1/
  request-pass
^C
```

再次使用 cilium endpoint list 命令查看集群端点列表，可以看到匹配到 org=farm 和 class=dog 的 Pod 会执行 ingress 策略，如下所示。

```
$ kubectl -n kube-system exec cilium-74k5b -- cilium endpoint list
ENDPOINT  POLICY (ingress)  POLICY (egress)  IDENTITY  LABELS (source:key[=value])             IPv6  IPv4           STATUS
          ENFORCEMENT       ENFORCEMENT
676       Enabled           Disabled         18675     k8s:class=dog                                 10.100.2.156   ready
                                                       k8s:io.cilium.k8s.policy.cluster=default
                                                       k8s:io.cilium.k8s.policy.serviceaccount=default
                                                       k8s:io.kubernetes.pod.namespace=default
                                                       k8s:org=farm
2731      Disabled          Disabled         4         reserved:health                               10.100.2.67    ready
2930      Disabled          Disabled         1         reserved:host                                                ready
3331      Disabled          Disabled         20598     k8s:io.cilium.k8s.policy.cluster=default
                                                                                                     10.100.2.206   ready
                                                       k8s:io.cilium.k8s.policy.serviceaccount=hubble-
                                                         relay
                                                       k8s:io.kubernetes.pod.namespace=kube-system
                                                       k8s:k8s-app=hubble-relay
```

2. HTTP 感知的 L7 网络安全策略

在上述网络场景中，我们通过网络安全策略要么放行所有来自 sheep 的流量，要么拒绝所有来自 wolf 的流量，那么当我们需要设置 guidedog 只允许 sheep 访问 POST v1/request-pass API，而不允许其访问其他 API 例如 PUT v1/request-close-door 时，又该如何实现呢？这就需要一个 HTTP 感知的 L7 网络策略来实现了。

Cilium 支持执行 L7 层网络策略来限制 sheep 服务调用 guidedog 的某些 API。下面是一个网络策略的示例，它限制了 sheep 服务只能访问 guidedog 的 POST v1/request-pass API，而不允许调用其他 API，包括 PUT v1/request-close-door。

```
$ kubectl apply -f - << EOF
apiVersion: "cilium.io/v2"
kind: CiliumNetworkPolicy
metadata:
  name: "allow-sheep-policy"
spec:
  endpointSelector:
    matchLabels:
      org: farm
      class: dog
  ingress:
  - fromEndpoints:
    - matchLabels:
      org: farm
    toPorts:
    - ports:
      - port: "80"
        protocol: TCP
      rules:
        http:
        - method: "POST"
          path: "/v1/request-pass"
EOF
```

更新网络安全策略 allow-sheep-policy 后，我们再次验证 sheep 和 wolf 调用 guidedog API 的情况，看看有什么不同。

```
$ kubectl exec sheep -- curl -s -XPOST guidedog.default.svc.cluster.local/v1/
  request-pass
Pass

$ kubectl exec sheep -- curl -s -XPUT guidedog.default.svc.cluster.local/v1/
  request-close-door
Access denied

$ kubectl exec wolf -- curl -s -XPOST guidedog.default.svc.cluster.local/v1/
  request-pass
^C
```

由此可见，我们借助 Cilium 的 L7 网络安全策略，成功限制了 sheep 只调用 guidedog 的某些 API 资源，从而保证了服务之间只使用最低权限互相调用。

3. 基于 DNS 的网络策略限制访问外部服务

基于 DNS 的网络策略可以很好地控制 Pod 访问 Kubernetes 集群外部运行的服务。DNS 既包括公有云厂商提供的外部服务域名（例如 api.aliyun.com），又包括内部服务域名（例如 registry-vpc.cn-hangzhou.aliyuncs.com）。因为这些服务关联的 IP 地址可能会经常更改，所以基于 CIDR 或 IP 的策略非常不便于维护。

Cilium 提供了一种基于 DNS 的简单机制来指定访问控制，从 DNS 到 IP 映射跟踪是完全由 Cilium 自动处理的。

下面是一个基于 DNS 的网络策略 sheep-fqdn，限制 sheep 服务只能访问 api.aliyun.com。

```
$ kubectl apply -f - << EOF
apiVersion: "cilium.io/v2"
kind: CiliumNetworkPolicy
metadata:
  name: "sheep-fqdn"
spec:
  endpointSelector:
    matchLabels:
      org: farm
      class: sheep
  egress:
  - toFQDNs:
    - matchName: "api.aliyun.com"
  - toEndpoints:
    - matchLabels:
        "k8s:io.kubernetes.pod.namespace": kube-system
        "k8s:k8s-app": kube-dns
    toPorts:
    - ports:
      - port: "53"
        protocol: ANY
      rules:
        dns:
        - matchPattern: "*"
EOF
```

上面的网络策略依旧使用 endpointSelector 匹配哪些 Pod 将执行此策略，除此之外还包括以下几个 egress 规则。

- ❑ toFQDNs：matchName 规则。描述了出网流量允许访问 api.aliyun.com 服务，matchName 必须精确匹配到具体的服务域名。
- ❑ toEndpoints：matchLabels 规则。描述了出网流量可以访问 Kubernetes 集群内的 kube-dns 服务。
- ❑ toEndpoints：toPorts 规则。描述了出网流量通过 kube-dns 服务进行任意 DNS 查询。

将网络策略部署到集群后，验证可知 sheep 可以成功访问 api.aliyun.com，而访问 help.aliyun.com 超时。

```
$ kubectl exec -it sheep -- curl -sL https://api.aliyun.com
...
...
$ kubectl exec -it sheep -- curl -sL https://help.aliyun.com
^C
```

我们也可以设置 toFQDNs：matchPattern 来匹配 *.aliyun.com，更新网络策略如下。

```
$ kubectl apply -f - << EOF
apiVersion: "cilium.io/v2"
kind: CiliumNetworkPolicy
metadata:
  name: "sheep-fqdn"
spec:
  endpointSelector:
    matchLabels:
      org: farm
      class: sheep
  egress:
  - toFQDNs:
    - matchPattern: "*.aliyun.com"
  - toEndpoints:
    - matchLabels:
        "k8s:io.kubernetes.pod.namespace": kube-system
        "k8s:k8s-app": kube-dns
    toPorts:
    - ports:
      - port: "53"
        protocol: ANY
      rules:
        dns:
        - matchPattern: "*"
EOF
```

再次验证 sheep 可以成功访问 api.aliyun.com 和 help.aliyun.com，访问 api.aliyuncs.com 超时。

```
$ kubectl exec -it sheep -- curl -sL https://api.aliyun.com
...
...
$ kubectl exec -it sheep -- curl -sL https://help.aliyun.com
...
...
$ kubectl exec -it sheep -- curl -sL https://api.aliyuncs.com
^C
```

上述网络策略只约束了 sheep 可以访问哪些外部服务，并没有约束 HTTP 相关的行为，比如 sheep 当前既可以访问 https://api.aliyun.com 服务，也可以访问 http://api.aliyun.com 服务，代码如下所示。

```
$ kubectl exec -it sheep -- curl -sL https://api.aliyun.com
...
...
$ kubectl exec -it sheep -- curl -sL http://api.aliyun.com
...
...
```

Cilium 支持将基于 DNS 的网络策略与 L7 网络策略结合，比如我们可以设置网络策略只允许 sheep 访问匹配 *.aliyun.com 的 HTTPS 服务，更新网络策略内容如下。

```
$ kubectl apply -f - << EOF
apiVersion: "cilium.io/v2"
kind: CiliumNetworkPolicy
metadata:
  name: "sheep-fqdn"
spec:
  endpointSelector:
    matchLabels:
      org: farm
      class: sheep
  egress:
  - toFQDNs:
    - matchPattern: "*.aliyun.com"
  - toPorts:
    - ports:
      - port: "443"
        protocol: TCP
  - toEndpoints:
    - matchLabels:
        "k8s:io.kubernetes.pod.namespace": kube-system
        "k8s:k8s-app": kube-dns
    toPorts:
    - ports:
      - port: "53"
        protocol: ANY
      rules:
        dns:
          - matchPattern: "*"
EOF
```

再次验证 sheep 可以成功访问 https://api.aliyun.com，访问 http://api.aliyun.com 超时。

```
$ kubectl exec -it sheep -- curl -sL https://api.aliyun.com
...
...
$ kubectl exec -it sheep -- curl -sL http://api.aliyun.com
^C
```

4.4.7 多集群组网

Cilium 支持对多个 Kubernetes 集群实施 ClusterMesh 组成集群网格。ClusterMesh 通过隧道或直接路由完成跨多个 Kubernetes 集群的 Pod IP 路由而无须借助任何网关或代理。本节将演示如何跨多个 Kubernetes 集群组建集群网格，并在集群网格中配置 Pod 网络互连互通、应用服务的负载均衡以及网络安全策略。

目前，使用 Cilium 的 ClusterMesh 功能有若干前提条件，如下所示。

❑ ClusterMesh 中的每一个集群都分配不同的 Pod CIDR，不允许网段冲突。

❑ ClusterMesh 中所有集群的节点需要网络互通，这是 Cilium 在多集群之间建立对等体或者隧道的基础。

❑ ClusterMesh 中所有集群的节点 IP 地址独立且唯一。

❑ Cilium 必须使用 Etcd 键值数据库，当前不支持 Consul 等其他键值数据库。

❑ Etcd 的服务器证书必须将主机名 * .mesh.cilium.io 列入白名单，cilium-etcd-operator 部署 Etcd 服务时会自动完成这个设置。

在 ClusterMesh 中，必须为每个集群分配一个具有良好可读性且唯一的名称，用于将 ClusterMesh 中的节点进行分组，可以通过在 helm install 命令中添加 -set cluster.name=<cluster name> 指定集群名称，也可以编辑 ConfigMap cilium-config 修改 cluster-name 字段。此外，在 ClusterMesh 中，每个集群依旧独立维护和管理自己的安全身份分配，为了保证跨集群身份的兼容性，每个集群都配置有唯一的集群 ID，可以在 helm install 命令中添加 -set cluster.id=<cluster id> 指定集群 ID，或编辑 ConfigMap cilium-config 修改 cluster-id 字段，ID 值的可选范围为 1 ~ 255。

在本示例中，我们将准备两个满足上述条件的 Kubernetes 集群 clustermesh01 和 clustermesh02，clustermesh01 集群节点信息如下所示。

```
$ kubectl get no -o wide
NAME                          STATUS   ROLES     AGE   VERSION   INTERNALIP
cilium-clustermesh01-master   Ready    master    9m    v1.19.4   192.168.0.59
cilium-clustermesh01-worker   Ready    <none>    8m    v1.19.4   192.168.0.60
```

clustermesh02 集群节点信息如下所示。

```
$ kubectl get no -o wide
NAME                          STATUS   ROLES     AGE   VERSION   INTERNALIP
cilium-clustermesh02-master   Ready    master    7m    v1.19.4   10.10.24.96
cilium-clustermesh02-worker   Ready    <none>    6m    v1.19.4   10.10.24.97
```

在 ClusterMesh 中，每个 Kubernetes 集群依旧维护着自己的 Etcd 集群，但需要允许其他集群中运行的 Cilium 代理连接到该 Etcd 集群并将多集群状态复制到集群中，因此 ClusterMesh 中的 Etcd 都应该公开为 LoadBalancer 或 NodePort 类型的服务，才能使得 Cilium 可以在集群之间同步状态并提供跨集群的网络互联互通以及网络策略实施。

分别在 clustermesh01 集群和 clustermesh02 集群中配置 Etcd 的 NodePort 服务。

```
$ kubectl -nkube-system apply -f - <<EOF
apiVersion: v1
kind: Service
metadata:
  name: cilium-etcd-external
spec:
  type: NodePort
  ports:
  - port: 2379
    nodePort: 32000
  selector:
    app: etcd
    etcd_cluster: cilium-etcd
    io.cilium/app: etcd-operator
EOF
```

因为 ClusterMesh 的控制平面基于 TLS 身份验证和加密策略，所以除了公开 Etcd 服务给其他集群外，还需要将每个 Etcd 的 TLS 密钥及证书提供给所有希望建立连接的集群。Cilium 开源社区提供了一些快速提取 Etcd TLS 密钥并生成 Etcd 配置的脚本，通过以下命令可以获取这些脚本工具。

```
$ git clone https://github.com/cilium/clustermesh-tools.git
$ cd clustermesh-tools
```

在 clustermesh01 集群上执行以下命令提取 TLS 证书等信息。

```
$ ./extract-etcd-secrets.sh
Derived cluster-name clustermesh01 from present ConfigMap
=====================================================
 WARNING: The directory config contains private keys.
         Delete after use.
=====================================================
$ ls config/
clustermesh01                        clustermesh01.etcd-client.crt  clustermesh01.
                                        mesh.cilium.io.ips
clustermesh01.etcd-client-ca.crt  clustermesh01.etcd-client.key
```

在 clustermesh02 集群上执行以下命令提取 TLS 证书等信息。

```
$ ./extract-etcd-secrets.sh
Derived cluster-name clustermesh02 from present ConfigMap
=====================================================
 WARNING: The directory config contains private keys.
         Delete after use.
=====================================================
$ ls config/
clustermesh02                        clustermesh02.etcd-client.crt  clustermesh02.
                                        mesh.cilium.io.ips
```

```
clustermesh02.etcd-client-ca.crt   clustermesh02.etcd-client.key
```

因为需要跨集群访问其他集群的 Etcd，所以必须在 ClusterMesh 的每个集群上创建一个 Kubernetes Secret，Secret 包含所有访问其他集群 Etcd 的证书和密钥，可以使用 generate-secret-yaml.sh 脚本分别在 clustermesh01 和 clustermesh02 上生成 secret 文件。

在 clustermesh01 集群上执行以下命令生成本集群 Secret 编排文件。

```
$ ./generate-secret-yaml.sh > clustermesh01.yaml
$ cat clustermesh01.yaml
apiVersion: v1
data:
  clustermesh01: xxx
  clustermesh01.etcd-client-ca.crt: xxx
  clustermesh01.etcd-client.crt: xxx
  clustermesh01.etcd-client.key: xxx
kind: Secret
metadata:
  creationTimestamp: null
  name: cilium-clustermesh
```

在 clustermesh02 集群上执行以下命令生成本集群 Secret 编排文件。

```
$ ./generate-secret-yaml.sh > clustermesh02.yaml
$ cat clustermesh02.yaml
apiVersion: v1
data:
  clustermesh02: xxx
  clustermesh02.etcd-client-ca.crt: xxx
  clustermesh02.etcd-client.crt: xxx
  clustermesh02.etcd-client.key: xxx
kind: Secret
metadata:
  creationTimestamp: null
  name: cilium-clustermesh
```

将 clustermesh01.yaml 和 clustermesh02.yaml 的内容合并为 clustermesh.yaml。

```
$ cat clustermesh.yaml
apiVersion: v1
data:
  clustermesh01: xxx
  clustermesh01.etcd-client-ca.crt: xxx
  clustermesh01.etcd-client.crt: xxx
  clustermesh01.etcd-client.key: xxx
  clustermesh02: xxx
  clustermesh02.etcd-client-ca.crt: xxx
  clustermesh02.etcd-client.crt: xxx
  clustermesh02.etcd-client.key: xxx
kind: Secret
metadata:
```

```
    creationTimestamp: null
    name: cilium-clustermesh
```

将 clustermesh.yaml 分别部署到 clustermesh01 集群和 clustermesh02 集群中。

```
$ kubectl -nkube-system apply -f clustermesh.yaml
```

Cilium 代理将使用预定义域名 {clustername} .mesh.cilium.io 连接远程集群中的 Etcd，为了使 Cilium 代理能够正确解析远程 Etcd 服务，这些域名会在 Cilium 代理程序中使用"主机别名"静态映射到服务 IP，使用 generate-name-mapping.sh 脚本生成 Cilium 代理的 ds.patch 文件。

在 clustermesh01 集群上执行以下命令生成 ds01.patch。

```
$ ./generate-name-mapping.sh > ds01.patch
$ cat ds01.patch
spec:
  template:
    spec:
      hostAliases:
      - ip: "192.168.0.59"
        hostnames:
        - clustermesh01.mesh.cilium.io
      - ip: "192.168.0.60"
        hostnames:
        - clustermesh01.mesh.cilium.io
```

在 clustermesh02 集群上执行以下命令生成 ds02.patch。

```
$ ./generate-name-mapping.sh > ds02.patch
$  cat ds02.patch
spec:
  template:
    spec:
      hostAliases:
      - ip: "10.10.24.96"
        hostnames:
        - clustermesh02.mesh.cilium.io
      - ip: "10.10.24.97"
        hostnames:
        - clustermesh02.mesh.cilium.io
```

将 ds01.patch 和 ds02.patch 合并为 ds.patch，内容如下所示。

```
$ cat ds.patch
spec:
  template:
    spec:
      hostAliases:
      - ip: "192.168.0.59"
        hostnames:
```

```
        - clustermesh01.mesh.cilium.io
      - ip: "192.168.0.60"
        hostnames:
        - clustermesh01.mesh.cilium.io
      - ip: "10.10.24.96"
        hostnames:
        - clustermesh02.mesh.cilium.io
      - ip: "10.10.24.97"
        hostnames:
        - clustermesh02.mesh.cilium.io
```

分别在 clustermesh01 集群和 clustermesh02 集群上使用 ds.patch 更新 cilium 守护进程。

```
$ kubectl -n kube-system patch ds cilium -p "$(cat ds.patch)"
```

完成以上步骤后，我们可以在任意一个 Cilium 代理 Pod 上执行 cilium node list 命令查看 ClusterMesh 中的所有集群列表。

```
$ kubectl -n kube-system get pod -l k8s-app=cilium
NAME              READY      STATUS      RESTARTS      AGE
cilium-m5zwv      1/1        Running     0             6m36s
cilium-s9crz      1/1        Running     0             6m26s
$ kubectl -n kube-system exec -it cilium-m5zwv -- cilium node list
Name                                        IPv4 Address      Endpoint CIDR
  IPv6 Address     Endpoint CIDR
cilium-clustermesh01-master                 192.168.0.59      10.200.0.0/24
cilium-clustermesh01-worker                 192.168.0.60      10.200.1.0/24
clustermesh01/cilium-clustermesh01-master   192.168.0.59      10.200.0.0/24
clustermesh01/cilium-clustermesh01-worker   192.168.0.60      10.200.1.0/24
clustermesh02/cilium-clustermesh02-master   10.10.24.96       10.201.0.0/24
clustermesh02/cilium-clustermesh02-worker   10.10.24.97       10.201.1.0/24
```

集群之间互联互通之后，我们可能还需要在集群之间创建全局的负载均衡服务，这个全局的负载均衡服务是通过在 Kubernetes 的 Service 资源中添加 io.cilium/global-service: "true" 注解来声明的，Cilium 会自动把请求转发给 ClusterMesh 中的所有集群。在使用全局负载均衡服务之前，我们需要重启每个集群上的 cilium-operator，使其使用 ClusterMesh 的最新配置。

```
$ kubectl -n kube-system delete pod -l name=cilium-operator
```

分别在 clustermesh01 和 clustermesh02 两个集群上部署 guidedog 示例应用，更新 guidedog 服务并添加 io.cilium/global-service: "true" 注解，该注解表示这个 Service 服务是一个 Cluster-Mesh 中的全局负载均衡服务。

```
$ kubectl apply -f - <<EOF
apiVersion: v1
kind: Service
metadata:
```

```
    name: guidedog
    annotations:
      io.cilium/global-service: "true"
spec:
  type: ClusterIP
  ports:
  - port: 80
  selector:
    org: farm
    class: dog
EOF
```

多次使用以下命令进行测试，查看 clustermesh01 集群和 clustermesh02 集群中的 guidedog Pod 日志，发现都会响应。

```
$ kubectl exec sheep -- curl -s -XPOST guidedog.default.svc.cluster.local/v1/
    request-pass
Pass
```

Cilium 还支持在全局负载均衡服务中添加注解 io.cilium/shared-service: "false" 来限制负载均衡器只将请求转发给远程集群中的 Pod，更新 nginx 服务。

```
$ kubectl apply -f - <<EOF
apiVersion: v1
kind: Service
metadata:
  name: guidedog
  annotations:
    io.cilium/global-service: "true"
    io.cilium/shared-service: "false"
spec:
  type: ClusterIP
  ports:
  - port: 80
  selector:
    org: farm
    class: dog
EOF
```

在 clustermesh01 集群中多次使用以下命令进行测试，你会看到只有 clustermesh02 集群中的 guidedog Pod 会响应。

```
$ kubectl exec sheep -- curl -s -XPOST guidedog.default.svc.cluster.local/v1/
    request-pass
Pass
```

在 ClusterMesh 中，网络安全性会自动跨集群实施，不过你需要人工将网络策略部署在各个集群中，如下所示是一个网络安全策略示例。

```
$ apiVersion: "cilium.io/v2"
kind: CiliumNetworkPolicy
metadata:
  name: "allow-sheep-cross-cluster"
spec:
  endpointSelector:
    matchLabels:
      class: sheep
      io.cilium.k8s.policy.cluster: clustermesh01
  egress:
  - toEndpoints:
    - matchLabels:
        class: dog
        io.cilium.k8s.policy.cluster: clustermesh02
```

网络安全策略 allow-sheep-cross-cluster 中定义的规则表示：在 clustermesh01 集群中匹配到标签 class=sheep 的 Pod，只允许访问 clustermesh02 集群中匹配到标签 class=dog 的 Pod。

4.5 Terway 网络插件

Terway 是阿里云自研的基于专有网络 VPC（Virtual Private Cloud）的容器网络接口插件，支持将阿里云原生的弹性网卡直接分配给 Pod 实现高性能容器网络，也支持基于 Kubernetes 标准的网络策略来定义容器间的访问策略。

在 Terway 网络插件中，每个 Pod 都拥有自己的网络栈和 IP 地址。同一台 ECS 内的 Pod 与 Pod 之间直接通过机器内部的数据包转发进行通信，跨 ECS 的 Pod 与 Pod 之间则通过专有网络 VPC 内的弹性网卡直接转发。因为不需要使用 VXLAN 等隧道技术封装报文，且分配给 Pod 的是实际的网卡设备，所以 Terway 模式网络具有较高的通信性能。Terway 网络模式如图 4-8 所示。

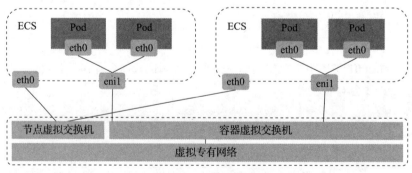

图 4-8 Terway 网络模式⊖

⊖ 图片来源：https://static-aliyun-doc.oss-accelerate.aliyuncs.com/assets/img/zh-CN/4385659951/p32414.png。

　　与前面介绍的几种开源社区的主流容器网络插件相比，Terway 网络插件最大的不同在于与阿里云专有网络的深度整合，直接基于阿里云虚拟化网络中的弹性网卡资源来构建容器网络，即 Terway 网络中的 Pod 会通过弹性网卡资源直接分配专有网络中的 IP 地址，不需要用户额外指定虚拟 Pod 网段。Terway 网络插件的特点可以总结为以下几点。

- 容器网络和集群节点网络处于同一层网络中，便于业务云原生化迁移。
- 无论是集群内 Pod 之间互相通信还是跨节点的 Pod 之间互相通信，网络数据包的传输并不依赖封包或者路由表，分配给 Pod 的网络设备本身就是可以用于通信的。
- 集群节点的规模不再受路由表或者封包的 FDB 转发表等配额的限制，支持构建大规模集群。
- 多个集群容器之间只需要设置安全组开放端口就可以互相通信，使规划和管理维护更加简单。
- 可以直接在负载均衡器后端挂载 Pod，不需要在节点的端口上再做一层转发，提高了网络数据包转发的效率和性能。
- 容器访问集群外其他云服务资源时所带的源 IP 都是容器 IP，便于审计且更贴近云原生化场景。
- NAT 网关配置 SNAT 规则时可以精确到某个容器，比一次性设置整个容器网段更精细。
- 支持通过网络策略配置 Pod 间网络访问的规则。
- 支持更高效的 IPvlan+eBPF 链路，加速容器网络性能。要求使用 Alibaba Cloud Linux 2 系统。

4.5.1 使用限制

　　Terway 网络插件是阿里云容器服务团队开源的基于专有网络 VPC 的容器网络接口插件，有以下使用限制。

- 只适用于阿里云 VPC 网络环境。
- 需要选择支持 Terway 网络模式的 ECS 机型，用户在使用阿里云容器服务控制台创建 Kubernetes 集群时，会出现所选 ECS 机型是否支持 Terway 网络的提示信息，如图 4-9 所示。

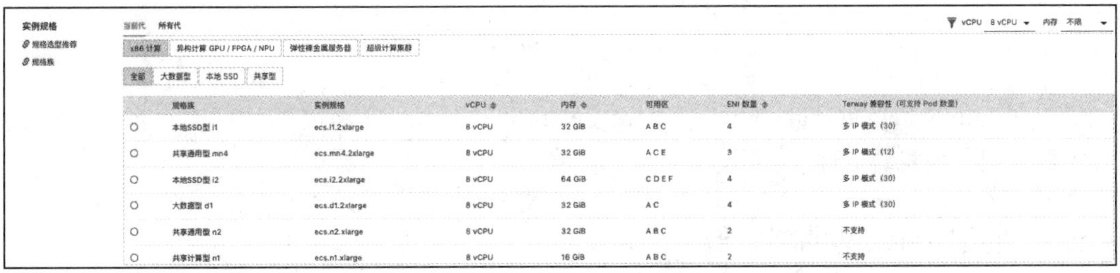

图 4-9　ECS 机型的 Terway 兼容性

❑ Terway 网络模式高效的 IPvlan+eBPF 链路特性，需要使用 Alibaba Cloud Linux 2 系统作为节点的操作系统。

4.5.2 Terway 网络规划和准备

在创建 Terway 网络 Kubernetes 集群时，Terway 网络配置中需要指定专有网络 VPC、虚拟交换机、Pod 网络 CIDR（地址段）和 Service CIDR（地址段）。专有网络 VPC 下需要创建两个处于同一可用区的虚拟交换机：一个是计算节点虚拟交换机，配置了计算节点所使用的网段信息；另一个是容器虚拟交换机，配置了容器使用的网段信息。使用 Terway 网络的 Kubernetes 集群规划的网络信息如表 4-2 所示。

表 4-2　Terway 网络的 Kubernetes 集群规划信息

配置项	参数
专有网络 VPC 网段	192.168.0.0/16
节点虚拟交换机网段	192.168.0.0/24
容器虚拟交换机网段	192.168.1.0/24
Service CIDR	172.21.0.0/20

参见 https://help.aliyun.com/document_detail/65398.html 创建一个 VPC 专有网络，如图 4-10 所示。

图 4-10　创建 VPC 专有网络

参见 https://help.aliyun.com/document_detail/65387.html 分别创建计算节点虚拟交换机和容器虚拟交换机。

4.5.3 创建 Terway 网络集群

参见 https://help.aliyun.com/document_detail/95108.html 创建 Terway 网络 Kubernetes 集

群，其中 Terway 网络配置如图 4-11 所示。

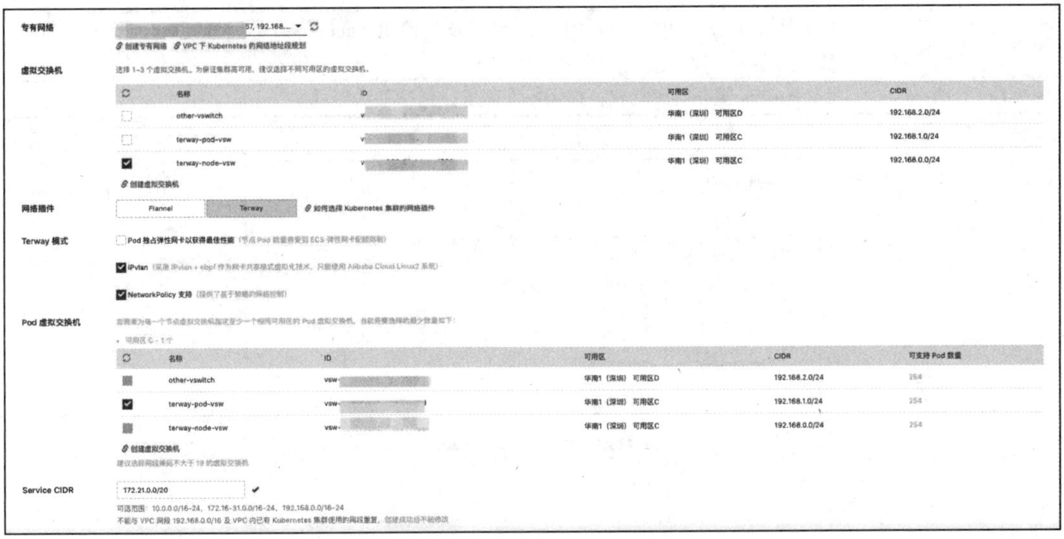

图 4-11　Terway 网络配置

因为我们选择了 Terway 网络组件，并勾选了 IPvlan 特性，所以需要选择支持 Terway 网络模式的 ECS 实例并使用 Alibaba Cloud Linux 2 系统作为节点的操作系统。

Terway 网络配置项说明如表 4-3 所示。

表 4-3　Terway 网络配置项说明

配置项	描　　述
专有网络	专有网络 VPC，网段为 192.168.0.0/16
节点虚拟交换机	节点虚拟交换机 terway-node-vsw，网段为 192.168.0.0/24
Pod 虚拟交换机	Pod 虚拟交换机 terway-pod-vsw，网段为 192.168.1.0/24
Terway 共享模式	若不勾选"Pod 独占弹性网卡"选项，则默认配置为 Terway 共享模式。在共享模式下，Terway 将为容器 Pod 分配 ECS 实例上弹性网卡的辅助 IP，一个 Pod 占用一个弹性网卡辅助 IP 地址，共享 ENI 支持的最大 Pod 数 =（ECS 支持的 ENI 数 −1）× 单个 ENI 支持的私有 IP 数。例如图 4-12 是规格为 ecs.i1.xlarge 的 ECS 实例可支持的 Pod 数量为 20 个，其实是这个规格的 ECS 实例支持的弹性网卡数量为 3 块，其中 1 块为主网卡、2 块为辅助网卡，每块辅助网卡最多支持配置 10 个私网 IPv4 地址，如图 4-12 所示，使用公式计算该节点支持的 Terway Pod 数量为（3−1）× 10=20
Terway 独享模式	勾选"Pod 独占弹性网卡"选项后，Pod 将独占一个弹性网卡以获得最佳性能，独占 ENI 支持的最大 Pod 数 =ECS 支持的 ENI 数 −1
IPvlan 配置	只支持在 Terway 共享模式中使用，如果选中该选项，则 Terway 网络插件将采用 IPVLAN eBPF 作为网卡共享模式虚拟化技术，并且只能使用 Alibaba Cloud Linux 2 系统，但是性能优于默认模式。如果不选该选项，则使用默认模式，采用策略路由作为网卡共享模式虚拟化技术，同时兼容 Centos 7 和 Alibaba Cloud Linux 2 系统

（续）

配置项	描　述
NetworkPolicy 配置	只支持在 Terway 共享模式中使用，集群支持使用 Kubernetes 的网络策略对 Pod 通信进行限制
Service CIDR	Kubernetes 服务网段配置，如无特殊需求，保持默认即可

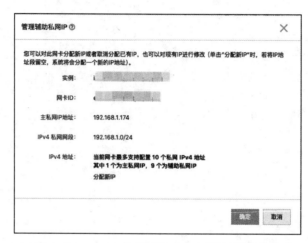

图 4-12　Terway 共享网络下 Pod 的 IP 地址分配

Terway 集群创建完毕后，查看计算节点的 IP 地址分配情况如下。

```
$ kubectl get no -o wide
NAME                         STATUS   ROLES    AGE    VERSION            INTERNAL-IP
cn-shenzhen.192.168.0.4      Ready    <none>   35m    v1.18.8-aliyun.1   192.168.0.4
cn-shenzhen.192.168.0.6      Ready    <none>   35m    v1.18.8-aliyun.1   192.168.0.6
```

部署 guidedog 示例应用后，查看 Pod 的 IP 地址分配情况，如下所示。

```
$ kubectl get po -o wide
NAME                         READY    STATUS     RESTARTS    AGE    IP
  NODE                       NOMINATED NODE       READINESS GATES
guidedog-76ff96795-lv2gp     1/1      Running    0           22s    192.168.1.176
guidedog-76ff96795-tcsnn     1/1      Running    0           22s    192.168.1.175
sheep                        1/1      Running    0           22s    192.168.1.177
wolf                         1/1      Running    0           22s    192.168.1.178
```

4.5.4　网络安全策略

与 Calico 和 Cilium 网络插件类似，Terway 网络插件也支持使用网络安全策略控制 Pod 之间的网络访问，下面举例说明几种常用的网络安全策略。

1. 限制服务只能被带有特定标签的应用访问

如下所示的网络策略 terway-allow-sheep-policy 中限制了匹配到标签 org=farm 和 class=

dog 的 guidedog 服务只接受来自能匹配标签 org:=farm 的客户端请求。

```
$ kubectl apply -f -  << EOF
kind: NetworkPolicy
apiVersion: networking.k8s.io/v1
metadata:
  name: terway-allow-sheep-policy
spec:
  podSelector:
    matchLabels:
      org: farm
      class: dog
  ingress:
  - from:
    - podSelector:
      matchLabels:
      org: farm
EOF
```

使用以下命令测试 sheep 是否可以成功访问 guidedog。

```
$ kubectl exec -it sheep -- curl -s -XPOST guidedog.default.svc.cluster.local/
  v1/request-pass
Pass
```

wolf 访问 guidedog 超时。

```
$ kubectl exec -it wolf -- curl -s -XPOST guidedog.default.svc.cluster.local/
  v1/request-pass
^C
```

2. 限制指定命名空间下所有 Pod 只能访问 VPC 内网环境

如下所示的网络策略 terway-allow-vpc-policy 中限定了 default 命名空间下所有 Pod 只能访问 IP 网段为 192.168.0.0/16、172.16.0.0/12 和 10.0.0.0/8 的内网地。

```
$ kubectl apply -f -  << EOF
kind: NetworkPolicy
apiVersion: networking.k8s.io/v1
metadata:
  name: terway-allow-vpc-policy
spec:
  podSelector: {}
  ingress:
  - from:
    - ipBlock:
      cidr: 0.0.0.0/0
  egress:
  - to:
    - ipBlock:
      cidr: 192.168.0.0/16
```

```
  - ipBlock:
    cidr: 172.16.0.0/12
  - ipBlock:
    cidr: 10.0.0.0/8
EOF
```

使用以下命令测试 sheep 是否无法访问 aliyun.com 服务，但是可以成功访问 IP 地址 192.168.1.175，如下所示。

```
$ kubectl exec -it sheep -- ping aliyun.com
^C
$ kubectl exec -it sheep -- ping 192.168.1.175
PING 192.168.1.175 (192.168.1.175): 56 data bytes
64 bytes from 192.168.1.175: seq=0 ttl=64 time=0.331 ms
64 bytes from 192.168.1.175: seq=1 ttl=64 time=0.207 ms
```

4.5.5　扩容 Terway 网络集群

在实际生产中，建议规划 Pod 网络位小于 19，即至少能包含 8192 个 IP 地址。但如果当前生产集群中使用 Pod 网络网段满足不了业务需求，例如图 4-11 中我们可以看到，Pod 虚拟交换机 terway-pod-vsw 规划的网段 192.168.1.0/24 支持的 IP 数量为 254，当集群中的 Pod 数量大于 254 时，我们就需要扩容 Pod 虚拟交换机了。

参考 4.5.1 节，创建与 Pod 虚拟交换机 terway-pod-vsw 处于同一可用区的新 Pod 虚拟交换机 terway-pod-vsw-new，网段地址为 192.168.3.0/24，如图 4-13 所示。

图 4-13　创建 Pod 虚拟交换机 terway-pod-vsw-new

查看当前 Terway 网络 eni-config 配置中的 eni_conf 文件内容如下所示。

```
{
  "version": "1",
  "max_pool_size": 5,
  "min_pool_size": 0,
  "credential_path": "/var/addon/token-config",
  "vswitches": {"cn-shenzhen-c":["vsw-AAA"]},
  "eni_tags": {"ack.aliyun.com":"c49da0136aee1428088b6b4f395c7ce7e"},
  "service_cidr": "172.21.0.0/20",
  "security_group": "sg-CCC",
```

```
    "vswitch_selection_policy": "ordered"
}
```

编辑 ConfigMap 配置 eni-config，并在 eni_conf 文件的 vswitches 参数中添加 terway-pod-
vsw-new 的 ID，即"vswitches": {"cn-shenzhen-c":["vsw-AAA","vsw-BBB"]}，保存配置。

执行以下命令删除全部 Terway Pod 后，系统自动重建全部 Terway Pod，即可完成 Pod
网络的扩容。

```
$ kubectl delete -n kube-system pod -l app=terway-eniip
```

4.6　容器网络插件对比

本节将从以下维度简单对比几种主流的容器网络插件。

❑ 网络模式：指 Pod 跨主机通信使用的网络结构和实现技术，如覆盖网络还是非覆盖
网络，是二层转发还是三层转发等。

❑ 网络性能：指通信的延迟、数据包传输的性能消耗等，这里我们只从各个网络插件
的实现原理上进行分析。

❑ 网络安全策略支持：是否支持 Pod 之间网络连通和隔离的控制。

❑ 集群规模：指哪些网络插件适用于中小规模集群，哪些适用于大规模集群。

❑ 云平台支持：是否支持在本地数据中心中使用，是否支持在指定公有云环境下使用等。

容器网络插件对比如表 4-4 所示。

表 4-4　容器网络插件对比

网络模式	网络性能	集群规模	网络安全策略	云平台支持	云平台支持说明
Flannel VXLAN	覆盖网络，二层	偏低	不支持	中小	任何平台
Flannel host-gw	路由转发，三层	偏高	不支持	中小	任何平台
Calico IPIP	覆盖网络，二层	偏低	支持	中小	任何平台
Calico 全互联模式	路由转发，三层	偏高	支持	中小	支持 BGP 的云环境，不包括阿里云 VPC 环境
Calico 路由反射模式	路由转发，三层	偏高	支持	大	支持 BGP 的云环境，不包括阿里云 VPC 环境
Cilium VXLAN	覆盖网络，二层	偏低	支持	中小	任何平台
Cilium BGP 路由	路由转发，三层	偏高	支持	大	协议的云环境，不包括阿里云 VPC 环境
Terway	路由转发，三层	偏高	支持	大	仅限于阿里云 VPC 环境

4.7　混合集群网络

想要将本地数据中心 Kubernetes 集群延伸到云上，形成云上云下网络互通的混合集群，

我们首先面临的问题就是混合集群的组网模式。本节将以本地数据中心 Kubernetes 集群混合阿里云云上计算节点为例进行实践。

4.7.1 混合集群网络模式

混合集群通常包括本地数据中心自建的 Kubernetes 集群及计算节点，再扩容公有云虚拟机或裸金属服务器作为集群在云上的计算节点。关于本地数据中心自建部分，根据业务需求规划，如果你的自建集群规模为中小型（比如节点规模小于 100 台）且对网络性能没有很高的要求，可以选择 Flannel VXLAN、Calico IPIP 或者 Cilium VXLAN 网络模式；如果你的自建集群规模为大型或者规划为大型集群，且对网络性能要求较高，可以选择 Calico 路由反射模式或者 Cilium BGP 路由模式；对于扩容的公有云虚拟机或裸金属服务器部分，通常建议使用对应云平台的定制化网络组件，比如阿里云容器平台的 Terway 网络组件。

混合集群组网模式如图 4-14 所示，用户在本地数据中心内的私网网段为 192.168.0.0/24，容器网络网段为 10.100.0.0/16，采用 Calico 网络插件的路由反射模式；云上专有网络网段为 10.0.0.0/8，计算节点虚拟交换机网段为 10.10.24.0/24，容器 Pod 虚拟交换机网段为 10.10.25.0/24，采用 Terway 网络插件的共享模式。

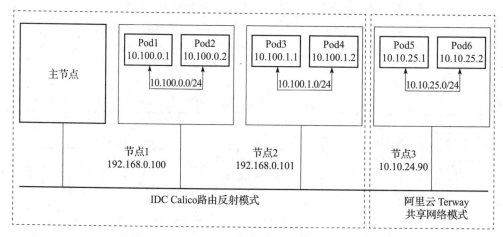

图 4-14 混合集群组网模式

构建这样一个混合集群网络模式的基础是让本地数据中心内的网络与云上专有网络 VPC 互联互通，如图 4-15 所示，涉及以下专有名词。

- ❑ 自主申请专线：指用户通过物理专线接入阿里云时，可以自主选择独享专线连接、共享合作伙伴专线或者云托付服务等方式。
- ❑ CPE（Customer Premise Equipment）：与电信运营商对接服务的用户端网络终端设备。
- ❑ VBR（Virtual Border Router）：边界路由器，是云下 CPE 和云上专有网络 VPC 之间的一个路由器，作为数据云上云下互相转发的桥梁。

❑ 云企业网：用于在不同专有网络 VPC 之间、专有网络 VPC 与本地数据中心之间搭建私网通信通道，实现全网资源的互联互通。

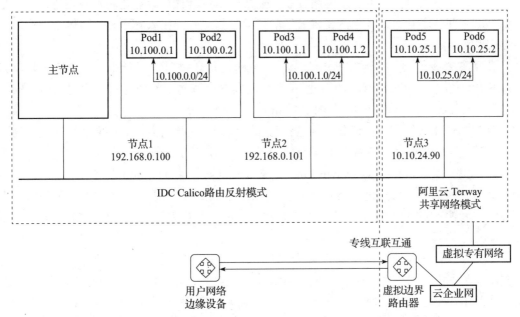

图 4-15　本地数据中心网络与阿里云专有网络 VPC 互联互通的网络拓扑

图 4-15 中实现本地数据中心网络与云上专有网络 VPC 互联互通的步骤如下。

1）创建专线连接本地数据中心边缘网络设备与云上网关设备边界路由器。

2）将云上边界路由器与云上专有网络 VPC 加入同一个云企业网。

3）云上边界路由器和配置本地数据中心进行 BGP 配置。

4）进行云上云下连通性测试。

云上云下网络配置及参数如表 4-5 所示。

表 4-5　混合网络配置项

网络配置	地址段 / 地址
云上 VPC 网段	10.0.0.0/16
云上 ECS 交换机网段	10.10.24.0/24
云上 ECS 实例 IP 地址	10.10.24.82
云上容器交换机网段	10.10.25.0/24
本地数据中心网段	192.168.0.0/24
本地数据中心服务器 IP 地址	192.168.0.90
本地数据中心容器虚拟网段	10.100.0.0/16
专线互联——云上边界路由器 IP 地址	10.0.0.1/30
专线互联——本地数据中心边缘网络设备 IP 地址	10.0.0.2/30

4.7.2 云上云下互联互通专线方案

在云原生场景下，云上云下网络互联互通既包括集群计算节点之间互联互通，又包括容器 Pod 之间互联互通，首先需要将云下网络通过物理专线接入阿里云，阿里云提供的专线接入方案如下。

- ❑ 独享专线连接：本地数据中心通过对应的运营商拉通物理专线，直接接入阿里云接入点，用户可以通过高速通道控制台自主申请物理专线连接，参见 https://help.aliyun.com/document_detail/91261.html。
- ❑ 共享合作伙伴专线：部分合规运营商和阿里云专线接入点已做好专线预连接，用户通过运营商拉通物理专线后可直接接入运营商网络，运营商将为用户分配上云连接配置，参见 https://help.aliyun.com/document_detail/146571.html。
- ❑ 云托付服务：云托付是阿里云提供的一站式交付混合云服务。用户只需要通过一根或者两根 OM3 LC-LC 的多模光纤跳转到云机房的汇聚交换机，就可以轻松与云上专有网络互连。

以共享合作伙伴专线模式为例，用户只需要自主联系阿里云的合作伙伴，合作伙伴会完成本地数据中心到合作伙伴接入点的专线部署。例如，用户本地数据中心位于中国广州，运营商是中国电信，需要通过共享合作伙伴专线模式接入阿里云深圳地域，最终打通本地数据中心与深圳地域专有网络 VPC 中的 ECS 实例或容器的互联互通。专线接入步骤如下所示。

1）用户联系广州电信运营商咨询共享专线上云方案。

2）广州电信运营商进行专线工勘，确认广州电信接入点到本地数据中心的资源和费用，并向用户报价。

3）广州电信运营商完成本地数据中心专线接入的施工。

4）用户将自己的阿里云用户账户 ID 提供给广州电信运营商。

5）广州电信运营商登录阿里云高速通道管理控制台，为用户创建云上边界路由器，与用户相关的边界路由器配置信息如表 4-6 所示。

6）广州电信运营商通知用户已创建完成云上边界路由，用户需要登录阿里云高速通道管理控制台对边界路由器进行确认。

7）等待边界路由器状态为正常运行后，通过本地数据中心网关 ping 云上边界路由器网关，验证连通性。

表 4-6 边界路由器配置项

边界路由器配置项	参数说明
物理专线接口	选择与云上边界路由器进行绑定的本地数据中心物理专线接口

（续）

边界路由器配置项	参数说明
VLAN ID	云上边界路由器的 VLAN ID，范围是 0 ～ 2999。当设置 VLAN ID 为 0 时，代表云上边界路由器的物理交换机端口不使用 VLAN 模式，而是使用三层路由口模式；设置 VLAN ID 为 1 ～ 2999 时，代表云上边界路由器的物理交换机端口使用基于 VLAN 的三层子接口，三层子接口下每一个 VLAN ID 对应一个边界路由器，边界路由器的物理专线可以连接多个云账户下的 VPC，且使用不同 VLAN ID 的边界路由器在二层网络上是隔离的。本示例中 VLAN ID 设置为 0
阿里云侧 IPv4 互联 IP	云上 VPC 到本地数据中心的路由网关地址，本示例中设置为 10.0.0.1
客户侧 IPv4 互联 IP	本地数据中心到云上 VPC 的路由网关地址，本示例中设置为 10.0.0.2
IPv4 子网掩码	阿里云侧和客户侧 IPv4 地址的子网掩码。因为只需要两个 IP 地址，所以可以选择较长的子网掩码，本示例中设置为 255.255.255.252

4.7.3　云企业网

在使用云上云下互联互通专线方案将本地数据中心网络绑定云上边界路由之后，从云上的角度来看，本地数据中心与云上专有网络 VPC 之间的互联互通问题，就变成了云上网络 VPC 与云上边界路由器的网络连通性。这就需要借助云企业网提供的能力来完成专有网络和边界路由器互通。

云企业网包括以下 3 个组成部分。

❑ 云企业网实例：用于创建和管理云上云下一体化网络的基础资源，互联互通的网络实例加入云企业网实例后，再通过配置跨地域互联互通，即可完成全球所有地域网络实例之间的互通。

❑ 网络实例：我们在本章使用到的 VPC 和边界路由器都属于网络实例。

❑ 带宽包：同地域之间的网络实例互通，无须购买带宽包。跨地域之间网络实例互通，必须为要互通的地域所属的区域购买带宽包并设置跨地域带宽。

创建云企业网 cen-hybrid-cloud，添加专有网络 VPC 和边界路由器网络实例到云企业网，如图 4-16 所示。

购买带宽包，如图 4-17 所示。

设置跨深圳地域和广州地域的带宽，如图 4-18 所示。

4.7.4　边界路由器 BGP 配置

正如我们在 4.3.2 节讨论过的，BGP 是一种基于 TCP 的动态路由协议，主要应用于不同自治域之间交换路由信息和网络可达信息。在物理专线接入的过程中，用户可以使用 BGP 来实现本地数据中心与边界路由器之间的内网互连，BGP 可以帮助构建更高效、灵活且可靠的混合云网络。

云上边界路由器配置 BGP 的步骤如下。

1）在配置 BGP 路由前，需要根据申请的 ASN 创建一个 BGP 组，BGP 组的配置如表 4-7 所示。

2）添加 BGP 邻居，配置项如表 4-8 所示。

图 4-16　云企业网添加 VPC 和边界路由器网络实例

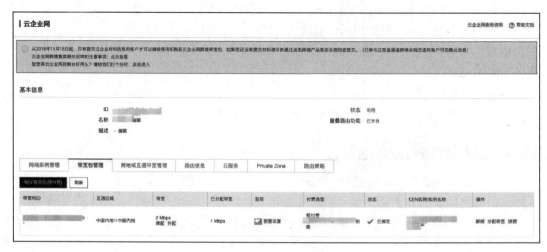

图 4-17　购买带宽包

图 4-18　设置跨地域带宽

3）宣告 BGP 网段。在配置 BGP 邻居后，正常情况下，用户需要宣告云上专有网络 VPC 的网段，完成 BGP 的配置。如果使用云企业网实现云上专有网络 VPC 和边界路由器互联互通，则边界路由器会自动从云企业网获取路由信息，可以省略此步骤。

4）配置本地数据中心 BGP，宣告相应路由。

5）云上云下连通性测试。完成 BGP 配置后，我们可以使用 IP 地址为 10.10.24.82 的云上 ECS 实例和本地数据中心内 IP 地址为 192.168.0.90 的服务器互相测试连通性。

表 4-7　BGP 组配置项

BGP 组配置项	参数说明
名称	BGP 组的名称，以字母或中文开头，可包含数字和下划线
Peer AS 号	本地数据中心侧网络的 AS（Autonomous System）号码
BGP 密钥	BGP 组的密钥

表 4-8　BGP 邻居配置项

BGP 邻居配置项	参数说明
BGP 组	选择要加入的 BGP 组
BGP 邻居 IP	输入 BGP 邻居的 IP 地址

4.8　本章小结

通过本章的学习，读者可以了解当前主流的 Kubernetes 集群开源网络插件 Flannel、Calico、Cilium 以及云厂商自研 Terway 网络插件的优缺点。在云上或者云下，根据集群规模和网络性能需求或复杂度，我们可以选择最适合的网络插件搭建容器网络。本章最后以本地数据中心网络与阿里云云上 VPC 网络打通为例，介绍了如何构建 Kubernetes 集群的混合网络基础。在第 5 章，我们将基于本章构建的云上云下混合网络，创建一个同时包含云上云下工作节点，并且支持弹性伸缩云上资源的混合集群。

混合集群——弹性伸缩

云计算的关键优势之一就是具备弹性伸缩能力，从资源分配规模、资源分配速度、平台运行效率、技术迭代频率等方面看，相比于本地数据中心，公有云计算平台能为各行各业的用户创造更高的价值。

在第 4 章，我们搭建了本地数据中心网络与云上专有网络 VPC 互联互通的混合网络，本章我们将基于此混合网络，为本地数据中心 Kubernetes 集群扩容云上计算节点。用户可以手动扩容云上指定数量的虚拟机实例或裸金属服务器实例，也可以设置自动扩缩容应对业务突发流量高峰。

5.1 接入注册集群

在 3.5 节，我们介绍了如何创建注册集群、接入本地数据中心的 Kubernetes 集群，并使用一致的用户体验和运维方式统一管理云上 Kubernetes 集群或本地数据中心 Kubernetes 集群。在混合集群的场景下，我们需要为扩容的云上计算节点配置 Terway 网络插件，还需要设置自定义节点初始化脚本。

5.1.1 创建注册集群

混合集群要求本地数据中心 Kubernetes 集群使用内网端点接入注册集群，且 Terway 网络插件配置的专有网络 VPC、节点虚拟交换机、容器虚拟交换机等参数项需要在创建注册集群时配置完毕。注册集群 Terway 网络插件参数配置如图 5-1 所示。

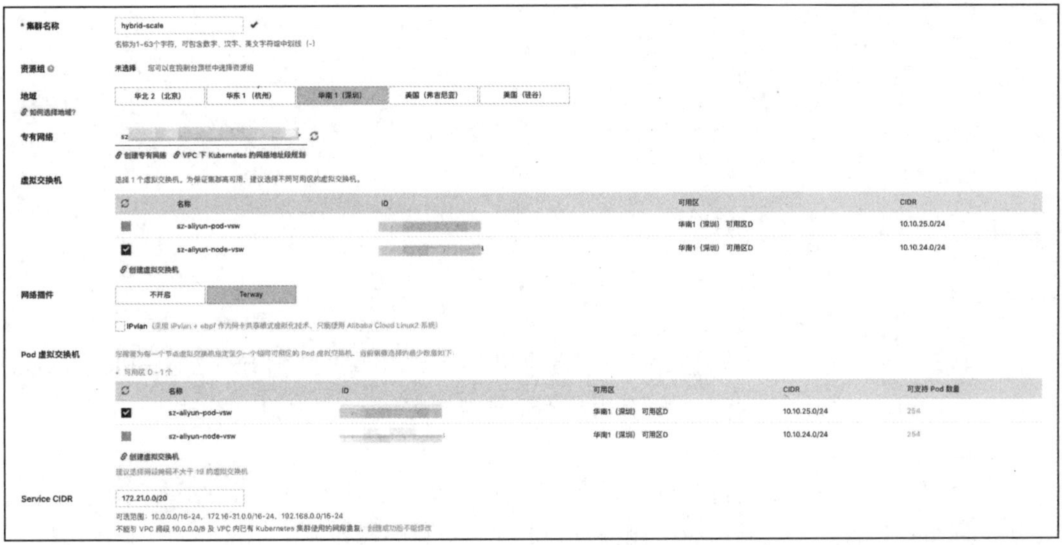

图 5-1　注册集群 Terway 网络参数配置

本示例中，本地数据中心 Kubernetes 集群使用了 Calico 网络插件，集群节点信息如下所示。

```
$ kubectl get no -owide
NAME          STATUS    ROLES      AGE    VERSION     INTERNAL-IP
idc-master    Ready     master     10m    v1.19.4     192.168.0.11
idc-worker    Ready     <none>     15m    v1.19.4     192.168.0.14
```

注册集群创建完毕后，需要使用内网连接端点，将本地数据中心 Kubernetes 集群接入注册集群。

接入注册集群后，注册集群状态更新为"运行中"。

5.1.2　配置网络插件

在混合集群中，既要保证本地数据中心 Calico 网络插件的守护进程集不被调度到云上，也要保证 Terway 网络插件的守护进程集不被调度到云下。首先，云上计算节点会统一添加 alibabacloud.com/external=true 的节点标签，Terway 网络插件在设置为容忍所有污点的同时，也会使用节点选择器（node selector）打标 alibabacloud.com/external=true 的云上节点，保证其只运行在云上。本地数据中心 Calico 网络插件的守护进程集中则需要编辑并添加节点亲和性配置，可以通过以下命令修改名为 calico-node 的守护进程集。

```
$ cat <<EOF > calico-ds.pactch
spec:
  template:
    spec:
      affinity:
```

```
                      nodeAffinity:
                        requiredDuringSchedulingIgnoredDuringExecution:
                          nodeSelectorTerms:
                          - matchExpressions:
                            - key: alibabacloud.com/external
                              operator: NotIn
                              values:
                              - "true"
EOF

$ kubectl -n kube-system patch ds calico-node -p "$(cat calico-ds.pactch)"
```

以上配置表示 Calico 网络插件的守护进程集不允许被调度到拥有标签为 alibabacloud.
com/external=true 的云上节点上。所有用户不希望被调度到云上的应用都可以使用这种方法
进行设置。

在配置好 Calico 网络插件之后，我们可以继续为注册集群安装 Terway 网络插件。
Terway 网络插件管理容器网络时需要授权云上网络资源的操作权限，这些操作权限可以通
过阿里云 Access Key 提供，参见 https://help.aliyun.com/document_detail/116401.html 为子账
户创建 Access Key，这个 Access Key 代表此子账户身份，创建 Terway 网络插件需要的云资
源操作权限可以通过自定义权限策略 hybrid-terway-policy 进行配置。

自定义权限策略 hybrid-terway-policy 的内容如下。

```
{
    "Version": "1",
    "Statement": [
        {
            "Action": [
                "ecs:CreateNetworkInterface",
                "ecs:DescribeNetworkInterfaces",
                "ecs:AttachNetworkInterface",
                "ecs:DetachNetworkInterface",
                "ecs:DeleteNetworkInterface",
                "ecs:DescribeInstanceAttribute",
                "ecs:AssignPrivateIpAddresses",
                "ecs:UnassignPrivateIpAddresses",
                "ecs:DescribeInstances",
                "ecs:ModifyNetworkInterfaceAttribute"
            ],
            "Resource": [
                "*"
            ],
            "Effect": "Allow"
        },
        {
            "Action": [
                "vpc:DescribeVSwitches"
            ],
```

```
            "Resource": [
                "*"
            ],
            "Effect": "Allow"
        }
    ]
}
```

将此 Access Key 以 Kubernetes Secret 的形式部署在本地数据中心集群中，Secret 名为 alibaba-addon-secret，Terway 网络插件将自动挂载 alibaba-addon-secret 并引用 Access Key 完成网络资源的操作，命令如下所示。

```
$ export ACCESS_KEY_ID=xxxx
$ export ACCESS_KEY_SECRET=xxxx
$ kubectl -n kube-system create secret generic alibaba-addon-secret --from-
  literal='access-key-id=${ACCESS_KEY_ID}' --from-literal='access-key-secret=
  ${ACCESS_KEY_SECRET}'
```

点击集群进入集群详情页面，在"运维管理"页签下的"组件管理"中找到 terway-eniip 组件并点击"安装"，完成 Terway 网络插件的部署，安装成功后会显示"已安装"。

此时，因为当前 Kubernetes 集群中没有节点标签为 alibabacloud.com/external=true 的计算节点，所以 Terway 网络插件没有调度到任何一个计算节点上，如下所示。

```
$ kubectl -nkube-system get ds
NAME           DESIRED CURRENT READY UP-TO-DATE AVAILABLE NODE SELECTOR           AGE
calico-node    2       2       2     2          2         kubernetes.io/os=linux 11m
kube-proxy     2       2       2     2          2         kubernetes.io/os=linux 11m
terway-eniip   0       0       0     0          0         ack.aliyun.com=true    18m
```

5.1.3　配置自定义节点添加脚本

用户在本地数据中心搭建 Kubernetes 集群的方式千差万别，但混合集群中添加节点的方式要与本地数据中心搭建 Kubernetes 集群的方式保持一致，同时，添加到混合集群的云上计算节点还要满足云上节点管理的一系列规则，因此为混合集群扩容之前，用户需要自行编写节点添加脚本，在脚本中接收和设置阿里云注册集群下发的系统变量。

1. ALIBABA_CLOUD_PROVIDE_ID

系统变量 key=value，示例 ALIBABA_CLOUD_PROVIDE_ID=i-wz960ockeekr3dok06kr.cn-shenzhen，用户需要在自定义节点添加脚本中根据 ALIBABA_CLOUD_PROVIDE_ID 的值设置 kubelet 参数—provider-id。

2. ALIBABA_CLOUD_LABELS

系统变量 key=value，用户自定义节点添加脚本中必须接收并进行配置，示例 ALIBABA_CLOUD_LABELS=alibabacloud.com/nodepool-id=np0e2031e952c4492bab32f512ce1422f6,

ack.aliyun.com=cc3df6d939b0d4463b493b82d0d670c66,alibabacloud.com/instance-id=i-wz960
ockeekr3dok06kr,alibabacloud.com/external=true，用户需要在自定义节点添加脚本中根据
ALIBABA_CLOUD_LABELS 的值设置 kubelet 参数 -labels。

3. ALIBABA_CLOUD_NODE_NAME

系统变量 key=value，用户自定义节点添加脚本中必须接收并进行配置，示例 ALIBABA_
CLOUD_NODE_NAME=cn-shenzhen.10.10.24.50，用户需要在自定义节点添加脚本中根据
ALIBABA_CLOUD_NODE_NAME 的值设置 -node-ip 和 -hostname-override。

4. ALIBABA_CLOUD_TAINTS

用户可选的系统变量，示例 ALIBABA_CLOUD_TAINTS=workload=ack:NoSchedule，
用户需要在自定义节点添加脚本中根据 ALIBABA_CLOUD_TAINTS 的值设置 -register-with-
taints。

自定义节点添加脚本的内容与云下节点初始化脚本基本一致，只不过增加了配置
ALIBABA_CLOUD_PROVIDE_ID 等变量的步骤。下面是使用 Kubeadm、Kubernetes 二进
制文件和 Rancher 搭建集群对应的自定义节点添加脚本。

使用 Kubeadm 搭建的集群，示例脚本如下所示。

```bash
#!/bin/bash

# 卸载旧版本
yum remove -y docker \
docker-client \
docker-client-latest \
docker-ce-cli \
docker-common \
docker-latest \
docker-latest-logrotate \
docker-logrotate \
docker-selinux \
docker-engine-selinux \
docker-engine

# 设置 yum repository
yum install -y yum-utils \
device-mapper-persistent-data \
lvm2
yum-config-manager --add-repo http://mirrors.aliyun.com/docker-ce/linux/
  centos/docker-ce.repo

# 安装并启动 docker
yum install -y docker-ce-19.03.13 docker-ce-cli-19.03.13 containerd.io-1.4.3
  conntrack

# Restart Docker
```

```
systemctl enable docker
systemctl restart docker

# 关闭 swap
swapoff -a
yes | cp /etc/fstab /etc/fstab_bak
cat /etc/fstab_bak |grep -v swap > /etc/fstab

# 修改 /etc/sysctl.conf
# 如果有配置，则修改
sed -i "s#^net.ipv4.ip_forward.*#net.ipv4.ip_forward=1#g"  /etc/sysctl.conf
sed -i "s#^net.bridge.bridge-nf-call-ip6tables.*#net.bridge.bridge-nf-call-
    ip6tables=1#g"  /etc/sysctl.conf
sed -i "s#^net.bridge.bridge-nf-call-iptables.*#net.bridge.bridge-nf-call-
    iptables=1#g"  /etc/sysctl.conf
sed -i "s#^net.ipv6.conf.all.disable_ipv6.*#net.ipv6.conf.all.disable_
    ipv6=1#g"  /etc/sysctl.conf
sed -i "s#^net.ipv6.conf.default.disable_ipv6.*#net.ipv6.conf.default.disable_
    ipv6=1#g"  /etc/sysctl.conf
sed -i "s#^net.ipv6.conf.lo.disable_ipv6.*#net.ipv6.conf.lo.disable_ipv6=1#g"
    /etc/sysctl.conf
sed -i "s#^net.ipv6.conf.all.forwarding.*#net.ipv6.conf.all.forwarding=1#g"
    /etc/sysctl.conf
# 可能没有配置，则追加配置
echo "net.ipv4.ip_forward = 1" >> /etc/sysctl.conf
echo "net.bridge.bridge-nf-call-ip6tables = 1" >> /etc/sysctl.conf
echo "net.bridge.bridge-nf-call-iptables = 1" >> /etc/sysctl.conf
echo "net.ipv6.conf.all.disable_ipv6 = 1" >> /etc/sysctl.conf
echo "net.ipv6.conf.default.disable_ipv6 = 1" >> /etc/sysctl.conf
echo "net.ipv6.conf.lo.disable_ipv6 = 1" >> /etc/sysctl.conf
echo "net.ipv6.conf.all.forwarding = 1"  >> /etc/sysctl.conf
# 执行命令以应用配置
sysctl -p

# 配置 Kubernetes 的 yum 源
cat <<EOF > /etc/yum.repos.d/kubernetes.repo
[kubernetes]
name=Kubernetes
baseurl=http://mirrors.aliyun.com/kubernetes/yum/repos/kubernetes-el7-x86_64
enabled=1
gpgcheck=0
repo_gpgcheck=0
gpgkey=http://mirrors.aliyun.com/kubernetes/yum/doc/yum-key.gpg
        http://mirrors.aliyun.com/kubernetes/yum/doc/rpm-package-key.gpg
EOF

# 卸载旧版本
yum remove -y kubelet kubeadm kubectl

# 安装 kubelet、kubeadm、kubectl
```

```
yum install -y kubelet-1.19.4 kubeadm-1.19.4 kubectl-1.19.4

# 配置 node labels、taints、node name、provider id
KUBEADM_CONFIG_FILE="/usr/lib/systemd/system/kubelet.service.d/10-kubeadm.
  conf"
if [[ $ALIBABA_CLOUD_LABELS != "" ]];then
  option="--node-labels"
  if grep -- "${option}=" $KUBEADM_CONFIG_FILE &> /dev/null;then
    sed -i "s@${option}=@${option}=${ALIBABA_CLOUD_LABELS},@g" $KUBEADM_
      CONFIG_FILE
  elif grep "KUBELET_EXTRA_ARGS=" $KUBEADM_CONFIG_FILE &> /dev/null;then
    sed -i "s@KUBELET_EXTRA_ARGS=@KUBELET_EXTRA_ARGS=${option}=${ALIBABA_
      CLOUD_LABELS} @g" $KUBEADM_CONFIG_FILE
  else
    sed -i "/^\[Service\]/a\Environment=\"KUBELET_EXTRA_ARGS=${option}=${ALIBABA_
      CLOUD_LABELS}\"" $KUBEADM_CONFIG_FILE
  fi
fi

if [[ $ALIBABA_CLOUD_TAINTS != "" ]];then
  option="--register-with-taints"
  if grep -- "${option}=" $KUBEADM_CONFIG_FILE &> /dev/null;then
    sed -i "s@${option}=@${option}=${ALIBABA_CLOUD_TAINTS},@g" $KUBEADM_
      CONFIG_FILE
  elif grep "KUBELET_EXTRA_ARGS=" $KUBEADM_CONFIG_FILE &> /dev/null;then
    sed -i "s@KUBELET_EXTRA_ARGS=@KUBELET_EXTRA_ARGS=${option}=${ALIBABA_
      CLOUD_TAINTS} @g" $KUBEADM_CONFIG_FILE
  else
    sed -i "/^\[Service\]/a\Environment=\"KUBELET_EXTRA_ARGS=${option}=${ALIBABA_
      CLOUD_TAINTS}\"" $KUBEADM_CONFIG_FILE
  fi
fi

if [[ $ALIBABA_CLOUD_NODE_NAME != "" ]];then
  option="--hostname-override"
  if grep -- "${option}=" $KUBEADM_CONFIG_FILE &> /dev/null;then
    sed -i "s@${option}=@${option}=${ALIBABA_CLOUD_NODE_NAME},@g" $KUBEADM_
      CONFIG_FILE
  elif grep "KUBELET_EXTRA_ARGS=" $KUBEADM_CONFIG_FILE &> /dev/null;then
    sed -i "s@KUBELET_EXTRA_ARGS=@KUBELET_EXTRA_ARGS=${option}=${ALIBABA_
      CLOUD_NODE_NAME} @g" $KUBEADM_CONFIG_FILE
  else
    sed -i "/^\[Service\]/a\Environment=\"KUBELET_EXTRA_ARGS=${option}=${ALIBABA_
      CLOUD_NODE_NAME}\"" $KUBEADM_CONFIG_FILE
  fi
fi

if [[ $ALIBABA_CLOUD_PROVIDER_ID != "" ]];then
  option="--provider-id"
  if grep -- "${option}=" $KUBEADM_CONFIG_FILE &> /dev/null;then
```

```
      sed -i "s@${option}=@${option}=${ALIBABA_CLOUD_PROVIDER_ID},@g" $KUBEADM_
         CONFIG_FILE
   elif grep "KUBELET_EXTRA_ARGS=" $KUBEADM_CONFIG_FILE &> /dev/null;then
      sed -i "s@KUBELET_EXTRA_ARGS=@KUBELET_EXTRA_ARGS=${option}=${ALIBABA_
         CLOUD_PROVIDER_ID} @g" $KUBEADM_CONFIG_FILE
   else
      sed -i "/^\[Service\]/a\Environment=\"KUBELET_EXTRA_ARGS=${option}=${ALIBABA_
         CLOUD_PROVIDER_ID}\"" $KUBEADM_CONFIG_FILE
   fi
fi

# 重启 Docker 并启动 kubelet
systemctl daemon-reload
systemctl enable kubelet && systemctl start kubelet

kubeadm join --node-name $ALIBABA_CLOUD_NODE_NAME --token 2q3s0u.w3d10wtsndqjitrg
   172.16.0.153:6443 --discovery-token-unsafe-skip-ca-verification
```

使用 Kubernetes 二进制文件搭建的集群，示例脚本如下所示。

```
cat >/usr/lib/systemd/system/kubelet.service <<EOF
[Unit]
Description=Kubernetes Kubelet
After=docker.service
Requires=docker.service
[Service]
ExecStart=/data0/kubernetes/bin/kubelet \\
  --node-ip=${ALIBABA_CLOUD_NODE_NAME} \\
  --hostname-override=${ALIBABA_CLOUD_NODE_NAME} \\
  --bootstrap-kubeconfig=/etc/kubernetes/bootstrap-kubelet.conf \\
  --config=/var/lib/kubelet/config.yaml \\
  --kubeconfig=/etc/kubernetes/kubelet.conf \\
  --cert-dir=/etc/kubernetes/pki/ \\
  --cni-bin-dir=/opt/cni/bin \\
  --cni-cache-dir=/opt/cni/cache \\
  --cni-conf-dir=/etc/cni/net.d \\
  --logtostderr=false \\
  --log-dir=/var/log/kubernetes/logs \\
  --log-file=/var/log/kubernetes/logs/kubelet.log \\
  --node-labels=${ALIBABA_CLOUD_LABELS} \\
  --root-dir=/var/lib/kubelet \\
  --provider-id=${ALIBABA_CLOUD_PROVIDE_ID} \\
  --register-with-taints=${ALIBABA_CLOUD_TAINTS} \\
  --v=4
Restart=on-failure
RestartSec=5
[Install]
WantedBy=multi-user.target
EOF
```

使用 Rancher 搭建的集群，示例脚本如下所示。

```bash
#!/usr/bin/env bash

yum remove -y docker \
            docker-client \
            docker-client-latest \
            docker-ce-cli \
            docker-common \
            docker-latest \
            docker-latest-logrotate \
            docker-logrotate \
            docker-selinux \
            docker-engine-selinux \
            docker-engine

yum install -y yum-utils \
            device-mapper-persistent-data \
            lvm2

yum-config-manager --add-repo http://mirrors.aliyun.com/docker-ce/linux/
  centos/docker-ce.repo

yum install -y docker-ce-19.03.11 docker-ce-cli-19.03.11 containerd.io-1.2.13

systemctl start docker

systemctl enable docker

if [ ! -z $ALIBABA_CLOUD_TAINTS  ];then
    sudo docker run -d --privileged --restart=unless-stopped --net=host
      -v /etc/kubernetes:/etc/kubernetes -v /var/run:/var/run rancher/rancher-
      agent:v2.5.1 --server https://192.168.0.86 --token nwl55zv7kqdv4bf9s2rr
      5gmj5vvjcwxzqtzg484pbldtpmczq9x48d --ca-checksum 3a9f814ee694bd6151004fd2
      a451e7f18e5657e78f18d326c214a9bb543b18a3 --worker --label $ALIBABA_CLOUD_
      LABELS --node-name $ALIBABA_CLOUD_NODE_NAME --taints $ALIBABA_CLOUD_TAINTS
else
    sudo docker run -d --privileged --restart=unless-stopped --net=host
      -v /etc/kubernetes:/etc/kubernetes -v /var/run:/var/run rancher/rancher-
      agent:v2.5.1 --server https://192.168.0.86 --token nwl55zv7kqdv4bf9s2rr
      5gmj5vvjcwxzqtzg484pbldtpmczq9x48d --ca-checksum 3a9f814ee694bd6151004fd2
      a451e7f18e5657e78f18d326c214a9bb543b18a3 --worker --label $ALIBABA_CLOUD_
      LABELS --node-name $ALIBABA_CLOUD_NODE_NAME
fi
```

对于自定义脚本存放位置，支持存放在 HTTP 文件服务器上，如 https://\<oss bucket name>.oss-cn-shenzhen-internal.aliyuncs.com/kubeadm_hybrid.sh 或者制作自定义镜像存放在某个目录下，如 /opt/kubeadm_hybrid.sh。

配置使用自定义节点添加脚本，在本地数据中心使用 Kubeadm 自建的 Kubernetes 集群

x

接入注册集群。注册集群的 agent 组件会自动在 kube-system 下创建名为 ack-agent-config 的 ConfigMap，初始化配置如下。

```
apiVersion: v1
data:
  addNodeScriptPath: ""
  enableNodepool: "true"
  isInit: "true"
kind: ConfigMap
metadata:
  name: ack-agent-config
  namespace: kube-system
```

用户需要将自定义节点添加脚本的路径 https://<oss bucket name>.oss-cn-shenzhen-internal. aliyuncs.com/kubeadm_hybrid.sh 或 /opt/kubeadm_hybrid.sh 配置到 ack-agent-config 中，如图 5-2 所示。

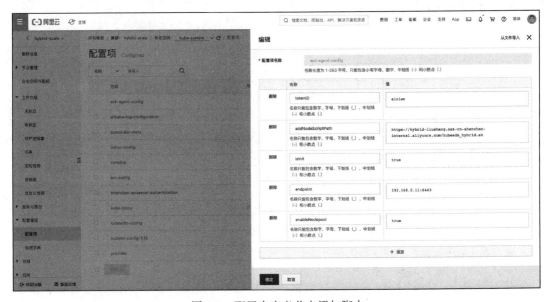

图 5-2　配置自定义节点添加脚本

5.2　集群扩容

配置自定义节点添加脚本的路径之后，我们为混合集群扩容云上计算节点，过程如下所示。

1）自动创建指定规格的弹性虚拟机实例或弹性裸金属实例。

2）使用用户自定义节点添加脚本初始化弹性实例并自动加入混合集群。

我们已经在 5.1 节配置好了用户自定义节点添加脚本，那么对于扩容节点时选择什么规格、类型的实例，需要为扩容节点添加什么节点标签和污点等问题，都可以使用节点池来统一管理。

5.2.1　节点池概述

节点池帮助用户更方便地进行节点运维、配置节点自动弹性伸缩、批量管理同一类型的节点和按节点类型调度对应工作负载。节点池是集群中具有相同配置的一组节点，节点池可以包含一个或多个节点。通常情况下，注册集群节点池内的节点均具有以下属性。

❑ 节点操作系统及版本：如 CentOS 或者 Aliyun Linux2 操作系统。

❑ 计费类型：如按量付费或包年 / 包月付费。

❑ 节点规格：如高主频计算型实例或网络增强型实例。

❑ 节点标签和污点。

❑ 节点自定义数据。

节点池架构如图 5-3 所示。

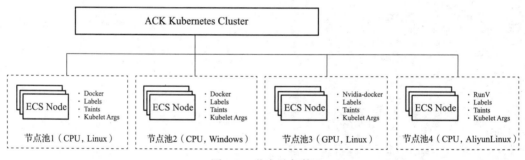

图 5-3　节点池架构

5.2.2　创建节点池

在注册集群 hybrid-scale 中的节点池页面，我们可以创建 2 个节点池，一个用于添加和管理 GPU 类型的节点，另一个用于添加和管理普通 CPU 类型的节点。创建节点池 gpu-nodepool，配置节点池名称，选择 VPC 网络和虚拟交换机，如图 5-4 所示。

选择节点池中 GPU 实例的规格，配置系统盘 / 数据盘大小，操作系统为 CentOS 7.8 或 Alibaba Cloud Linux 2.1903，最后配置登录凭证，如图 5-5 所示。

在高级配置中，可以为节点池中即将扩容出来的节点配置节点标签 workload=gpu 和污点，也可以指定安全组，如图 5-6 所示。

点击"确认"创建节点池，节点池创建完毕后，在节点池列表中查看其状态为已激活，如图 5-7 所示。

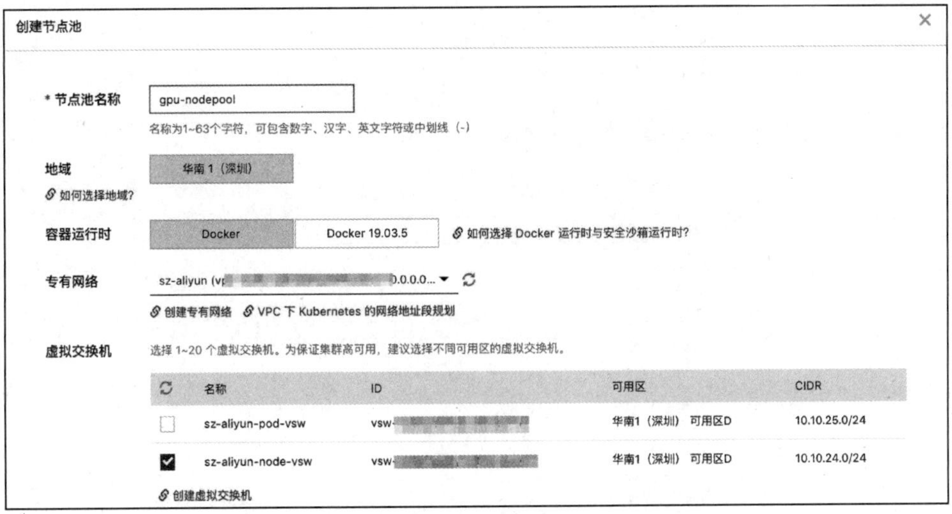

图 5-4　节点池基本信息

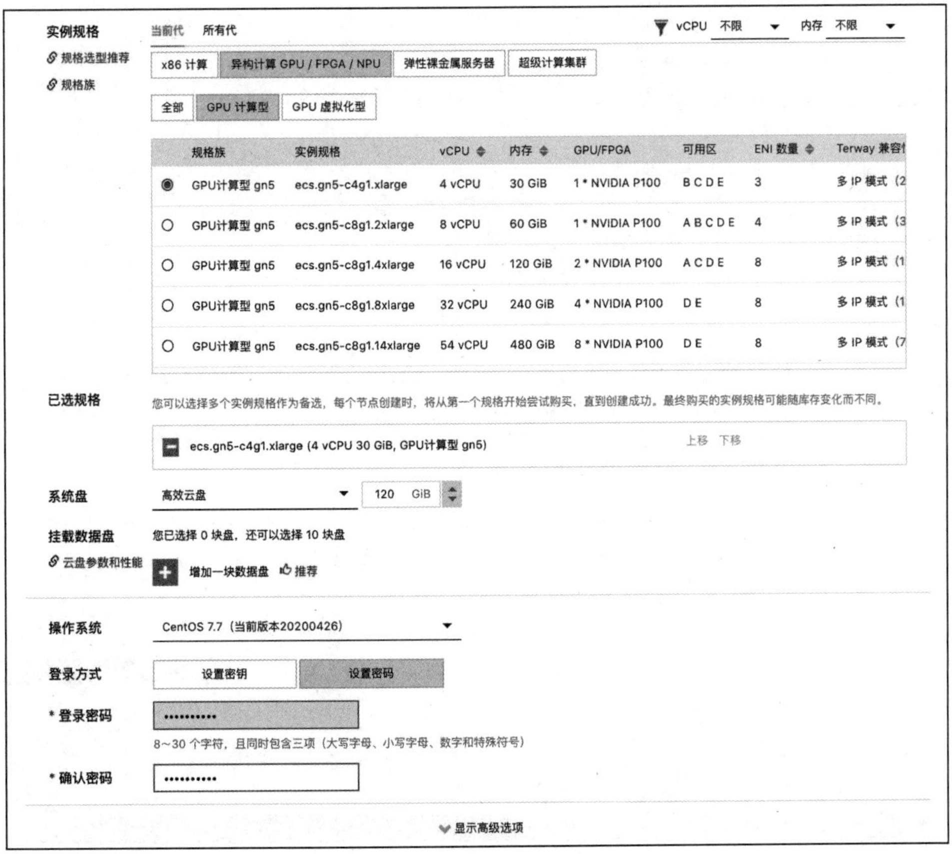

图 5-5　节点池实例信息

ECS 标签	➕ 键	值

仅为 ECS 实例添加标签

标签键不可以重复，最大长度为128个字符；标签键和标签值都不能以"aliyun"、"acs:"开头，或包含"https://"、"http://"。

污点（Taints）	➕ 键	值	Effect

节点标签	➕ 键	值
➖	workload	gpu

为 Kubernetes 集群节点添加标签

☐ 节点设置为不可调度

勾选该选项后，新添加的节点注册到集群时默认设置为不可调度，若想打开调度选项，可以在节点列表中开启。

CPU Policy
None	Static	？

指定节点的 CPU 管理策略。🔗 查看详情

自定义资源组
默认资源组 ▼

指定节点池所扩容节点的资源组信息。🔗 查看详情

自定义安全组
请选择安全组
sg-wz90vjkdm06vwv2cf9as

自定义镜像
选择 清除
选择自定义镜像时，将取代默认系统镜像，请参考 自定义镜像

RDS 白名单
请选择您想要添加白名单的RDS实例
建议前往RDS加入容器Pod网段与Node网段，设置RDS实例会由于实例非运行的状态导致无法弹出。

云监控插件
☐ 在 ECS 节点上安装云监控插件 👍 推荐
在节点上安装云监控插件，可以在云监控控制台查看所创建ECS实例的监控信息

实例自定义数据
☐ 输入已采用 Base64 编码

Windows 支持 bat 和 powershell 两种格式，在 Base64 编码前，第一行为 [bat] 或者 [powershell]。Linux 支持 shell 脚本，更多的格式请参见 **cloud-init** | 查看详情
如果您使用的自定义脚本大小大于 1 KB，建议您将脚本上传到 OSS，通过 OSS 内网端点拉取脚本本执行。
⚠ 创建集群或添加节点提交成功不代表实例自定义脚本执行成功，可登录节点执行[grep cloud-init /var/log/messages]查看执行日志，确定脚本执行情况。

∧ 收起

图 5-6　节点池高级配置

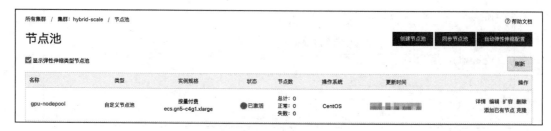

图 5-7　查看节点池状态

以同样的方式创建节点池 cpu-nodepool，选择对应的 CPU 类型实例并将节点标签 key/value 设置为 workload=cpu，最终节点池列表如图 5-8 所示。

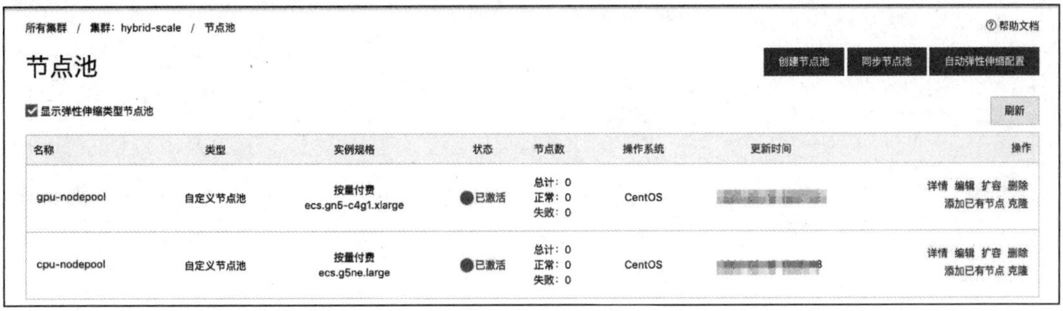

图 5-8　节点池列表

5.2.3　节点池扩容

扩容 gpu-nodepool，增加一个新的 GPU 实例，如图 5-9 所示。

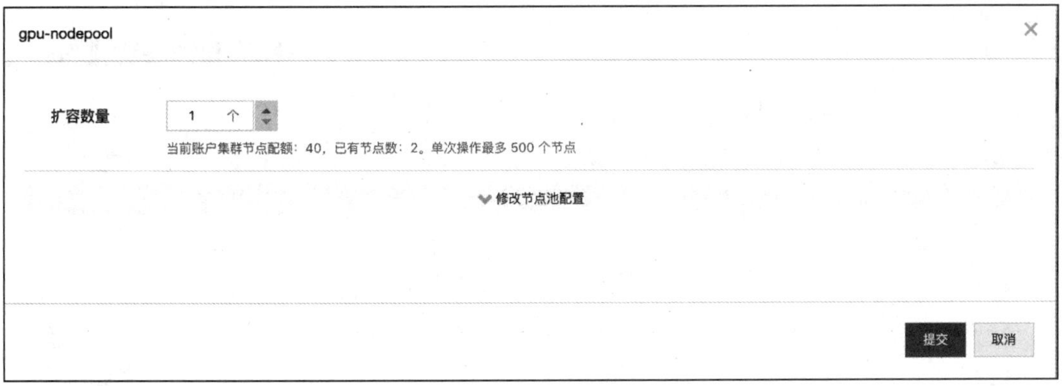

图 5-9　扩容节点池

点击节点池右侧的"详情"进入节点池详情页面，可以看到节点池开始时的运行状态为"伸缩中"，扩容成功后运行状态更新为"运行中"，除此之外还可以查看节点池配置信息以及节点信息详情，如图 5-10 所示。

以同样的方式扩容 cpu-nodepool 增加一个 CPU 实例，扩容成功后节点池列表如图 5-11 所示。

至此，我们成功为集群 hybrid-scale 扩容了一个云上 gpu-nodepool 节点池管理的 GPU 实例和一个云上 cpu-nodepool 节点池管理的 CPU 实例，当前混合集群的节点列表如图 5-12 所示。

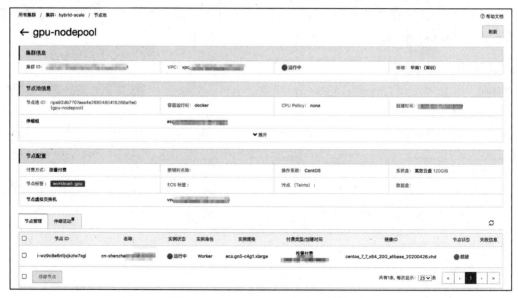

图 5-10　gpu-nodepool 节点池详情

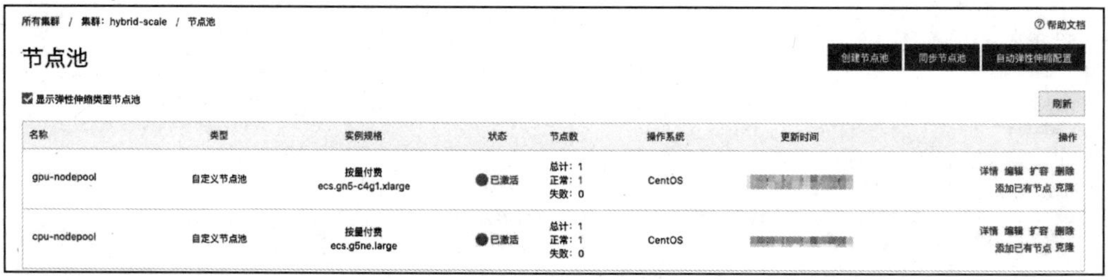

图 5-11　节点池列表

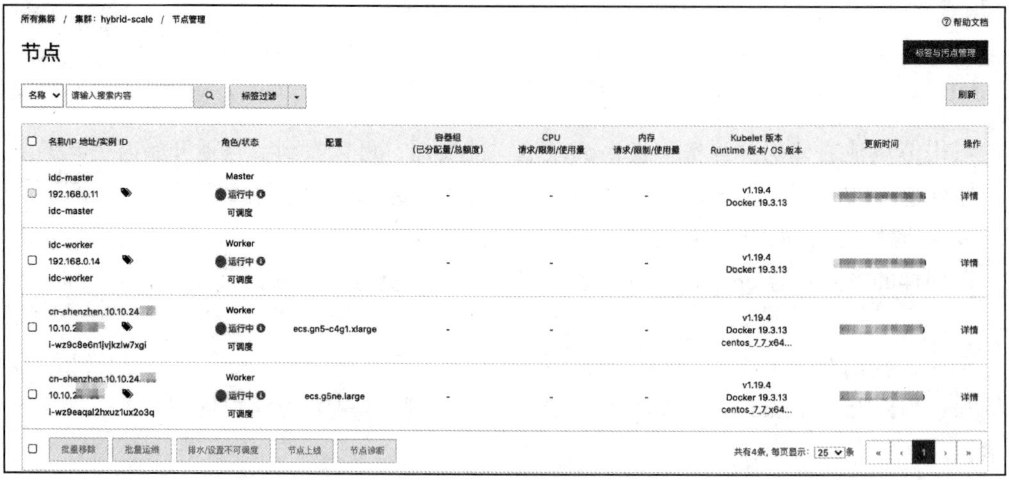

图 5-12　hybrid-scale 节点列表

5.2.4 部署示例应用

为本地数据中心 Kubernetes 集群扩容云上节点后，当前集群中存在节点标签为 workload=gpu 的云上 GPU 实例、节点标签为 workload=cpu 的云上 CPU 实例以及当前没有添加特殊 workload 标签的云下节点 idc-worker。

现在我们计划将 guidedog 服务部署在云下节点 idc-worker 上，因为云上节点统一添加了节点标签 alibabacloud.com/external=true，所以我们可以使用 nodeAffinity 将 guidedog 服务部署在没有节点标签 alibabacloud.com/external=true 的节点上，部署命令如下所示。

```
$ kubectl apply -f - <<EOF
apiVersion: v1
kind: Service
metadata:
  name: guidedog
spec:
  type: ClusterIP
  ports:
  - port: 80
  selector:
    org: farm
    class: dog
---
apiVersion: apps/v1
kind: Deployment
metadata:
  name: guidedog
spec:
  replicas: 2
  selector:
    matchLabels:
      org: farm
      class: dog
  template:
    metadata:
      labels:
        org: farm
        class: dog
    spec:
      affinity:
        nodeAffinity:
          requiredDuringSchedulingIgnoredDuringExecution:
            nodeSelectorTerms:
            - matchExpressions:
              - key: alibabacloud.com/external
                operator: NotIn
                values:
                - "true"
      containers:
```

```
      - name: guidedog
        image: registry.cn-hangzhou.aliyuncs.com/haoshuwei24/guidedog
EOF
```

查看 guidedog 服务的 Pod 是否被调度在云下节点 idc-worker 上。

```
$ kubectl get po -o wide
NAME                         READY   STATUS    RESTARTS   AGE   IP               NODE
guidedog-696cfccbdb-jxs2p    1/1     Running   0          8s    10.100.103.202   idc-worker
guidedog-696cfccbdb-16t1r    1/1     Running   0          8s    10.100.103.203   idc-worker
```

使用 nodeSelector 或 nodeAffinity 将 sheep 服务部署到云上拥有节点标签 workload=cpu 的节点上，以 nodeAffinity 的方式为例，部署命令如下所示。

```
$ kubectl apply -f - <<EOF
apiVersion: v1
kind: Pod
metadata:
  name: sheep
  labels:
    org: farm
    class: sheep
spec:
  affinity:
    nodeAffinity:
      requiredDuringSchedulingIgnoredDuringExecution:
        nodeSelectorTerms:
        - matchExpressions:
          - key: workload
            operator: In
            values:
            - "cpu"
  containers:
  - name: sheep
    image: registry.cn-hangzhou.aliyuncs.com/haoshuwei24/netperf
EOF
```

查看 sheep 服务的 Pod 是否被调度到云上 CPU 实例上。

```
$ kubectl get po -o wide
NAME                         READY   STATUS    RESTARTS   AGE    IP               NODE
guidedog-696cfccbdb-jxs2p    1/1     Running   0          9m4s   10.100.103.202   idc-worker
guidedog-696cfccbdb-16t1r    1/1     Running   0          9m4s   10.100.103.203   idc-worker
sheep                        1/1     Running   0          12s    10.10.25.230     cn-shenzhen.
                                                                                  10.10.24.138
```

测试 sheep 是否可以成功调用 guidedog 服务，即云上云下 Pod 之间网络互联互通。

```
$ kubectl exec sheep -- curl -s -XPOST guidedog.default.svc.cluster.local/v1/
  request-pass
Pass
```

5.3　自动弹性伸缩

在 5.2 节我们创建了普通节点池并手动完成混合集群云上节点的创建和初始化，当业务负载在某个时间段内突然飙升时，使用普通节点池人工扩容可能无法及时应对突发流量。此时，我们可以使用自动弹性伸缩策略，根据业务需求自动计算当前集群节点的负载情况是否达到阈值，以此决定是否触发扩容或者缩容动作。

5.3.1　自动弹性伸缩概述

自动弹性伸缩的典型场景包括在线业务应对突发流量的自动弹性伸缩、大规模计算训练任务、深度学习 GPU 或共享 GPU 的训练与推理任务等。弹性伸缩分为以下两个维度。

1）资源层的弹性能力：当集群的计算资源不能满足当前业务负载时，会自动通过弹出云上计算实例，补充当前集群的计算资源，例如弹出云上弹性虚拟机服务器或裸金属服务器。

2）调度层的弹性能力：指具体业务负载的容量变化，例如通过 HPA 组件可以调整业务负载的副本数，以应对不同的业务负载。

资源层和调度层的弹性能力可以结合使用，也可以单独使用，下面我们重点介绍资源层的弹性能力。

5.3.2　创建弹性节点池

在 hybrid-scale 集群的节点池页面，点击右上角的"自动弹性伸缩配置"进入自动弹性伸缩配置页面，如图 5-13 所示。

图 5-13　自动弹性伸缩配置页面

可以看到，自动弹性伸缩配置中只有缩容的参数配置，这是因为扩容动作会根据具体业务负载的调度情况自动触发，而缩容动作则需要用户自定义配置，缩容的参数配置说明如下。

1）缩容阈值：计算公式是每个计算节点的资源申请值 / 每个计算节点的资源总容量，当集群中每个计算节点通过上述公式计算出来的值都小于缩容阈值时，会触发缩容动作。

2）缩容触发延时：集群在满足触发缩容动作的条件时，会在触发延时设置后开始缩容。

3）静默时间：集群触发缩容动作之后，在指定的静默时间之内，不会再次触发缩容动作。

点击"提交"后，我们可以继续创建弹性节点池，如图 5-14 所示。

图 5-14　创建弹性节点池

创建弹性节点池的过程包含了自动伸缩组件的部署，弹性伸缩组件需要授权相关云资源的操作权限，因此在创建弹性节点池之前，我们需要参考 5.1.2 节为 Terway 网络组件配置 alibaba-addon-secret 的方式，为对应的 Access Key 添加以下 RAM 权限。

```
$ {
    "Version": "1",
    "Statement": [
        {
            "Action": [
                "ess:DescribeScalingGroups",
                "ess:DescribeScalingInstances",
                "ess:DescribeScalingActivities",
                "ess:DescribeScalingConfigurations",
                "ess:DescribeScalingRules",
                "ess:DescribeScheduledTasks",
                "ess:DescribeLifecycleHooks",
                "ess:DescribeNotificationConfigurations",
                "ess:DescribeNotificationTypes",
                "ess:DescribeRegions",
                "ess:CreateScalingRule",
                "ess:ModifyScalingGroup",
                "ess:RemoveInstances",
                "ess:ExecuteScalingRule",
                "ess:ModifyScalingRule",
                "ess:DeleteScalingRule",
                "ecs:DescribeInstanceTypes",
```

```
            "ess:DetachInstances",
            "vpc:DescribeVSwitches"
        ],
        "Resource": [
            "*"
        ],
        "Effect": "Allow"
    }
  ]
}
```

弹性节点池的配置与普通节点池大致相同，创建一个名为 autoscale-nodepool 的节点池，添加节点标签为 workload=autoscale，如图 5-15 所示。

图 5-15　弹性节点池配置

弹性节点池初始化完毕后，查看其状态如图 5-16 所示，混合集群的节点池列表及状态如图 5-17 所示。

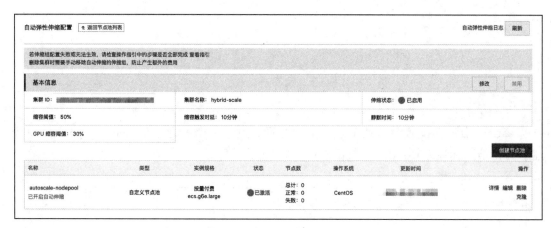

图 5-16 弹性节点池状态

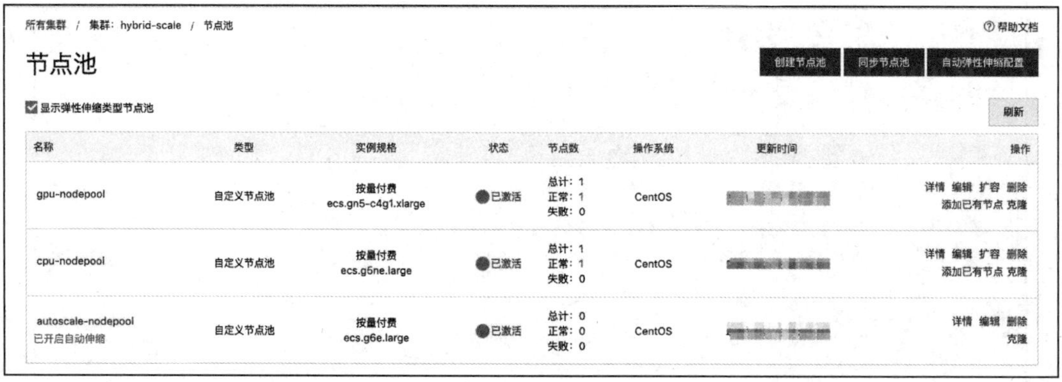

图 5-17 节点池列表

5.3.3 部署示例应用

自动弹性节点池初始化完毕后，我们可以部署一个示例应用，使用 nodeAffinity 将其调度到拥有节点标签 workload=autoscale 的计算节点上。示例应用的部署命令如下所示。

```
$ kubectl apply -f - <<EOF
apiVersion: v1
kind: Pod
metadata:
  name: wolf
  labels:
    org: field
    class: wolf
```

```
    spec:
      affinity:
        nodeAffinity:
          requiredDuringSchedulingIgnoredDuringExecution:
            nodeSelectorTerms:
            - matchExpressions:
              - key: workload
                operator: In
                values:
                - "autoscale"
      containers:
      - name: wolf
        image: registry.cn-hangzhou.aliyuncs.com/haoshuwei24/netperf
EOF
```

部署示例应用之后，因为当前混合集群中并没有符合条件的计算节点，所以示例应用的 Pod 会处于 Pending 状态，如下所示。

```
$ kubectl get po
NAME                    READY   STATUS    RESTARTS   AGE
wolf                    0/1     Pending   0          7s
```

自动伸缩组件将监听处于 Pending 状态的 Pod。Pod 处于 Pending 状态的原因是调度资源不足的时候，会触发自动伸缩组件的模拟调度，模拟调度器会计算当前节点池即将扩容的节点是否可以满足此业务负载的要求，若满足，则进行扩容操作。

模拟调度是将节点池当作抽象的节点，节点池中配置的实例规格提供了固定的 CPU/ 内存等计算资源，然后结合节点池上配置的节点标签和污点，将这个抽象的节点纳入调度参考。如果 Pending 状态的 Pod 可以调度到抽象的节点上，模拟器就会继续计算所需的节点数量，并执行自动弹出所需节点的操作。

使用 kubectl describe 命令查看 Pod 的调度日志，可以看到当前 Pod 触发了一个伸缩动作，对应的弹性节点池将从 0 个节点扩容到 1 个节点，如下所示。

```
$ kubectl describe po wolf
...
...
Node-Selectors:    <none>
Tolerations:       node.kubernetes.io/not-ready:NoExecute op=Exists for 300s
                   node.kubernetes.io/unreachable:NoExecute op=Exists for 300s
Events:
  Type     Reason           Age                 From               Message
  ----     ------           ----                ----               -------
  Warning  FailedScheduling 20s (x2 over 20s)   default-scheduler  0/4 nodes are available: 4 node(s)
                                                                     didn't match node selector.
  Normal   TriggeredScaleUp 10s                 cluster-autoscaler pod triggered scale-up: [{asg-
                                                                     wz92k20q8z8geip0jri3 0->1 (max: 10)}]
```

等待弹性节点池自动扩容成功后，再次查看示例应用，可以看到示例应用成功调度到新弹出的节点上，如下所示。

```
$ kubectl get po -o wide |grep wolf
wolf           1/1   Running  0    16m   10.10.25.231   cn-shenzhen.10.10.24.139
```

5.4 虚拟节点和弹性容器实例

通过前面三节，我们实践了如何为混合集群手动扩容或者自动扩容云上计算节点，扩容虚拟机实例和裸金属实例是通用的计算资源扩容方式，可以满足大部分业务场景，但对于一些短时间占用计算资源的瞬时计算任务，使用更轻量、灵活的虚拟节点和弹性容器实例可以更加高效。

5.4.1 虚拟节点和弹性容器实例概述

弹性容器实例是面向容器的无服务器弹性计算服务，提供免运维、强隔离、快速启动的容器运行环境。使用弹性容器实例无须购买和管理底层虚拟机或裸金属服务器，按量、按秒计费。

虚拟节点则是 Kubernetes 集群中的一个虚拟计算节点，它实现了 Kubernetes 集群与弹性容器实例无缝连接，让 Kubernetes 集群轻松获得极大的弹性能力，而不必受限于集群的节点计算容量。虚拟节点和弹性容器实例适用于如下场景。

1）在线业务的波峰波谷弹性伸缩：如在线教育、电商等有着明显的波峰波谷计算特征的行业。使用虚拟节点可以显著减少固定资源池的维护成本。

2）数据计算：使用虚拟节点承载 Spark、Presto 等计算场景，可以有效降低计算成本。

3）持续集成 / 持续交付流水线：Jenkins、Gitlab-Runner。

4）批处理任务：定时任务、人工智能计算任务。

5.4.2 安装、部署虚拟节点组件

在注册集群中使用虚拟节点组件需要先设置 RAM 权限，参考 5.1.2 节为 Terway 网络组件配置 alibaba-addon-secret 的方式，为对应的 Access Key 添加以下 RAM 权限。

```
{
    "Version": "1",
    "Statement": [
        {
            "Action": [
                "eci:CreateContainerGroup",
                "eci:DeleteContainerGroup",
                "eci:DescribeContainerGroups",
                "eci:DescribeContainerLog",
                "eci:UpdateContainerGroup",
```

```
                        "eci:UpdateContainerGroupByTemplate",
                        "eci:CreateContainerGroupFromTemplate",
                        "eci:RestartContainerGroup",
                        "eci:ExportContainerGroupTemplate",
                        "eci:DescribeContainerGroupMetric",
                        "eci:DescribeMultiContainerGroupMetric",
                        "eci:ExecContainerCommand",
                        "eci:CreateImageCache",
                        "eci:DescribeImageCaches",
                        "eci:DeleteImageCache"
                    ],
                    "Resource": [
                        "*"
                    ],
                    "Effect": "Allow"
                }
            ]
        }
```

接下来，在集群"运维管理"下的"组件管理"中找到 ack-virtual-node 组件并安装。
安装完毕后可以在集群中查看 ack-virtual-node 组件的运行状态，如下所示。

```
$ kubectl -nkube-system get po -o wide |grep ack-virtual-node
ack-virtual-node-controller-589f87fbd6-hdjt6    1/1        Running    1
  36s    10.10.25.232    cn-shenzhen.10.10.24.138
```

5.4.3　部署示例应用

我们可以通过配置 Pod 节点标签或配置命名空间标签两种方式通过虚拟节点创建弹性
容器实例。

为目标 Pod 配置标签 alibabacloud.com/eci=true，目标 Pod 将自动以弹性容器实例的方
式运行于虚拟节点，示例应用的部署命令如下。

```
$ kubectl run nginx --image nginx -l alibabacloud.com/eci=true
```

查看示例应用的 Pod 可以看到，它被调度并运行于一个名为 virtual-kubelet-cn-shenzhen-d
的虚拟节点上，如下所示。

```
$ kubectl get po -o wide|grep nginx
nginx      1/1     Running   0    25s   10.10.24.140   virtual-kubelet-cn-shenzhen-d
```

为目标 Pod 所在的命名空间添加标签 alibabacloud.com/eci=true，目标 Pod 将自动以弹
性容器实例的方式运行于虚拟节点，下面是示例应用的部署命令。

```
$ kubectl create ns nginx
$ kubectl label ns nginx alibabacloud.com/eci=true
$ kubectl -n nginx run nginx --image nginx
```

查看命名空间 nginx 下 Pod 的运行情况可以看到，其同样被调度运行在名为 virtual-kubelet-cn-shenzhen-d 的虚拟节点上，如下所示。

```
$ kubectl -n nginx get po -o wide
NAME    READY   STATUS    RESTARTS   AGE   IP             NODE
nginx   1/1     Running   0          19s   10.10.24.141   virtual-kubelet-cn-shenzhen-d
```

5.5　本章小结

通过本章的学习，读者可以使用阿里云注册集群接入本地数据中心 Kubernetes 集群并为其扩容云上节点。本章介绍了如何为混合集群配置混合网络插件、如何根据不同的集群搭建方式编写对应的自定义节点添加脚本。完成混合集群的基本配置后，就可以创建普通节点池对集群进行手动扩缩容或创建弹性节点池自动对集群进行弹性扩缩容。最后，针对瞬时计算任务的场景，我们实践了更轻量的虚拟节点和弹性容器方案。

第 6 章 *Chapter 6*

多云 / 混合云多集群应用编排

本章主要介绍多集群云原生应用编排技术，包括如何使用 Helm 和 Kustomize 编排多集群应用。

6.1 Kubernetes应用编排技术

在传统的单体式应用架构中，我们进行开发、测试、部署和交付的物料都是单个组件，很少听到应用编排这个概念。在分布式云原生时代，越来越多的应用采用微服务架构和容器技术进行开发和部署，每个应用由多个功能组件互相调用来一起提供完整的服务。对于每一个组件，都需要具有一定的水平或者垂直扩展能力，保证应用的可扩展性，解决系统的单点问题。

在 Kubernetes 容器平台上，应用的编排通常包含工作负载的编排以及服务的编排。工作负载编排主要负责管理 Pod 的生命周期，例如 Deployment 资源通常用于无状态应用工作负载的编排；StatefulSet 资源通常用于有状态应用工作负载的编排等。服务编排主要负责应用服务的发现和高可用，例如 Service 和 Ingress 资源用于向集群内或集群外暴露应用服务。

Guestbook 是一个典型的云原生分布式应用，它包括后台数据库、前端程序和负载均衡器等资源，如图 6-1 所示。

首先，Guestbook 使用 Redis 存储数据，包含一个用于前端程序写入数据的单个 Redis 主节点实例、多个用于前端程序读取数据的 Redis 从节点实例以及多个前端程序实例。这些实例都可以使用 Deployment 类型的工作负载进行编排。然后，还需要分别为 Redis 主节点和从节点创建对应的服务来代理 Pod 的流量，用于前端程序访问，因为前端程序访问

Redis 主从节点服务都属于集群内服务调用，所以 Redis 主从节点服务类型为 ClusterIP。最后，创建前端服务并将其配置为集群外部可访问模式，服务类型可以选择 LoadBalancer 或 NodePort。

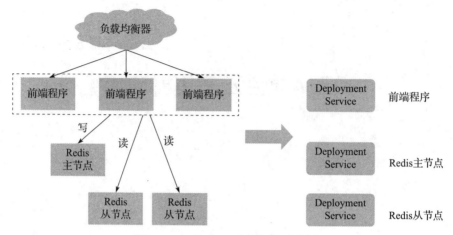

图 6-1　Guestbook 应用架构示意图

我们可以在 https://github.com/haoshuwei/book-examples/tree/master/examples/guestbook/ directory 上找到上述示例应用的 Kubernetes 原生应用编排文件。文件列表和目录结构如下所示。

```
.
├── frontend-deployment.yaml
├── frontend-service.yaml
├── redis-master-deployment.yaml
├── redis-master-service.yaml
├── redis-slave-deployment.yaml
└── redis-slave-service.yaml
```

可以看到，Kubernetes 原生的应用编排就是一堆编排文件的组合。在实际生产环境中，有些应用的编排文件多达几十个，编写和维护大量编排文件是一件非常头疼的事情。

此外，在多云/混合云多集群场景下，通常应用的编排配置会根据部署环境进行定制化编排。以 Guestbook 应用为例，为了保证应用服务的高可用、高可靠，我们将其同时部署在线上位于北京区域的生产集群 production-aliyun 和线下位于杭州的生产集群 production-idc 中，根据集群所在区域不同，我们会为 Guestbook 的环境变量 REGION 设置对应的值 cn-beijing 和 cn-hangzhou，应用的其他编排和配置保持一致。上述环境变量的配置在 frontend-deployment.yaml 文件中，内容如下所示。

```
apiVersion: apps/v1
kind: Deployment
metadata:
```

```
   name: frontend
   labels:
     app: guestbook
spec:
  selector:
    matchLabels:
      app: guestbook
      tier: frontend
  replicas: 3
  template:
    metadata:
      labels:
        app: guestbook
        tier: frontend
    spec:
      containers:
        - name: php-redis
          image: registry.cn-hangzhou.aliyuncs.com/haoshuwei24/frontend:v1
          imagePullPolicy: Always
          resources:
            requests:
              cpu: 100m
              memory: 100Mi
          env:
            - name: GET_HOSTS_FROM
              value: dns
            - name: REGION
              value: cn-beijing
          ports:
            - containerPort: 80
```

在将 Guestbook 部署至线下位于杭州的生产集群 production-idc 之前，我们需要想办法将环境变量 REGION 的值设为 cn-hangzhou。也可以使用一些 bash 脚本的技巧替换这个值，但并不推荐这样做。建议使用不同的子目录进行区分，目录结构如下。

```
├── production-aliyun
│   ├── frontend-deployment.yaml
│   ├── frontend-service.yaml
│   ├── redis-master-deployment.yaml
│   ├── redis-master-service.yaml
│   ├── redis-slave-deployment.yaml
│   └── redis-slave-service.yaml
└── production-idc
    ├── frontend-deployment.yaml
    ├── frontend-service.yaml
    ├── redis-master-deployment.yaml
    ├── redis-master-service.yaml
    ├── redis-slave-deployment.yaml
    └── redis-slave-service.yaml
```

在 production-aliyun/frontend-deployment.yaml 中配置 REGION=cn-beijng，在 production-idc/frontend-deployment.yaml 中配置 REGION=cn-hangzhou。

可见，Kubernetes 原生的应用编排虽然也能组织和编排云原生分布式应用，但应用编排和管理运维成本较高，尤其在多云 / 混合云多集群环境下，编排的复杂度会大大增加。所幸，我们可以通过多种工具和方案将这件事变得简单一些。下面我们通过 2 种常用的 Kubernetes 应用编排方式对 Guestbook 应用进行编排和部署。

6.2 Helm 应用编排

Helm 是目前云原生应用编排和管理方面应用最广的开源工具，我们可以访问 Helm 的 GitHub 开源项目查看其源代码，地址为 https://github.com/helm/helm。

6.2.1 Helm 项目概述

Helm 项目诞生于 2015 年，由一家名为 Deis 的创业公司开发。类似 Debian/Ubuntu 的 Apt 包管理器、Red Hat/CentOS 的 Yum 包管理器等，Helm 的初衷是要成为 Kubernetes 上的包管理器。2015 年在旧金山 KubeCon 会议上，Deis 公司发布了 Helm 1，但在实际使用过程中，Helm 1 有相当大的局限性，不仅需要用户提前编写好大量的 Kubernetes 编排模板，还要用类似脚本语言的方式渲染这些模板，最后把它们提交到 Kubernetes 集群中，而且只提供了很少的几种功能类型给用户使用。

Helm 1 虽然在使用上有不少痛点，但 Deis 团队通过这次尝试，明确了这种应用包管理器能为用户带来巨大的价值，在重构 Helm 1 的过程中，Helm 2 的一些特性也逐渐沉淀下来。2016 年，Deis 与 Google 团队一起创建了新项目 Helm 2。与 Helm 1 相比，Helm 2 增加了以下组件特性。

❑ Helm Charts：定制化的 Chart 模板，定义了应用包的结构及依赖关系。

❑ Helm Registry：可以存储 Chart 包的仓库。

❑ Helm Tiller：Kubernetes 集群内的 Helm 服务端程序，负责将应用包安装在 Kubernetes 集群中并运行。

Helm 2 的发布在很大程度上解决了 Kubernetes 应用管理能力缺失的问题，因此在推出之后很快便赢得了开发者的青睐。但 Helm 2 有一个架构上的问题，就是 Tiller 组件的存在。Helm 2 是一个典型的 Client-Server 架构，Helm Client 负责下载或者解析 Chart 安装包，然后将渲染好的 YAML 格式编排文本提交给 Helm Tiller 组件（Server 端），再由 Helm Tiller 与 Kubernetes API 进行交互，最终完成应用的部署，这个复杂的过程如图 6-2 所示。

由图 6-2 可知，Helm 2 必须在 Kubernetes 集群中安装 Tiller 组件与 API Server 进行交互，但实际上 Helm Client 可以直接调用 API Server 完成应用的安装与部署。Tiller 组件不仅带来了部署维护的复杂度，其权限设置也有很大的安全隐患，而且这种内置的控制器模式也与 Kubernetes 社区不断丰富和完善自身应用管理能力的原则渐行渐远。因此，Helm 2 又做了一次重构，新版本 Helm 3 在 2019 年提供给用户使用。

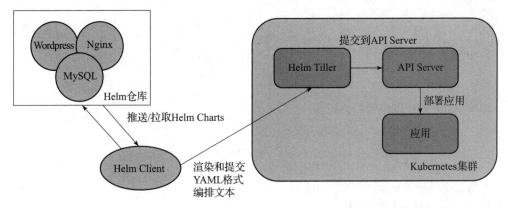

图 6-2　Helm 2 部署应用示意图

毫不夸张地说，社区对 Helm 3 很大的一个期待就是移除 Tiller 组件。移除 Tiller 不仅能让 Helm 的使用更加简单和灵活，也能解决 Tiller 组件在多租户环境下的安全隐患。除此之外，相对于 Helm 2，Helm 3 还具有以下特性。

- 管理的应用发布 Release 不再是全局唯一，而是可以通过不同命名空间进行隔离，用户可以更自然地在不同的命名空间下部署相同名称的 Release。
- 统一在 Chart.yaml 中描述应用的依赖信息，移除 requirements.yaml、requirements.lock 等配置文件，进一步增加了 Helm 的易用性。
- 支持在容器镜像 Registry 中存储 Chart，即根据容器镜像 OCI 标准规范，复用容器镜像 Registry 来存储 Helm Chart。这个功能特性目前已经集成在 Helm 3 试验版本里面。
- 命令行变化（将原先的命令保留为别名 Aliases）：

  a）helm delete → helm uninstall；

  b）helm inspect → helm show；

  c）helm fetch → helm pull。

本书示例和实践都使用 Helm 3 来完成。

6.2.2　安装 Helm

请登录 https://github.com/helm/helm/releases，下载 Helm 3 的最新客户端程序。本示例使用 Linux 系统下的 Helm 3.3.4。

```
$ curl -LO https://get.helm.sh/helm-v3.3.4-linux-amd64.tar.gz
```

解压缩 TAR 包获取二进制可执行文件。

```
$ tar xvf helm-v3.3.4-linux-amd64.tar.gz
linux-amd64/
linux-amd64/README.md
linux-amd64/LICENSE
linux-amd64/helm
```

移动 Helm 二进制文件到可执行文件目录 /usr/local/bin 下。

```
$ mv linux-amd64/helm /usr/local/bin/
```

检验 Helm 客户端是否可执行。

```
$ helm version
version.BuildInfo{Version:"v3.3.4", GitCommit:"a61ce5633af99708171414353ed49547
  cf05013d", GitTreeState:"clean", GoVersion:"go1.14.9"}
```

6.2.3　Helm Chart 的使用

本节我们将实践 Helm Chart 的创建、打包部署、升级和回滚等操作。

1. 创建 Helm Chart

我们先使用 helm create NAME[flags] 命令在本地创建一个自定义 Helm Chart，然后查看 Chart 的大致目录结构和文件配置，创建命令如下所示。

```
$ helm create nginx
Creating nginx
```

命令执行完毕后会在当前目录下生成文件目录 nginx，查看其目录结构如下。

```
$ tree
.
└── nginx
    ├── charts
    ├── Chart.yaml
    ├── templates
    │   ├── deployment.yaml
    │   ├── _helpers.tpl
    │   ├── hpa.yaml
    │   ├── ingress.yaml
    │   ├── NOTES.txt
    │   ├── serviceaccount.yaml
    │   ├── service.yaml
    │   └── tests
    │       └── test-connection.yaml
    └── values.yaml
```

Chart.yaml 文件用于写一些应用元数据，示例如下。

```
apiVersion: v2
name: nginx
description: A Helm chart for Kubernetes
type: application
version: 0.1.0
appVersion: 1.16.0
```

在 Helm 3 中，apiVersion=v2 是固定的，其他元数据可以根据实际信息进行自定义配置。

templates 目录下存放了应用编排文件，可以在这些 YAML 格式的编排文件中将某些字段设置为"模板变量"，这些"模板变量"会在 Helm 部署应用时进行参数注入和模板的动态渲染，比如 deployment.yaml。

```
apiVersion: apps/v1
kind: Deployment
metadata:
  name: {{ include "nginx.fullname" . }}
  labels:
    {{- include "nginx.labels" . | nindent 4 }}
spec:
{{- if not .Values.autoscaling.enabled }}
  replicas: {{ .Values.replicaCount }}
{{- end }}
  selector:
    matchLabels:
      {{- include "nginx.selectorLabels" . | nindent 6 }}
  template:
    ...
    ...
```

通过上述语法，我们可以把这个 Deployment 资源的 replicas 值设置为变量。

在编辑和配置 Helm Chart 后，使用 helm template [NAME] [CHART] [flags] 命令在本地渲染 Helm Chart 并打印最终的应用模板内容。检查无误后，再进行下一步的部署操作。

除了创建和编写自定义 Helm Chart 外，Helm 官方也维护了一个 Chart 库，可以访问 https://github.com/helm/charts，查找用户需要的应用。

2. 安装部署 Helm Chart

如何在部署时注入参数对 Helm 进行动态渲染呢？一种方法是使用 values.yaml 文件进行参数配置，下面是一个 values.yaml 文件的内容。

```
replicaCount: 1

image:
  repository: nginx
  pullPolicy: IfNotPresent
  # Overrides the image tag whose default is the chart appVersion.
```

```
   tag: ""
...
...
```

另一种方法是在使用 helm install 命令时通过 --set 设置参数注入。

接下来，我们详细介绍这两种参数设置方式。

我们在使用 helm install [NAME] [CHART] [flags] 命令部署应用时，Helm 默认会使用 values.yaml 文件中的参数配置进行模板渲染，如下所示。

```
$ helm install nginx nginx/
WARNING: Kubernetes configuration file is group-readable. This is insecure.
  Location: /root/.kube/config
WARNING: Kubernetes configuration file is world-readable. This is insecure.
  Location: /root/.kube/config
NAME: nginx
LAST DEPLOYED: Tue Oct  6 17:34:37 2020
NAMESPACE: default
STATUS: deployed
REVISION: 1
NOTES:
1. Get the application URL by running these commands:
   export POD_NAME=$(kubectl get pods --namespace default -l "app.kubernetes.
     io/name=nginx,app.kubernetes.io/instance=nginx" -o jsonpath="{.items[0].
     metadata.name}")
   echo "Visit http://127.0.0.1:8080 to use your application"
   kubectl --namespace default port-forward $POD_NAME 8080:80
```

可以使用 helm list 命令查看当前命名空间下通过 Helm 管理的应用列表。

```
$ helm list
NAME    NAMESPACE  REVISION  UPDATED                  STATUS    CHART        APP VERSION
nginx   default    1         2020-10-06 17:34:37.     deployed  nginx-0.1.0  1.16.0
                             27856443 +0800 CST
```

如果需要注入参数并覆盖 values.yaml 文件中的配置，可以通过 --set 参数进行指定。我们先使用 helm uninstall RELEASE_NAME [...] [flags] 命令删除名为 nginx 的 Helm Release，命令如下所示。

```
$ helm uninstall nginx
release "nginx" uninstalled
```

再次部署 nginx 并设置 replicas=2，命令如下所示。

```
$ helm install nginx nginx/ --set replicas=2
NAME: nginx
LAST DEPLOYED: Tue Oct  6 17:44:17 2020
NAMESPACE: default
STATUS: deployed
```

```
REVISION: 1
...
```

3. 升级和回滚 Helm Chart

使用 Helm 也可以很方便地对应用进行升级和回滚操作，使用 helm upgrade [RELEASE] [CHART] [flags] 命令升级 nginx 应用，升级前先通过下面的命令查看 nginx 的版本（REVISION 为 1）：

```
$ helm list
NAME    NAMESPACE  REVISION  UPDATED              STATUS     CHART        APP VERSION
nginx   default    1         2020-10-06 17:44:17. deployed   nginx-0.1.0  1.16.0
                             642031939 +0800 CST
```

设置 replicas=3 并对应用进行升级。

```
$ helm upgrade nginx nginx/ --set replicas=3
Release "nginx" has been upgraded. Happy Helming!
NAME: nginx
LAST DEPLOYED: Tue Oct  6 17:52:36 2020
NAMESPACE: default
STATUS: deployed
REVISION: 2
...
```

在升级部署操作返回的信息中可以看到当前 nginx 应用的版本（REVISION 为 2）。Helm 每更新一次应用，都会使这个版本号加 1，即使是回滚操作，版本号也会加 1。

使用 helm rollback <RELEASE> [REVISION] [flags] 命令可以将版本回滚到指定的历史版本。

```
$ helm rollback nginx 1
Rollback was a success! Happy Helming!
```

我们可以自行查看在使用 Helm 升级或回滚 Nginx 应用时应用的 Pod 副本数变化，以此验证上述操作是否生效。我们还可以使用 helm history RELEASE_NAME [flags] 命令查看应用的历史发布记录。

```
$ helm history nginx
REVISION  UPDATED                STATUS      CHART        APP VERSION  DESCRIPTION
1         Tue Oct 6 17:44:17 2020  superseded  nginx-0.1.0  1.16.0       Install complete
2         Tue Oct 6 17:52:36 2020  superseded  nginx-0.1.0  1.16.0       Upgrade complete
3         Tue Oct 6 17:55:42 2020  deployed    nginx-0.1.0  1.16.0       Rollback to 1
```

6.2.4 Helm 仓库的搭建和使用

1. 公共托管的 Helm 仓库

在 6.2.3 节中，我们在本地创建了一个 Helm Chart 并把它部署到 Kubernetes 集群中，那么如何将 Helm 仓库作为 Helm Chart 的远程存储仓库呢？类似公共托管的 DockerHub 用于存储容器镜像，Helm 也有一个公共托管的 HelmHub，访问地址为 https://hub.helm.sh/charts，上面托管了一些开源应用项目官方提供的 Helm Chart。另外，国内外公有云厂商也都提供了托管 Helm 仓库的服务，比如 Google 和阿里云。我们可以使用以下命令为 Helm 客户端添加一个 Helm 仓库。

```
$ helm repo add apphub https://apphub.aliyuncs.com
"apphub" has been added to your repositories
```

使用 helm repo list 命令查看本地配置的 Helm 仓库列表。

```
$ helm repo list
NAME    URL
apphub  https://apphub.aliyuncs.com
```

当远程 Helm 仓库中有更新时，我们需要使用 helm repo update 命令更新本地配置的 Helm 仓库信息。

```
$ helm repo update
Hang tight while we grab the latest from your chart repositories...
...Successfully got an update from the "apphub" chart repository
```

使用 helm search 命令可以通过搜索关键字查找 Helm 仓库中的应用。例如在 AppHub 中搜索 guestbook 应用的 Helm Chart。

```
$ helm search repo apphub/guestbook
NAME                    CHART VERSION  APP VERSION DESCRIPTION
apphub/guestbook        0.2.0                      A Helm chart to deploy
                                                   Guestbook three tier web...
apphub/guestbook-kruise 0.3.0                      A Helm chart to deploy
                                                   Guestbook three tier web...
```

从 AppHub 下载并安装 guestbook 应用，命令如下。

```
$ helm install guestbook apphub/guestbook
NAME: guestbook
LAST DEPLOYED: Tue Oct  6 19:02:44 2020
NAMESPACE: apphub
STATUS: deployed
REVISION: 1
TEST SUITE: None
...
```

2. 使用 Harbor 搭建私有 Helm 仓库

Harbor 是 VMware 公司开源的企业级 Docker Registry 管理项目，包括权限管理（RBAC）、LDAP、日志审核、界面管理、自我注册、镜像复制和中文支持等功能。Harbor 1.6 开始提供管理 Helm Chart 的功能，下面我们在 Kubernetes 集群中部署 Harbor 并搭建一个私有

Helm 仓库。

添加 Harbor 官方提供的 Helm 仓库，访问地址为 https://helm.goharbor.io。

```
$ helm repo add goharbor https://helm.goharbor.io
"goharbor" has been added to your repositories
```

查看 Harbor 仓库中 Harbor 应用的 Helm Chart 信息，可以看到这个仓库中只有一个最新版本的 Helm Chart，本示例中 Harbor 应用的版本为 2.1.0。

```
$ helm search repo goharbor/harbor
NAME                CHART VERSION   APP VERSION DESCRIPTION
goharbor/harbor 1.5.0             2.1.0         An open source trusted cloud
                                                native registry th...
```

先创建一个命名空间 harbor，再使用 Helm Chart 安装 Harbor 到这个命名空间下。

```
$ kubectl create ns harbor
namespace/harbor created
$ helm -n harbor install harbor goharbor/harbor --set persistence.enabled=
  false --set expose.type=nodePort --set expose.tls.enabled=false --set external
  URL=http://192.168.0.241:30002
NAME: harbor
LAST DEPLOYED: Tue Oct  6 19:53:47 2020
NAMESPACE: harbor
STATUS: deployed
REVISION: 1
TEST SUITE: None
```

❑ -set persistence.enabled=false，为了便于演示，在本示例中我们关闭了持久化存储，但是在实际生产环境中要开启和挂载持久化存储卷。

❑ -set expose.type=nodePort，使用 NodePort 的方式暴露 Harbor 服务。

❑ -set expose.tls.enabled=false，关闭 tls。

❑ -set externalURL=http://192.168.0.241:30002，设置登录 Harbor 的外部链接。

安装 Harbor 应用后，我们可以访问 http://192.168.0.241:30002 查看 Harbor 的登录页面。

Harbor 默认的用户名密码是 admin/Harbor12345，登录后依次点击"项目"→"新建项目"，创建一个名为 helm 的仓库并默认设置为私有仓库。

接下来把 6.2.3 节创建的 Nginx 应用打包并推送到 Harbor 中。首先我们需要添加私有 Helm 仓库，仓库地址为 http://192.168.0.241:30002/chartrepo/helm。

```
$ helm repo add harbor http://192.168.0.241:30002/chartrepo/helm --username=
  admin --password=Harbor12345
"harbor" has been added to your repositories
```

使用 helm package [CHART_PATH] [...] [flags] 命令把 Nginx 打包为一个 .tgz 格式的压

缩包。

```
$ helm package nginx/
Successfully packaged chart and saved it to: /root/helmv3/nginx-0.1.0.tgz
```

因为原生的 Helm 客户端并不支持推送操作，所以我们还需要使用 helm plugin install 命令安装一个推送插件。

```
$ helm plugin install https://github.com/chartmuseum/helm-push
Downloading and installing helm-push v0.8.1 ...
https://github.com/chartmuseum/helm-push/releases/download/v0.8.1/helm-
   push_0.8.1_linux_amd64.tar.gz
Installed plugin: push
```

现在我们就可以使用 helm push 命令把 Nginx 推送到 Harbor 中了。

```
$ helm push --username=admin --password=Harbor12345 nginx-0.1.0.tgz harbor
Pushing nginx-0.1.0.tgz to harbor...
Done.
```

更新本地的 Helm 仓库后可以查看 Nginx 是否已经上传到 Harbor 中。

```
$ helm repo update
Hang tight while we grab the latest from your chart repositories...
...Successfully got an update from the "harbor" chart repository
...Successfully got an update from the "goharbor" chart repository
...Successfully got an update from the "apphub" chart repository
Update Complete. Happy Helming!

$ helm search repo harbor/nginx
NAME             CHART VERSION    APP VERSION DESCRIPTION
harbor/nginx     0.1.0            1.16.0      A Helm chart for Kubernetes
```

也可以在 Harbor 控制台中点击项目 helm 进入项目详情页面。可以看到有一栏 Helm Charts 的管理页面。

更多 Harbor 的使用介绍可以访问官方文档 https://goharbor.io/docs/2.1.0/ 进行了解。

6.2.5 使用 Helm 编排 Guestbook 应用并进行多集群部署

下面我们使用 Helm 编排 6.1 节中的 Guestbook 应用。首先，在本地创建 Guestbook。

```
$ helm create guestbook
Creating guestbook
```

编辑并更新 Chart.yaml 后设置 appVersion=1.0，Chart.yaml 文件的完整内容如下所示。

```
apiVersion: v2
name: guestbook
description: A Helm chart for Kubernetes
```

```
type: application
version: 0.1.0
appVersion: 1.0
```

接下来，清空 templates 目录并新增 Guestbook 应用的编排文件，目录结构如下所示。

```
.
└── guestbook
    ├── charts
    ├── Chart.yaml
    ├── templates
    │   ├── frontend-deployment.yaml
    │   ├── frontend-service.yaml
    │   ├── redis-master-deployment.yaml
    │   ├── redis-master-service.yaml
    │   ├── redis-slave-deployment.yaml
    │   └── redis-slave-service.yaml
    └── values.yaml
```

以 frontend-deployment.yaml 编排文件和 frontend-service.yaml 编排文件为例，我们可以将 Deployment 和 Service 编排中需要频繁变更的字段设置为模板参数，比如 Deployment 中的 replicas、image、env 等字段，Service 中的 type 和 port 等字段。frontend-deployment. yaml 编排文件的完整内容如下所示。

```
apiVersion: apps/v1
kind: Deployment
metadata:
  name: frontend
  labels:
    app: guestbook
spec:
  selector:
    matchLabels:
      app: guestbook
      tier: frontend
  replicas: {{ .Values.frontend.replicaCount }}
  template:
    metadata:
      labels:
        app: guestbook
        tier: frontend
    spec:
      containers:
        - name: php-redis
          image: {{ .Values.frontend.image.repository }}:{{ .Values.frontend.
            image.tag }}
          imagePullPolicy: Always
          resources:
            requests:
```

```
              cpu: 100m
              memory: 100Mi
        env:
          - name: GET_HOSTS_FROM
            value: dns
          {{- range $key, $value := .Values.frontend.envVars }}
          - name: {{ $key }}
            value: {{ quote $value }}
          {{- end }}
        ports:
          - containerPort: 80
```

frontend-service.yaml 编排文件的完整内容如下所示。

```
apiVersion: v1
kind: Service
metadata:
  name: frontend
  labels:
    app: guestbook
    tier: frontend
spec:
  # uncomment the following line if you want to use a LoadBalancer
  # type: LoadBalancer
  type: {{ .Values.frontend.service.type }}
  ports:
    - port: {{ .Values.frontend.service.port }}
      nodePort: {{ .Values.frontend.service.nodePort }}
  selector:
    app: guestbook
    tier: frontend
```

我们需要在 values.yaml 文件中设置上述模板参数的默认值，如下所示。

```
frontend:
  replicaCount: 3

  image:
    repository: registry.cn-hangzhou.aliyuncs.com/haoshuwei24/frontend
    tag: "v1"

  envVars:
    REGION: "cn-beijing"

  service:
    type: NodePort
    port: 80
    nodePort: 30020
```

以同样的方式编辑并配置 redis-master-deployment.yaml、redis-master-service.yaml、redis-

slave-deployment.yaml 和 redis-slave-service.yaml 文件后，values.yaml 文件最终的内容如下
所示。

```
frontend:
  replicaCount: 3

  image:
    repository: registry.cn-hangzhou.aliyuncs.com/haoshuwei24/frontend
    tag: "v1"

  envVars:
    REGION: "cn-beijing"

  service:
    type: NodePort
    port: 80
    nodePort: 30020

redis:

  master:
    replicaCount: 1

    image:
      repository: registry.cn-hangzhou.aliyuncs.com/haoshuwei24/redis
      tag: "6.0.8"

    service:
      type: ClusterIP
      port: 6379

  slave:
    replicaCount: 2

    image:
      repository: registry.cn-hangzhou.aliyuncs.com/haoshuwei24/redis-
slave
      tag: "v3"

    service:
      type: ClusterIP
      port: 6379
```

把 Helm Chart 打包成 .tgz 格式的压缩包。

```
$ helm package guestbook/
Successfully packaged chart and saved it to: /root/helmv3/guestbook-0.1.0.tgz
```

然后推送到 Harbor 提供的 Helm Repository 中。

```
$ helm push --username=admin --password=Harbor12345 guestbook-0.1.0.tgz harbor
```

```
Pushing guestbook-0.1.0.tgz to harbor...
Done.
```

按照 6.2.4 节配置 Helm 仓库的方法，分别在集群 production-aliyun 和 production-idc 中添加并更新 Harbor 仓库，然后就可以安装并部署 Guestbook 应用了。

首先在 production-aliyun 集群中部署 Guestbook 应用。

```
$ helm install guestbook harbor/guestbook -n guestbook
NAME: guestbook
LAST DEPLOYED: Wed Oct  7 15:12:08 2020
NAMESPACE: guestbook
STATUS: deployed
REVISION: 1
TEST SUITE: None
```

上面的部署会默认使用 values.yaml 文件中的参数配置，部署完毕后我们就可以访问 http://192.168.0.241:30020/region 获取 Guestbook 应用的 Region 信息了。

在 production-idc 集群中部署应用时，需要动态设置环境变量 REGION 的值为 cn-hangzhou。

```
$ helm install guestbook harbor/guestbook -n guestbook --set frontend.envVars.
  REGION=cn-hangzhou
NAME: guestbook
LAST DEPLOYED: Wed Oct  7 15:34:28 2020
NAMESPACE: guestbook
STATUS: deployed
REVISION: 1
TEST SUITE: None
```

部署完毕后我们可以访问 http://192.168.0.242:30020/region 获取 Guestbook 应用的 Region 信息。

使用 Helm 能方便地进行多云 / 混合云多集群环境下的应用编排和管理。我们可以在 https://github.com/haoshuwei/book-examples/tree/master/examples/guestbook/helm 下找到本示例涉及的所有应用编排文件。

6.3　Kustomize 应用编排

本章将介绍另一种常用的应用编排工具 Kustomize，它的设计目的是给 Kubernetes 用户提供一种可以重复使用同一套基础配置的声明式应用管理方法，以便高效地管理应用部署中烦琐的 YAML 编排文件。

6.3.1　Kustomize 项目概述

Kustomize 工具是 Google 主导开发的 Kubernetes 生态应用管理工具。Kustomize 项

目目前属于 Kubernetes 特别工作组，由 CLI 工作组管理。Kustomize 的 GitHub 地址为 https://github.com/kubernetes-sigs/kustomize，提供了 Kustomize 工具的源代码、使用文档和客户端工具下载地址等物料。

　　Kustomize 将一些 YAML 格式的源文件，按照一定的规则动态渲染和组合成一组 YAML 格式的目标文件，它的核心任务是处理和整理 YAML 格式的文件编排。图 6-3 演示了使用 Kustomize 和 Kubectl 编排部署应用的流程。

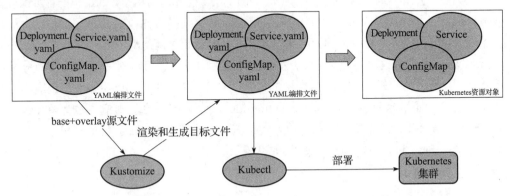

图 6-3　Kustomize 和 Kubectl 编排部署 YAML 文件

在使用 Kustomize 之前需要了解一些相关概念。

❑ kustomization：一个存放应用编排的目录下必须存在 kustomization.yaml 文件，才能被 Kustomize 工具编排。

❑ base：存放应用基础配置的目录，也包含一个 kustomization.yaml 文件，这个 kustomization.yaml 文件可以被其他目录下的 kustomization.yaml 引用。

❑ resource：Kubernetes API 对象的 YAML 编排文件路径。

❑ patch：Kubernetes API 补丁的 YAML 编排文件路径。

❑ variant：表示使用同一组基础编排文件的不同 Kustomization。

下面我们通过实践进一步了解 Kustomize 的工作原理和使用方法。

6.3.2　Kustomize 的安装和使用

　　Kustomize 的安装非常简单，以下脚本会自动检测系统运行环境，下载对应的二进制文件并将其保存至当前目录。

```
$ curl -s "https://raw.githubusercontent.com/\
> kubernetes-sigs/kustomize/master/hack/install_kustomize.sh"  | bash
{Version:kustomize/v3.8.4 GitCommit:8285af8cf11c0b202be533e02b88e114ad61c1a9
  BuildDate:2020-09-19T15:39:21Z GoOs:linux GoArch:amd64}
kustomize installed to current directory.
```

查看 Kustomize 版本，命令如下所示。

```
$ ./kustomize version
{Version:kustomize/v3.8.4 GitCommit:8285af8cf11c0b202be533e02b88e114ad61c1a9
 BuildDate:2020-09-19T15:39:21Z GoOs:linux GoArch:amd64}
```

值得一提的是，kubectl 1.14 及以上版本已经集成了 Kustomize 的功能，因此大家也可以使用 kubectl apply -k 命令将指定目录的 kustomization 部署在集群中。

使用 Kustomize 进行应用编排的核心思想是将应用编排分层，即将应用分为 base 和 overlay 两大部分编排。应用的基础编排配置可以放置在 base 层，需要定制化参数的编排配置可以放置在 overlay 层，kustomization.yaml 文件中定义了保存 base 层编排文件和 overlay 层编排文件的相对路径，这样既能保证原始配置模板不会被频繁修改，也能保证新的配置版本能满足实际需求。

Kustomize 实现的这种通过 overlay 分层定义模板的方式，可以对一个应用模板分多层进行定义，且高层的模板定义会覆盖底层的模板。对于 6.1 节中的 Guestbook 示例应用，我们可以把生产集群 production-aliyunproduction-idc 中应用共享的基础配置放置在 base 层，把需要根据部署环境做适配的 env 信息或者将来需要频繁变更的 image 信息的相关编排放置到 overlay 层。base 和 overlay 的层次结构如下所示。

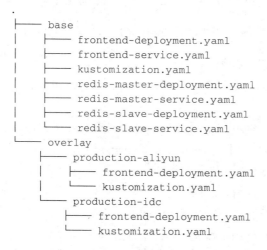

```
.
├── base
│   ├── frontend-deployment.yaml
│   ├── frontend-service.yaml
│   ├── kustomization.yaml
│   ├── redis-master-deployment.yaml
│   ├── redis-master-service.yaml
│   ├── redis-slave-deployment.yaml
│   └── redis-slave-service.yaml
└── overlay
    ├── production-aliyun
    │   ├── frontend-deployment.yaml
    │   └── kustomization.yaml
    └── production-idc
        ├── frontend-deployment.yaml
        └── kustomization.yaml
```

❑ base 目录：包含基础配置文件，是应用的公共配置部分，不同版本的应用都会基于此目录文件进行修改和使用。当对基本配置进行修改的时候，所有的应用模板都会被修改。可以类比 Docker 的基础镜像进行理解。

❑ overlay 目录：包含多个文件夹，每个文件夹表示一个版本配置。在 kustomization.yaml 文件中指定依赖的 base 配置模板路径以及用于在 base 模板基础上进行定制化配置的文件。overlay 模板代表了不同用户使用的不同配置版本，实现了配置模板的可扩展性以及对于应用模板进行版本管理的能力。

在 base/kustomization.yaml 中，我们可以指定应用部署时包含或者排除了哪些编排文件，内容如下所示。

```
resources:
 - frontend-deployment.yaml
 - frontend-service.yaml
 - redis-master-deployment.yaml
 - redis-master-service.yaml
 - redis-slave-deployment.yaml
 - redis-slave-service.yaml
```

Kustomize 会将 overlay 层与 base 层的编排进行比较和合并，生成最终的应用编排模板。overlays/production-aliyun 和 overlays/production-idc 目录下分别定义了 patches 模板 frontend-deployment.yaml（我们可以称之为补丁文件）以及定义合并策略等配置的 kustomization.yaml，查看 overlays/production-aliyun/fronend-deployment.yaml，内容如下所示。

```
apiVersion: apps/v1
kind: Deployment
metadata:
  name: frontend
spec:
  template:
    spec:
      containers:
        - name: php-redis
          image: registry.cn-hangzhou.aliyuncs.com/haoshuwei24/frontend:v1
          env:
            - name: REGION
              value: cn-beijing
```

查看 overlays/production-idc/frontend-deployment.yaml，内容如下所示。

```
apiVersion: apps/v1
kind: Deployment
metadata:
  name: frontend
spec:
  template:
    spec:
      containers:
        - name: php-redis
          image: registry.cn-hangzhou.aliyuncs.com/haoshuwei24/frontend:v1
          env:
            - name: REGION
              value: cn-hangzhou
```

kustomization.yaml 中定义了需要引用 base 层编排的相对路径以及与 base 层中 frontend-deployment.yaml 资源进行合并的策略 patchesStrategicMerge，如下所示。

```
bases:
 - ../../base
patchesStrategicMerge:
 - frontend-deployment.yaml
```

patchesStrategicMerge 是列表中每个条目都应能解析为 Kubernetes 对象的策略性合并补丁，其余 Kustomize 功能特性选项如表 6-1 所示。

表 6-1　Kustomize 功能特性选项

字段	类型	解　释
namespace	string	为所有资源添加命名空间
namePrefix	string	此字段的值将被添加到所有资源名称的前面
nameSuffix	string	此字段的值将被添加到所有资源名称的后面
commonLabels	map[string]string	要添加到所有资源中的标签
commonAnnotations	map[string]string	要添加到所有资源中的注解
resources	[]string	列表中的每个条目都必须能解析为现有的资源配置文件
configmapGenerator	[]ConfigMapArgs	列表中的每个条目都会生成一个 ConfigMap
secretGenerator	[GeneratorOptions	更改所有 ConfigMap 和 Secret 生成器的行为
bases	[]string	列表中每个条目都应能解析为一个包含 kustomization.yaml 文件的目录
patchesStrategicMerge	[]string	列表中每个条目都应能解析为某 Kubernetes 对象的策略性合并补丁
patchesJson6902	[]json6902	列表中每个条目都应能解析为一个 Kubernetes 对象和一个 JSON 补丁
vars	[]var	每个条目都能解析成一个参数配置
images	[]image	每个条目都用来更改镜像的名称、标记和摘要，不必生成补丁
configurations	[]string	列表中的每个条目都能解析为一个包含 Kustomize 转换器配置的文件
crds	[]string	列表中的每个条目都能解析为 Kubernetes 类别的 OpenAPI 定义文件

使用以下命令可以查看 Kustomize 编排后部署到生产集群 production-aliyun 的应用模板，如下所示。

```
$ kustomize build overlay/production-aliyun/
...
---
apiVersion: apps/v1
kind: Deployment
metadata:
  labels:
    app: guestbook
  name: frontend
spec:
  ...
    spec:
      containers:
      - env:
        - name: GET_HOSTS_FROM
          value: dns
        - name: REGION
          value: cn-beijing
        image: registry.cn-hangzhou.aliyuncs.com/haoshuwei24/frontend:v1
```

```
          imagePullPolicy: Always
          ....
---
...
```

Kustomize 工具编排后部署到生产集群 `production-idc` 的应用模板如下所示。

```
$ kustomize build overlay/production-idc/
...
---
apiVersion: apps/v1
kind: Deployment
metadata:
  labels:
    app: guestbook
  name: frontend
spec:
  ...
    spec:
      containers:
      - env:
        - name: GET_HOSTS_FROM
          value: dns
        - name: REGION
          value: cn-hangzhou
        image: registry.cn-hangzhou.aliyuncs.com/haoshuwei24/frontend:v1
        imagePullPolicy: Always
        ....
---
...
```

登录 https://kubernetes-sigs.github.io/kustomize/ 可以获取更多 Kustomize 的功能特性和用法。

6.4　本章小结

本章从 Kubernetes 云原生应用的编排技术入手，介绍了 Helm 和 Kustomize 两种编排工具的使用方法。

本章首先回顾了 Helm 的发展经历，然后使用 Helm 和 Harbor 搭建了私有 Helm 仓库，并以 Guestbook 应用为例实践了如何在多云 / 混合云多集群环境下简单、高效地对应用进行定制化编排和部署。此外，本章还介绍了 Kustomize 工具的一些项目背景和使用方式，同样以 Guestbook 应用为例实践了多云 / 混合云多集群环境下应用的定制化编排和部署。目前，Helm 应用编排在用户群体中的使用最广泛，Kustomize 更贴近 Kubernetes 原生的编排方式，不需要借助第三方编排工具，读者可以根据需求和喜好进行选择。

应用统一管理和交付——Argo CD

随着云原生技术的普及和落地,越来越多的云原生应用被部署到生产环境中,云原生应用通常基于云的分布式部署模式,可能是由多个功能组件互相调用提供完整服务的,因此每个组件都有独立的迭代流程和计划。在这种情况下,功能组件越多,意味着应用的发布管理越复杂,如果没有一个好的方案或者系统来管理复杂应用的交付及生命周期,业务将会面临非常大的风险。尤其是在多云 / 混合云多集群的复杂场景下,如何高效管理云原生应用是一个新的命题。本章主要介绍开源应用生命周期管理和应用交付管理系统Argo CD。

7.1 Argo CD 概述

Argo CD 是一款用于 Kubernetes 的声明式 GitOps 持续交付工具,具备优秀的多集群应用生命周期管理能力。在多云 / 混合云多集群环境下,Argo CD 可以帮助用户统一部署、管理和监控应用。

Argo CD 是 Intuit 公司的应用开发团队设计的,Intuit 公司是大型企业软件和 SaaS 供应商,有成千上万的应用开发者聚集在这样一个大的组织中,他们迫切需要一个全面支持基于角色的访问控制,支持多目标集群和多源码仓库并具有一定应用自治运维能力的系统,Argo CD 就是为了满足这些需求而设计的。Argo CD 应用管理的理念是,应用的定义、配置、部署环境都应该是声明式且可以进行版本控制的;应用的部署和生命周期管理都应该是自动化、可审计且易于理解的。

7.1.1　Argo CD 的核心概念

下面介绍 Argo CD 的核心概念。

❑ Application（应用）：一组 Kubernetes 资源清单的统一定义，属于 CRD（Custom Resource Definition，定制资源定义）资源。

❑ Application source type（应用的源仓库类型）：目前 Argo CD 支持 Git 和 Helm 两种源仓库类型。

❑ Target state（目标状态）：用户在源仓库中声明的应用状态。

❑ Live state（实时状态）：当前环境中应用的实际运行状态。

❑ Sync status（同步状态）：应用的实际运行状态与声明的目标状态是否一致，OutOfSync 表示未同步，Synced 表示已同步。

❑ Sync（同步或部署）：使应用更新为目标状态的过程，如下发 Kubernetes 应用到集群的过程。

❑ Repository（源码仓库）：配置连接源码仓库需要提供仓库地址、仓库类型、仓库访问凭证等信息。

❑ Credentials（访问凭证）：用于访问源码仓库的凭证。

❑ Clusters（集群）：配置可以连接和管理的 Kubernetes 集群。

7.1.2　Argo CD 架构设计与工作原理

Argo CD 本质上是一个 Kubernetes Operator，设计和定义了一系列 Kubernetes CRD 描述的自定义资源。Argo CD 会持续监听当前应用的运行状态并对比当前应用运行态与 Git 仓库中声明态的区别，当被监听的应用运行态与声明态有差异时，Argo CD 会在 UI 页面上可视化展示差异部分，同时提供手动或者自动同步应用至所需目标状态的选项设置。如果你在 Git 仓库中对目标状态做了任何修改，Argo CD 都可以自动将修改同步部署到指定目标环境中。从功能上看，Argo CD 包括以下主要功能。

❑ 自动部署应用到指定目标集群上。

❑ 支持多种应用配置或编排工具，如 Kustomize、Helm、Ksonnet 等。

❑ 支持在多集群环境中管理和部署应用。

❑ 支持多种单点登录方式的集成，如 OICD、OAuth2、LDAP、SAML 2.0、GitHub、GitLab 等。

❑ 支持多租户和基于角色访问控制（RBAC）的身份验证。

❑ 回滚应用到指定的历史版本。

❑ 应用资源的健康状态分析。

❑ 自动化和可视化检测应用状态的差异。

❑ 支持自动化或手动同步策略。

❑ Web UI 界面可以展示应用实时运行状态。

❑ 提供 CLI 用于第三方工具持续集成。

❑ 集成 Webhook，如 GitHub、GitLab 或 BitBucket。

❑ 提供用于远程访问或触发的令牌功能。

❑ 提供 PreSync、Sync、PostSync 等钩子能力，帮助用户更好地处理复杂的应用发布，如蓝绿发布、金丝雀发布等。

❑ 支持应用事件或者 API 调用的审计和跟踪。

❑ 支持 Prometheus 指标采集。

❑ 支持 ksonnet/helm 类型应用编排的参数覆盖。

Argo CD 架构主要由 3 个组件组成，如图 7-1 所示，下面进行详细介绍。

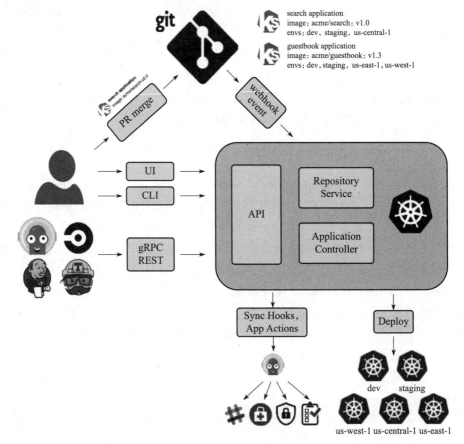

图 7-1　Argo CD 架构[○]

○　图片来源：https://argoproj.github.io/argo-cd/assets/argocd_architecture.png。

1. API Server 组件

Argo CD 的 API Server 是一个 gRPC/REST 风格的 API 组件，暴露出来的 API 用于 Web UI、CLI 或者其他 CI/CD 系统调用，主要负责以下工作。

❑ 管理应用和上报应用状态。

❑ 执行与应用管理相关的操作，如同步操作、回滚操作等。

❑ 管理源码仓库或集群访问凭证（将其保存为 Kubernetes 集群中的 Secret 资源）。

❑ 对外部身份提供者进行身份验证以及委派身份。

❑ 执行基于角色的访问权限控制策略。

❑ 监听和转发 Git webhook 事件。

2. Repository Server 组件

Argo CD 的 Repository Server 是一个内部服务组件，负责维护从 Git 仓库中拉取的应用编排文件的本地缓存。Repository Server 会基于用户提供的以下信息，生成应用的 Kubernetes 资源清单。

❑ 仓库地址：如 https://github.com/haoshuwei/appcenter-samples.git。

❑ 修订版本：如 master 分支（还支持 commit id、tag 等）。

❑ 应用路径：如指定子目录 examples/demo。

❑ 应用模板相关参数设置：如 helm 类型应用的 values.yaml 文件的设置。

3. Application Controller 组件

Argo CD 的 Application Controller 是一个标准的 Kubernetes CRD 组件，持续监听应用的实时运行状态并与 Git 仓库中声明的期望状态进行对比，如果有不一致的状态，会根据用户设置的同步策略决定是否自动修复应用。

7.2　Argo CD 的安装和配置

本节将介绍如何安装和访问 Argo CD。本节示例中 Argo CD 的版本为 1.7.3，访问 Argo CD 社区（https://github.com/argoproj/argo-cd）可以获取更多版本信息。

7.2.1　安装 Argo CD

单独为 Argo CD 创建命名空间 argocd，命令如下所示。

```
$ kubectl create namespace argocd
namespace/argocd created
```

使用以下命令将 Argo CD 部署到 argocd 命名空间下。

```
$ kubectl apply -n argocd -f https://raw.githubusercontent.com/argoproj/argo-
  cd/stable/manifests/install.yaml
```

```
customresourcedefinition.apiextensions.k8s.io/applications.argoproj.io created
customresourcedefinition.apiextensions.k8s.io/appprojects.argoproj.io created
serviceaccount/argocd-application-controller created
serviceaccount/argocd-dex-server created
serviceaccount/argocd-server created
role.rbac.authorization.k8s.io/argocd-application-controller created
role.rbac.authorization.k8s.io/argocd-dex-server created
role.rbac.authorization.k8s.io/argocd-server created
clusterrole.rbac.authorization.k8s.io/argocd-application-controller created
clusterrole.rbac.authorization.k8s.io/argocd-server created
rolebinding.rbac.authorization.k8s.io/argocd-application-controller created
rolebinding.rbac.authorization.k8s.io/argocd-dex-server created
rolebinding.rbac.authorization.k8s.io/argocd-server created
clusterrolebinding.rbac.authorization.k8s.io/argocd-application-controller created
clusterrolebinding.rbac.authorization.k8s.io/argocd-server created
configmap/argocd-cm created
configmap/argocd-gpg-keys-cm created
configmap/argocd-rbac-cm created
configmap/argocd-ssh-known-hosts-cm created
configmap/argocd-tls-certs-cm created
secret/argocd-secret created
service/argocd-dex-server created
service/argocd-metrics created
service/argocd-redis created
service/argocd-repo-server created
service/argocd-server-metrics created
service/argocd-server created
deployment.apps/argocd-application-controller created
deployment.apps/argocd-dex-server created
deployment.apps/argocd-redis created
deployment.apps/argocd-repo-server created
deployment.apps/argocd-server created
```

查看 Argo CD 所有 Deployment 部署的运行状态，如下所示。

```
$ kubectl -n argocd get deployment
NAME                             READY   UP-TO-DATE   AVAILABLE   AGE
argocd-application-controller    1/1     1            1           2m41s
argocd-dex-server                1/1     1            1           2m41s
argocd-redis                     1/1     1            1           2m41s
argocd-repo-server               1/1     1            1           2m41s
argocd-server                    1/1     1            1           2m41s
```

Argo CD 中每个 Deployment 部署的职责如下所示。

❑ argocd-application-controller：Application Controller 组件。

❑ argocd-dex-server：Argo CD 集成 Dex service 用于将身份验证委托给外部提供者，更多关于 Dex 的介绍请访问 Dex 社区（https://github.com/dexidp/dex）进行了解。

❑ argocd-redis：Argo CD 集成 Redis 服务，用于临时缓存，缓存丢失并不会影响 Argo CD 的正常工作。

❑ argocd-repo-server：Repository Server 组件。

❑ argocd-server：API Server 组件。

7.2.2　Argo CD 的访问方式

用户可以使用 Web UI 或者 CLI 方式访问 Argo CD。

1. 使用 CLI 访问 Argo CD

下载并安装 Argo CD CLI 工具，Linux 系统和 Mac OS 系统下对应不同的二进制可执行文件。

Linux 系统安装命令如下所示。

```
$ VERSION=$(curl --silent "https://api.github.com/repos/argoproj/argocd/
  releases/latest" | grep '"tag_name"' | sed -E 's/.*"([^"]+)".*/\1/')

$ curl -sSL -o /usr/local/bin/argocd https://github.com/argoproj/argocd/
  releases/download/$VERSION/argocd-linux-amd64

$ chmod  +x /usr/local/bin/argocd
```

Mac OS 系统安装命令如下所示。

```
$ VERSION=$(curl --silent "https://api.github.com/repos/argoproj/argocd/
  releases/latest" | grep '"tag_name"' | sed -E 's/.*"([^"]+)".*/\1/')

$ curl -sSL -o /usr/local/bin/argocd https://github.com/argoproj/argocd/
  releases/download/$VERSION/argocd-darwin-amd64

$ chmod +x /usr/local/bin/argocd
```

使用以下命令检查 CLI 是否正常执行。

```
$ argocd version
argocd: v1.7.4+f8cbd6b
  BuildDate: 2020-09-05T02:44:27Z
  GitCommit: f8cbd6bf432327cc3b0f70d23b66511bb906a178
  GitTreeState: clean
  GoVersion: go1.14.1
  Compiler: gc
  Platform: linux/amd64
FATA[0000] Argo CD server address unspecified
```

CLI 访问 Argo CD 之前需要使用用户名和密码进行登录，默认的内置用户名是 admin，初始密码为 Argo CD API Server Pod 的名字，可以使用如下命令获取初始密码。

```
$ kubectl get pods -n argocd -l app.kubernetes.io/name=argocd-server -o name |
  cut -d'/' -f 2
argocd-server-cf8dbb7bd-n5zrv
```

获取 Argo CD API Server 服务访问端点，命令如下所示。

```
$ kubectl get svc -n argocd -l app.kubernetes.io/name=argocd-server |grep
  argocd-server
argocd-server   ClusterIP   172.27.8.59    <none>         80/TCP,443/TCP    26m
```

使用用户名密码登录 Argo CD 系统。

```
$ argocd login 172.27.8.59
WARNING: server certificate had error: x509: cannot validate certificate for
  172.27.8.59 because it doesn't contain any IP SANs. Proceed insecurely (y/n)? y
Username: admin
Password:
'admin' logged in successfully
Context '172.27.8.59' updated
```

再次使用 Argo CD CLI 命令查看客户端和服务端的版本信息，若都能正确输出信息则说明客户端和服务端正常工作。

```
$ argocd version
argocd: v1.7.4+f8cbd6b
  BuildDate: 2020-09-05T02:44:27Z
  GitCommit: f8cbd6bf432327cc3b0f70d23b66511bb906a178
  GitTreeState: clean
  GoVersion: go1.14.1
  Compiler: gc
  Platform: linux/amd64
argocd-server: v1.7.3+b4c79cc
  BuildDate: 2020-09-01T23:19:02Z
  GitCommit: b4c79ccb88173604c3786dcd34e83a9d7e8919a5
  GitTreeState: clean
  GoVersion: go1.14.1
  Compiler: gc
  Platform: linux/amd64
  Ksonnet Version: v0.13.1
  Kustomize Version: {Version:kustomize/v3.6.1 GitCommit:c97fa946d576eb6ed559f
    17f2ac43b3b5a8d5dbd BuildDate:2020-05-27T20:47:35Z GoOs:linux GoArch:amd64}
  Helm Version: version.BuildInfo{Version:"v3.2.0", GitCommit:"e11b7ce3b12db29
    41e90399e874513fbd24bcb71", GitTreeState:"clean", GoVersion:"go1.13.10"}
  Kubectl Version: v1.17.8
```

使用以下命令可以更新 Argo CD 系统中 admin 用户的密码。

```
$ argocd account update-password
*** Enter current password:
*** Enter new password:
*** Confirm new password:
Password updated
Context '172.27.8.59' updated
```

Argo CD 默认只支持 admin 用户登录访问，更多关于 Argo CD 用户管理的内容请阅读

7.3.1 节。

2. 使用 Web UI 访问 Argo CD

安装 Argo CD 后，API Server 默认使用 Kubernetes 内部服务类型 ClusterIP，如果想从 Kubernetes 集群外部访问 API Server，则需要执行以下命令将服务类型改为 LoadBalancer。

```
$ kubectl patch svc argocd-server -n argocd -p '{"spec": {"type": "LoadBalancer"}}'
service/argocd-server patched
```

或执行以下命令将服务类型改为 NodePort。

```
$ kubectl patch svc argocd-server -n argocd -p '{"spec": {"type": "NodePort"}}'
service/argocd-server patched
```

在浏览器中访问 Argo CD。使用用户名和密码登录后，直接跳转到应用面板。

7.2.3　卸载 Argo CD

如果想从集群中卸载 Argo CD，执行以下命令可删除 Argo CD 的所有资源。

```
$ kubectl delete -n argocd -f https://raw.githubusercontent.com/argoproj/argo-
  cd/stable/manifests/install.yaml
```

```
$ kubectl delete ns argocd
```

7.3　用户管理

成功安装 Argo CD 后，默认内置一个拥有整个系统访问权限的 admin 用户。在实际生产环境中，推荐使用本地用户或者配置集成 SSO，admin 用户只用于进行 Argo CD 的初始化配置。

7.3.1　本地用户

Argo CD 系统支持配置本地用户登录系统，本地用户通常有以下两种使用场景。

❑ 提供验证令牌，用于自动化管理操作。可以将本地用户作为专门用于 API 调用的账户，授予其指定权限并生成身份验证令牌，这个令牌可用于自动化创建应用等操作。

❑ 为团队成员提供简便的用户登录方式。若团队成员很少，可以为团队成员快速创建本地用户。需要注意的是，本地用户不具备分组、登录历史记录等高级特性，如果需要这些特性，建议使用集成 SSO。

1. 创建本地用户

Argo CD 使用名为 argocd-cm 的 ConfigMap 保存本地用户信息，目前 Web UI 和 CLI 均没有提供创建本地用户的接口，需要用户编辑 ConfigMap 自行添加。例如我们创建本地用户 user01 和 user02，则 ConfigMap 的 YAML 格式编排如下。

```
$ cat <<EOF > local-users-cm.yaml
apiVersion: v1
kind: ConfigMap
metadata:
  name: argocd-cm
  namespace: argocd
  labels:
    app.kubernetes.io/name: argocd-cm
    app.kubernetes.io/part-of: argocd
data:
  accounts.user01: apiKey, login
  accounts.user01.enabled: "true"
  accounts.user02: apiKey
  accounts.user02.enabled: "false"
EOF
```

配置项说明如下。

❑ accounts.user01: apiKey,login，表示本地用户 user01 拥有生成 API Key 和登录 Web UI 的权限。

❑ accounts.user01.enabled: "true"，表示本地用户 user01 默认生效。

❑ accounts.user02: apiKey，表示本地用户 user02 只拥有生成 API Key 的权限，不允许登录 Web UI。

❑ accounts.user02.enabled: "false"，表示本地用户 user02 默认不生效。

执行以下命令创建本地用户。

```
$ kubectl -n argocd apply -f local-users-cm.yaml
configmap/argocd-cm configured
```

2. 管理本地用户

Argo CD 的 CLI 提供了一系列本地用户管理命令，可以为本地用户设置或更新密码以及生成令牌。

首先使用 admin 用户登录并获取 API Server 的访问权限。

```
$ argocd login 172.27.8.59
WARNING: server certificate had error: x509: cannot validate certificate for
  172.27.8.59 because it doesn't contain any IP SANs. Proceed insecurely (y/n)? y
Username: admin
Password:
'admin' logged in successfully
Context '172.27.8.59' updated
```

使用如下命令获取当前系统的本地用户列表。

```
$ argocd account list
```

```
NAME     ENABLED    CAPABILITIES
admin    true       login
user01   true       apiKey, login
user02   false      apiKey
```

获取指定本地用户的详细信息，代码如下所示。

```
$ argocd account get --account user01
Name:               user01
Enabled:            true
Capabilities:       apiKey, login

Tokens:
NONE
```

为本地用户设置密码的命令及参数格式如下所示。

```
$ argocd account update-password \
  --account <name> \
  --current-password <current-admin> \
  --new-password <new-user-password>
```

其中 <current-admin> 表示当前 admin 用户的密码，<new-user-password> 表示为本地用户设置的密码，更新本地用户 user01 的密码，如下所示。

```
$ argocd account update-password --account user01
*** Enter current password:
*** Enter new password:
*** Confirm new password:
Password updated
```

为本地用户 user01 生成认证令牌，如下所示。

```
$ argocd account generate-token --account user01
eyJhbGciOiJIUzI1NiIsInR5cCI6IkpXVCJ9.eyJqdGkiOiIxZmZhZTJjNy1hOGIyLTQ3MWUtOGY2
  Ny1jNjgxNTY0ZDQyYmMiLCJpYXQiOjE2MDAyNDE3MDMsImlzcyI6ImFyZ29jZCIsIm5iZiI6MTYw
  MDI0MTcwMywic3ViIjoidXNlcjAxIn0.isI_mR5ZS61q1A5g_9sJ65lkO1dSI1ZLf09toyMjPcA
```

7.3.2　集成 SSO

Argo CD 支持两种方式的 SSO 配置：默认安装 Dex OIDC 提供器和其他 OIDC 提供器（如 Okta、Keycloak）。OIDC（OpenID Connect）在 OAuth2 的基础上构建了一个身份层，是一个基于 OAuth2 协议的身份认证标准。

无论在 Kubernetes 集群中还是 Argo CD 系统中，通过不记名令牌（Bear Token）识别用户是一种相对安全又被客户端广泛支持的认证策略。不记名令牌代表以某种身份访问某种资源的权利，任何获得该令牌的访问者，都会被认为具有对应的身份和访问权限。Argo CD 接受和识别的身份令牌（ID Token）就是一种不记名令牌，身份令牌本身记录着一个权威机构对用户身份的认证声明，同时还包含对这个用户授予权限的声明。那么想要获取一个身份令牌，就需要通过一个权威机构的身份认证流程，OIDC 就是这样一套认证、授权身份令牌的协议。

Dex 是 Argo CD 默认捆绑安装的 OIDC 提供器。Argo CD 会借助 Dex 的能力将身份验证委托给一个外部身份提供器，外部身份提供器支持 OIDC、SAML、LDAP、GitHub 等多种类型。

下面是一个使用 GitHub（OAuth2）配置 Argo CD SSO 的示例，配置步骤同样适用于其他类型的身份提供器。

1. 在 GitHub 上注册 OAuth 应用

在 GitHub 上依次点击 Settings → Developer settings → OAuth Apps → New OAuth App 进入注册 OAuth 应用页面，如图 7-2 所示。其中 callback URL 是 Argo CD 的访问端点加上路径 /api/dex/callback，例如 https://192.168.0.241:30462/api/dex/callback。

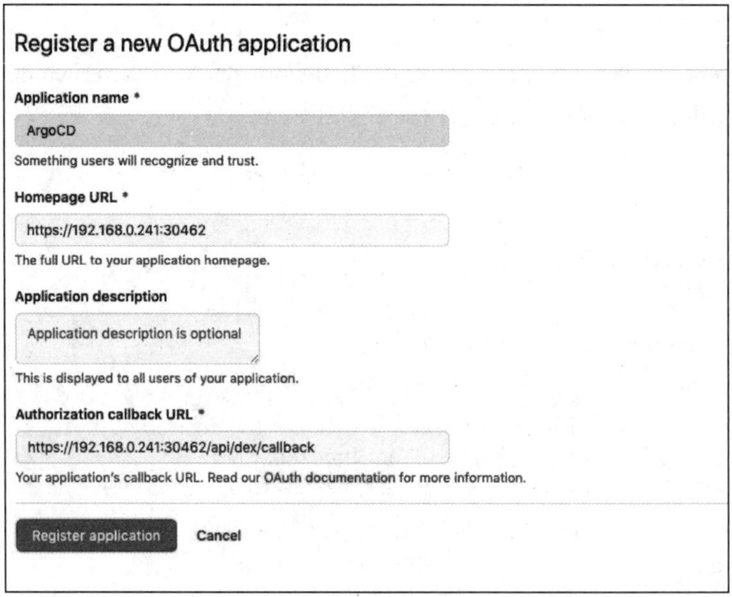

图 7-2　注册 OAuth 应用

注册成功后会生成一个 OAuth2 的 Client ID 和 Client Secret，如图 7-3 所示，这两个值在 Argo CD 的 SSO 配置中会用到。

2. 在 Argo CD 中配置 SSO

Argo CD 通过名为 `argocd-cm` 的 ConfigMap 配置 SSO，我们可以使用 kubectl-n argocd edit cm argocd-cm 命令编辑 argocd-cm，内容如下所示。

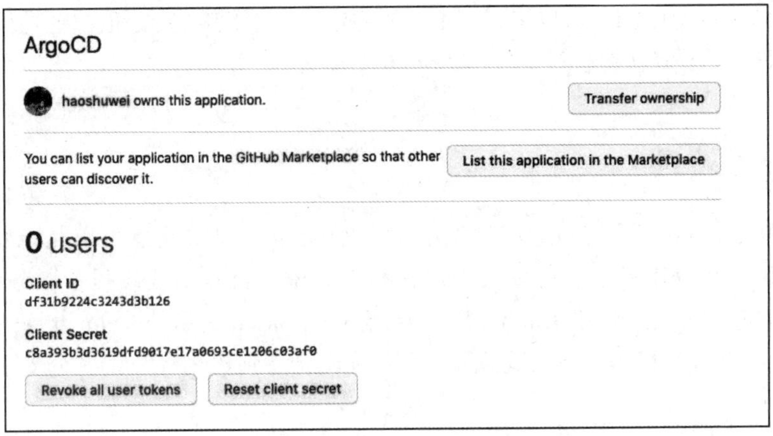

图 7-3　获取 OAuth 应用生成的 Client ID 和 Client Secret

```
apiVersion: v1
data:
  dex.config: |
    connectors:
      - type: github
        id: github
        name: GitHub
        config:
          clientID: df31b9224c3243d3b126
          clientSecret: c8a393b3d3619dfd9017e17a0693ce1206c03af0
  url: https://192.168.0.241:30462
kind: ConfigMap
metadata:
  labels:
    app.kubernetes.io/name: argocd-cm
    app.kubernetes.io/part-of: argocd
  name: argocd-cm
  namespace: argocd
```

配置项说明如下所示。

❑ url：https://192.168.0.241:30462，Argo CD 的服务访问端点。

❑ dex.config：在 dex 配置文件中添加 GitHub connector 配置（更多详细配置请访问 https://github.com/dexidp/dex/blob/master/Documentation/connectors/github.md），包括我们在前面章节中生成的 ClientID 和 ClientSecret 信息。

❑ connectors.config.orgs：如果想配置 GitHub 中某个组织下的成员使用 Argo CD，则可以添加 orgs 配置，如下所示。

```
config:
  orgs:
  - name: your-github-org
```

再次访问 Argo CD UI，可以看到一个 LOGIN VIA GITHUB 按钮。

点击"登录"并确认授权后，进入 Argo CD 系统。

7.4 源仓库管理

Argo CD 支持 Git 类型和 Helm 类型的源仓库，Git 类型源仓库可以是托管的 GitHub、GitLab、BitBucket 等服务，也可以是用户在私有环境中自建的代码托管服务，Helm 类型源仓库支持 index based 类型的 Helm 仓库，对于 OCI based 类型的 Helm 仓库，在撰写本书时，因为 Helm OCI 功能尚处于实验阶段，所以尚未合并到 Argo CD 的主分支中。

7.4.1 Git 类型源仓库管理

在现代软件项目中，代码版本控制系统是项目配置管理不可或缺的一部分，甚至可以说是核心工具，它的主要任务就是帮助用户追踪文件的变更，无论是应用源代码还是相关帮助文档，都可以且应该被版本控制系统管理起来，以方便用户追踪和查看整个项目或者系统的变更和演进。版本控制系统的另一个重要作用就是方便开发团队对项目进行协同开发，使得开发者能够在本地完成开发并最终通过版本控制系统将各个开发者的工作合并到同一个远程分支进行管理。

Git 是目前业界最流行的版本控制系统，越来越多的团队和开源贡献者选择 Git 管理项目代码。Argo CD 支持使用 HTTPS 或者 SSH 的方式连接一个 Git 仓库。Git 源仓库可能是一个公共仓库，也可能是私有仓库，又或者在搭建 Git 服务器时使用了自签发证书，不同的 Git 源仓库需要与之相对应的参数配置，让我们先从添加 Git 源仓库开始入手。

1. 使用 HTTPS 方式连接 Git 源仓库

在 Argo CD 中添加一个 Git 类型源仓库，至少要指定源仓库的 URL 地址和源仓库在 Argo CD 系统中的名称，对于托管的 Git 源仓库（例如 GitHub、GitLab 等），如果是公共权限的仓库，则可以使用如下命令添加。

```
$ argocd repo add https://github.com/haoshuwei/book-examples.git  --name
  https-github-public --type git
```

--type 的值只有 git 和 helm 两个选项，默认情况下为 git。

对于大部分个人开发者来说，在托管的 GitHub 或者 GitLab 上创建一个私有权限的源仓库是非常方便的。这时，如果你想使用 HTTPS 方式连接一个私有权限的 Git 源仓库，就需要提供用户名和密码。

```
$ argocd repo add https://github.com/haoshuwei/book-examples-private.git  --name
  https-github-private --type git --username <USERNAME> --password <PASSWORD>
```

对于大部分企业用户来说，考虑到安全合规等因素，会选择在内部自有环境下搭建 Git

源仓库服务器，搭建的 Git 源仓库服务器并不会暴露到公网环境，通常会选择使用自签发的证书，那么在配置连接 Git 源仓库时还需要配置 TLS 客户端证书，如下所示。

```
$ argocd repo add https://git.examples.com/haoshuwei/book-examples.git --name
  https-git-private --type git --username <USERNAME> --password <PASSWORD> --tls-
  client-cert-path <CERT FILE PATH> --tls-client-cert-key-path <KEY FILE PATH>
```

当然，相对于公网环境，企业内部环境会安全很多，所以也可以根据需要跳过服务端 TLS 验证，如下所示。

```
$ argocd repo add https://git.examples.com/haoshuwei/book-examples.git --name
  https-git-private --type git --username <USERNAME> --password <PASSWORD>
  --insecure-skip-server-verification
```

2. 使用 SSH 连接 Git 源仓库

请先在 Git 服务器端配置公钥。使用 SSH 协议添加 Git 仓库需要配置与公钥配对的私钥信息，如下所示。

```
$ argocd repo add git@git.examples.com:haoshuwei/book-examples --ssh-private-
  key-path ~/id_rsa
```

添加 --insecure-skip-server-verification 字段可以跳过 Git 服务器端的主机密钥检查，如下所示。

```
$ argocd repo add git@git.examples.com:haoshuwei/book-examples --ssh-private-
  key-path ~/id_rsa --insecure-skip-server-verification
```

如果 Git Server 暴露的服务端口不是 SSH 进程默认的 22 端口，那么就必须使用 ssh:// 格式的 Git 源仓库连接地址，例如添加地址为 ssh://git.examples.com:2222:haoshuwei/book-examples 的 Git 源仓库命令如下所示。

```
$ argocd repo add ssh://git.examples.com:2222:haoshuwei/book-examples --ssh-
  private-key-path ~/id_rsa
```

3. 使用 UI 添加 Git 类型源仓库

除了使用 CLI 工具，我们也可以使用 UI 页面添加一个 Git 类型的源仓库。两者相比较而言，CLI 的功能更完备一些。

在 Argo CD 系统首页通过导航栏进入 Settings/Repositories。点击 CONNECT REPO USING HTTPS 按钮并依次输入仓库地址和用户名、密码等访问凭证。

点击 CONNECT 按钮，Argo CD 会先检查配置的用户名及密码是否正确，如果正确则添加源仓库，否则返回错误信息 Unable to connect HTTPS repository: authentication required。在源仓库管理页面，我们可以看到所有添加成功的源仓库列表及其基本信息和连接状态。

7.4.2 Helm 类型源仓库管理

Helm 是 Kubernetes 生态系统的软件包管理工具。对于应用发布者而言，可以通过 Helm 打包应用、管理应用依赖关系、管理应用版本并发布到 Helm 仓库中。

Helm 仓库本质上是一个文件服务器，可以保存应用的 Helm Chart 压缩包供用户下载，还包含一个 index.html 用于描述 Helm 仓库所有 Chart 包的索引。基于 index 文件的 Helm 仓库目录结构如下。

```
charts/
  |
  |- index.yaml
  |
  |- nginx-1.7.9.tgz
  |
  |- nginx-1.9.2.tgz
```

Helm 提供了一个开源的托管 Chart 库服务 ChartMuseum，支持多种云存储后端，例如使用阿里云 OSS Bucket（存储空间）作为存储后端创建 ChartMuseum 服务。对于企业用户来说，使用开源 Harbor（https://github.com/goharbor/harbor）可以管理 Helm Chart，有关使用 Harbor 搭建私有 Helm Repository 的方法，请参考 6.2.4 节的内容。

1. 使用 HTTPS 方式连接 Helm 源仓库

Helm 类型源仓库只支持 HTTPS 方式连接，以托管在 https://apphub.aliyuncs.com 上的公共 Helm 仓库为例，将其添加到 Argo CD 系统的命令如下所示。

```
$ argocd repo add https://apphub.aliyuncs.com --type helm --name apphub
```

如果你使用的是自建 Helm 仓库，则需要使用以下命令配置用户名密码以及客户端 TLS 证书。

```
$ argocd repo add https://helm.examples.com --username <USERNAME> --password
  <PASSWORD> --tls-client-cert-path <CERT FILE PATH> --tls-client-cert-key-
  path <KEY FILE PATH>
```

与 7.4.1 节中的 Git 源仓库类似，我们也可以选择跳过服务端 TLS 验证。

```
$ argocd repo add https://helm.examples.com --username <USERNAME> --password
  <PASSWORD> --insecure-skip-server-verification
```

2. 使用 UI 添加 Helm 类型源仓库

除了使用 CLI 工具，我们也可以使用 UI 页面添加一个 Helm 类型的源仓库。与 Git 类型源仓库类似，通过以下步骤添加 Helm 源仓库。

在 Argo CD 系统首页通过导航栏进入 Settings/Repositories。点击 CONNECT REPO USING HTTPS 按钮并选择仓库类型为 helm，填写仓库名称和仓库地址。

点击 CONNECT 按钮，Argo CD 会先检查添加的 Helm 源仓库是否可以正确访问，如果成功则继续添加源仓库，如果失败则返回错误信息 Unable to connect HTTPS repository: authentication required。

7.4.3 存储位置

在 Argo CD 系统中添加一个 Git 或者 Helm 类型的源仓库，需要为其配置源仓库地址、仓库类型、用户名密码或者 TLS 客户端证书等。对于一个已经添加完毕的源仓库，往往会有一些编辑和修改的需求，但 Argo CD 并没有提供对源仓库配置进行编辑和修改的功能。事实上，我们可以直接编辑源仓库的配置文件对其进行更新和修改，那么这些配置都存储在什么位置呢？

在 Kubernetes 系统中，应用的普通配置文件通常以 ConfigMap 的方式保存在 etcd 数据库中，而一些机密信息比如用户名密码或者私钥会以 Secret 的方式保存在 etcd 数据库中。Argo CD 系统也是使用这种方式存储源仓库的相关配置信息，在 argocd 命名空间下名为 argocd-cm 的 ConfigMap 资源中保存了源仓库的主要配置信息，如下所示。

```
$ kubectl -n argocd get cm  argocd-cm -oyaml
apiVersion: v1
data:
  accounts.user01: apiKey, login
  accounts.user01.enabled: "true"
  accounts.user02: apiKey
  accounts.user02.enabled: "false"
  repositories: |
    - name: book-examples
      type: git
      url: https://github.com/haoshuwei/book-examples.git
    - name: book-examples-private
      passwordSecret:
        key: password
        name: repo-3669098136
      type: git
      url: https://github.com/haoshuwei/book-examples-private.git
      usernameSecret:
        key: username
        name: repo-3669098136
    - name: apphub
      type: helm
      url: https://apphub.aliyuncs.com
kind: ConfigMap
metadata:
  labels:
    app.kubernetes.io/name: argocd-cm
    app.kubernetes.io/part-of: argocd
  name: argocd-cm
  namespace: argocd
```

可见，对于公开权限的源仓库，Argo CD 只需保存其 url 和 type 以及在 Argo CD 中的名称标识 name，对于私有权限的源仓库，会引用一个名为 repo-xxxxxxxxxx 的 Secret 保存机密信息。用户也可以直接使用 kubectl -n argocd edit cm argocd-cm 命令对其进行编辑、修改和更新。

7.5 集群管理

当我们决定采用 Kubernetes 容器管理平台时，最终可能都会运行和维护多个 Kubernetes 集群。有些 Kubernetes 集群作为应用的生产环境，有些作为质量检查环境，还有一些作为开发环境。在多数情况下，一方面我们希望能将应用程序部署到上述集群上，另一方面应用程序每周甚至每天都会更新迭代和部署多次。

在云原生多云 / 混合云云架构下，用户可能同时在线上和线下运维多个 Kubernetes 集群，也必然存在多个集群部署、更新以及管理应用程序生命周期的问题。

Argo CD 在安装部署完毕后，会自动将当前 Kubernetes 集群添加到集群管理下并命名为 in-cluster，使用以下命令可以查看当前 Argo CD 系统已经管理了哪些集群。

```
$ argocd cluster list
SERVER                NAME          VERSION   STATUS    MESSAGE
https://kubernetes.   in-cluster              Unknown   Cluster has no application
  default.svc                                           and not being monitored.
```

https://kubernetes.default.svc 是 Kubernetes 集群 API Server 的内部访问端点，Argo CD 系统以集群的唯一索引是 SERVER 值，而不是 NAME。

此外，Argo CD 还支持添加外部 Kubernetes 集群，下面介绍如何使用 Argo CD 管理外部集群及其访问权限。

7.5.1 外部集群管理

下面我们通过示例详细了解 Argo CD 管理外部集群的原理。

1. 添加外部集群

使用 Argo CD CLI 命令添加一个外部 Kubernetes 集群，在本示例中，我们使用一个名为 ext-cluster01 的阿里云容器服务集群，集群的连接访问配置文件 kubeconfig-ext-cluster01 内容如下所示。

```
apiVersion: v1
clusters:
- cluster:
    server: https://192.168.0.25:6443
    certificate-authority-data: <certificate-authority-data base64 text>
  name: kubernetes
```

```
contexts:
- context:
    cluster: kubernetes
    user: "kubernetes-admin"
  name: kubernetes-admin-c019b0d6f2c5a49408e8c2d3fb0870fa2
current-context: kubernetes-admin-c019b0d6f2c5a49408e8c2d3fb0870fa2
kind: Config
preferences: {}
users:
- name: "kubernetes-admin"
  user:
    client-certificate-data: <client-certificate-data base64 text>
    client-key-data: <client-key-data base64 text>
```

添加 ext-cluster01 到 Argo CD 进行管理，命令如下所示。

```
$ argocd cluster add kubernetes-admin-c019b0d6f2c5a49408e8c2d3fb0870fa2 --name
  ext-cluster01 --kubeconfig=kubeconfig-ext-cluster01
INFO[0000] ServiceAccount "argocd-manager" created in namespace "kube-system"
INFO[0000] ClusterRole "argocd-manager-role" created
INFO[0000] ClusterRoleBinding "argocd-manager-role-binding" created
Cluster 'https://192.168.0.25:6443' added
```

为了方便管理外部集群，Argo CD 将外部集群的访问凭证保存为 argocd 命名空间下的一个 Kubernetes Secret 资源。在添加集群 ext-cluster01 的过程中，Argo CD 在 argocd 命名空间下生成的 Secret 资源内容如下所示。

```
$ kubectl -nargocd get secret cluster-192.168.0.25-124625075 -oyaml
apiVersion: v1
data:
  config: <config base64 text>
  name: ZXh0LWNsdXN0ZXIwMQ==
  server: aHR0cHM6Ly8xOTIuMTY4LjAuMjU6NjQ0Mw==
kind: Secret
metadata:
  annotations:
    managed-by: argocd.argoproj.io
  labels:
    argocd.argoproj.io/secret-type: cluster
  name: cluster-192.168.0.25-124625075
  namespace: argocd
type: Opaque
```

该 Secret 资源的命名规则为 cluster—xxxxxxxxx，base64 解码后查看 Secret 中记录了集群名称（ext-cluster01）、API Server 地址（https://192.168.0.25:6443）和 TLS 凭证配置信息，配置信息包括 certData、keyData、caData、BearToken 等，本示例中 config 的内容如下所示。

```
{
    "tlsClientConfig": {
        "insecure": false,
        "certData": <cert data base64 text>,
        "keyData": <key data base64 text>,
        "caData": <ca data base64 text>
    }
}
```

可以看到，本示例的 config 中并没有 BearToken 字段信息，这是因为在 Argo CD 1.7.3 中，仅当 certData 或者 keyData 缺失时，BearToken 才会被添加到 Secret 中并用于 Argo CD 服务访问外部集群的凭证。Argo CD 首先使用 kubeconfig-ext-cluster01 文件在集群 ext-cluster01 中创建 Secrets 资源 argocd-manager-token-zf7lg、ServiceAccount 资源 argocd-manager、ClusterRole 资源 argocd-manager-role、ClusterRoleBinding 资源 argocd-manager-role-binding，然后从 ServiceAccount 资源 argocd-manager 关联的 argocd-manager-token-zf7lg 中获取 ext-cluster01 集群的 Kubernetes API BearToken 信息并写入 argocd 命名空间下的 cluster--xxxxxxxx Secret 中。

集群添加完毕后，再次查看集群列表如下所示。

```
$ argocd cluster list
SERVER              NAME          VERSION   STATUS    MESSAGE
https://192.168.0.  ext-cluster01           Unknown   Cluster has no application
   25:6443                                            and not being monitored.
https://kubernetes. in-cluster              Unknown   Cluster has no application
   default.svc                                        and not being monitored.
```

2. 使用 UI 管理集群

相较于 CLI，UI 页面在集群管理上的能力要逊色不少，目前只支持查看已添加集群列表和移除指定集群。通过导航栏进入 Settings/Clusters，查看当前集群列表或选择移除指定集群。

3. 吊销外部集群访问凭证

我们在前面讲到，Argo CD 服务可以使用 keyData、certData 或者 BearToken 的方式访问外部集群的 API 服务器。如果想吊销 Argo CD 服务使用的 TLS Client Config，可以直接使用如下命令移除外部集群，再使用新的 kubeconfig 文件添加集群。

```
$ argocd cluster rm https://your-kubernetes-cluster-addr

$ argocd cluster add <CONTEXT> --name <name> --kubeconfig=<path of kubeconfig>
```

如果想吊销或更换 Argo CD 使用的 BearToken，可以在外部集群的 kube-system 命名空间下删除 Secret 资源 argocd-manager-token-xxxxx。Kubernetes 会自动重新生成另外一个 argocd-manager-token-xxxxx，包含一个全新的 BearToken，这个全新的 BearToken 可以通过运

行 argocd cluster add 命令重新导入 Argo CD 服务，命令如下所示。

```
$ kubectl -n kube-system delete secret argocd-manager-token-XXXXXX

$ argocd cluster add <CONTEXT> --name <name> --kubeconfig=<path of kubeconfig>
```

7.5.2 集群 RBAC 权限设置

Argo CD 使用 BearToken 访问外部集群时，默认使用集群管理员级别的角色权限，通过以下命令可以查看 Argo CD 服务拥有外部集群 ext-cluster01 的哪些权限。

```
$ kubectl get clusterrole argocd-manager-role -oyaml
apiVersion: rbac.authorization.k8s.io/v1
kind: ClusterRole
metadata:
  name: argocd-manager-role
rules:
- apiGroups:
  - '*'
  resources:
  - '*'
  verbs:
  - '*'
- nonResourceURLs:
  - '*'
  verbs:
  - '*'
```

如果想更改 Argo CD 对外部集群 ext-cluster01 的操作权限，可以编辑、更新 ClusterRole argocd-manager-role 进行配置。

如果需要更改 Argo CD 对本集群的访问权限，可以分别编辑 argocd 命名空间下的 ClusterRole argocd-server 和 argocd-application-controller。

7.6 项目管理

当有多个团队同时使用 Argo CD 时，根据不同应用所属的团队进行分组就是一件非常有必要的事情了。Argo CD 项目管理实际上是对应用进行逻辑分组，它提供了以下主要功能。

❑ 限制项目内的应用可以部署哪些源仓库。

❑ 限制项目内的应用可以部署到哪些 Kubernetes 集群及集群下的命名空间中。

❑ 限制项目内的应用可以部署或者不能部署哪些 Kubernetes 资源，例如可以部署 Deployment、DaemonSets 等资源；不允许部署 RBAC、NetworkPolicy 等资源。

❑ 定义项目角色，提供应用维度的访问控制。

下面我们详细介绍 Argo CD 中的项目管理。

7.6.1　默认项目

Argo CD 在安装部署之后默认会创建一个 default 项目。Argo CD 中的每一个应用都需要关联一个项目，如果创建应用时没有特别指定一个项目，那么这个应用就会默认关联这个名为 default 的项目。default 项目中的权限设置为允许部署任意源仓库中的任意 Kubernetes 资源到任意 Kubernetes 集群的命名空间下。default 项目可以被编辑和修改，但不允许被删除。

default 项目的描述和默认配置如下所示。

```
$ kubectl -n argocd get appprojects default -oyaml
apiVersion: argoproj.io/v1alpha1
kind: AppProject
metadata:
  creationTimestamp: "2020-09-15T12:08:46Z"
  generation: 1
  name: default
  namespace: argocd
  resourceVersion: "384318455"
  selfLink: /apis/argoproj.io/v1alpha1/namespaces/argocd/appprojects/default
  uid: c5448840-4e6b-4854-b867-da714ccbae10
spec:
  clusterResourceWhitelist:
  - group: '*'
    kind: '*'
  destinations:
  - namespace: '*'
    server: '*'
  sourceRepos:
  - '*'
status: {}
```

7.6.2　创建项目

除了编辑和使用 default 项目之外，我们还可以为不同的团队创建新项目。例如为 team01 创建项目 project01，并在项目中限制只允许使用地址为 https://github.com/haoshuwei/book-examples 的 Git 源，只允许项目部署到 API Server 地址为 https://192.168.0.32:6443 且命名空间为 ns01 的集群下，对于 Kubernetes 资源类型则不做任何限制。项目 project01 的创建命令如下所示。

```
$ argocd proj create project01 --dest https://192.168.0.32:6443,ns01 --src
  https://github.com/haoshuwei/book-examples
```

为 team02 创建项目 project02，在项目中限制只允许使用地址为 https://github.com/haoshuwei/book-examples 的 Git 源，只允许项目部署到 API Server 地址为 https://192.168.0.20:6443 且命名空间为 ns02 的集群下，对于 Kubernetes 资源类型则不做任何限制。项目

project02 的创建命令如下所示。

```
$ argocd proj create project02 --dest https://192.168.0.20:6443,ns02 --src
  https://github.com/haoshuwei/book-examples
```

7.6.3　管理项目

Argo CD 允许对创建的项目进行配置管理，我们以 CLI 命令为例详细了解项目管理涉及的操作。

1. 配置项目

我们可以对项目中的源仓库、目标集群、目标命名空间以及允许部署的 Kubernetes 资源类型进行修改和配置。

（1）配置源仓库

为 project01 项目添加源仓库 https://github.com/argoproj/argocd-example-apps.git，命令如下所示。

```
$ argocd proj add-source project01 https://github.com/argoproj/argocd-example-
  apps.git
```

使用如下命令可以从 project01 项目中移除源仓库 https://github.com/argoproj/argocd-example-apps.git。

```
$ argocd proj remove-source project01 https://github.com/argoproj/argocd-
  example-apps.git
```

（2）配置目标集群

为 project01 项目添加目标集群 https://192.168.0.20:6443 以及集群下命名空间 ns02 的权限，命令如下所示。

```
$ argocd proj add-destination project01 https://192.168.0.20:6443 ns02
```

使用如下命令可以从 project01 项目中移除目标集群 https://192.168.0.20:6443 以及集群下命名空间 ns02 的权限。

```
$ argocd proj remove-destination project01 https://192.168.0.20:6443 ns02
```

（3）配置 Kubernetes 资源类型

Kubernetes 资源分为命名空间维度和集群维度的资源，Argo CD 通过集群资源黑名单、命名空间黑名单和集群资源白名单命名空间白名单限制资源类型。

新创建的 project01 和 project02 默认没有配置任何资源类型的限制，即默认权限为允许部署所有命名空间维度的资源类型，不允许部署所有集群维度的资源类型。

将 project01 设置为允许部署 ClusterRoleBinding 资源类型，因为 ClusterRoleBinding 类型属于集群维度的资源，所以需要添加 ClusterRoleBinding 类型到集群资源白名单，如下所示。

```
$ argocd proj allow-cluster-resource project01 rbac.authorization.k8s.io
    ClusterRoleBinding
Group 'rbac.authorization.k8s.io' and kind 'ClusterRoleBinding' is added to
    whitelisted cluster resources
```

其中 rbac.authorization.k8s.io 为 ClusterRoleBinding 类型所在的 Kubernetes API 组信息。

限制 Ingress 类型资源的部署，因为 Ingress 类型资源属于命名空间维度资源，所以需要将其加入命名空间资源黑名单，如下所示。

```
$ argocd proj deny-namespace-resource project01 networking.k8s.io Ingress
Group 'networking.k8s.io' and kind 'Ingress' is added to blacklisted
    namespaced resources
```

查看 project01 的详细配置如下所示。

```
$ argocd proj get project01
Name:                           project01
Description:
Destinations:                   https://192.168.0.32:6443,ns01
Repositories:                   https://github.com/haoshuwei/bookexamples
Whitelisted Cluster Resources:  rbac.authorization.k8s.io/ClusterRoleBinding
Blacklisted Namespaced Resources: networking.k8s.io/Ingress
Signature keys:                 <none>
Orphaned Resources:             disabled
```

从集群资源白名单中移除 ClusterRoleBinding，表示限制部署此类资源。

```
$ argocd proj deny-cluster-resource project01 rbac.authorization.k8s.io
    ClusterRoleBinding
Group 'rbac.authorization.k8s.io' and kind 'ClusterRoleBinding' is removed
    from whitelisted cluster resources
```

从命名空间资源黑名单中移除 Ingress，表示允许部署此类资源。

```
$ argocd proj allow-namespace-resource project01 networking.k8s.io Ingress
Group 'networking.k8s.io' and kind 'Ingress' is removed from blacklisted
    namespaced resources
```

配置好项目中的源仓库、目标集群、集群资源白名单或命名空间黑名单后，我们就可以将应用与项目进行关联绑定，命令格式如下所示。

```
$ argocd app set <APPLICATION> --project <PROJECT>
```

2. 为项目配置 RBAC 策略

为 team01 和 team02 分别创建项目 project01 和 project02 后，如何保证 team01 的成员登录 Argo CD 后只被允许编辑和使用 project01，同时 team02 的成员登录后只被允许编辑和使用 project02 呢？

我们假设当前 team01 和 team02 属于同一个 GitHub 组织 github-org，想要达到 team01
只能管理 project01 且 team02 只能管理 project02 的目的，需要更新名为 argocd-rbac-cm 的
ConfigMap，编排内容如下。

```
apiVersion: v1
kind: ConfigMap
metadata:
  name: argocd-rbac-cm
  namespace: argocd
data:
  policy.default: ""
  policy.csv: |
    p, github-org:team1, applications, *, project01/*, allow
    p, github-org:team2, applications, *, project02/*, allow
```

RBAC 策略还支持设置项目角色的访问控制，我们将在 7.6.4 节介绍项目角色。

7.6.4　项目角色

项目角色主要用于自动化系统远程访问项目下的应用。例如，我们在使用 CI 系统的时
候，可能希望只允许其部署 project01 下的某一个指定的应用，而不希望其拥有修改应用配
置的权限。项目角色就可以为这个 CI 系统提供一个有限的权限集合，以完成上述场景需求。

一个项目可以设置多个角色，每个角色可以设置不同的访问权限，这个权限被称为策略。
下面我们为 project01 创建角色 role01，并为 role01 添加允许访问应用 app01 的权限策略。

我们先快速创建和部署一个应用 app01，命令如下所示，更多关于应用管理的介绍参见
7.7 节的内容。

```
$ argocd app create --name app01 --project project01 --repo https://github.
  com/haoshuwei/book-examples.git --revision master --path examples/demo
  --dest-namespace ns01 --dest-server https://192.168.0.32:6443
application 'app01' created
```

为 project01 创建角色 role01，命令如下所示。

```
$ argocd proj role create project01 role01
Role 'role01' created
```

在为 role01 添加访问策略之前，我们需要先明确一个事情，那就是项目角色并不能直
接提供给自动化系统使用，而是需要生成一个与之关联的令牌再提供给自动化系统。Argo
CD 支持使用 JWT 令牌对角色进行身份验证。可以使用如下命令为 role01 生成 JWT 令牌。

```
$ argocd proj role create-token project01 role01
eyJhbGciOiJIUzI1NiIsInR5cCI6IkpXVCJ9.eyJqdGkiOiJlYjljNzFkOC0wNjZkLTQ5ZDctOTY2N
  y1kMTNhMzQ2ZTM4YzEiLCJpYXQiOjE2MDAzMzU5NDUsImlzcyI6ImFyZ29jZCIsInN5ZiI6MTYwMD
  MzNTk0NSwic3ViIjoicHJvajpwcm9qZWN0MDE6cm9sZTAxIn0.YsuFTSo2egMrjjrj8LZg1yBBpsT-
```

```
UqdsmYMa6xPSDAc
```

JWT 令牌并不会保存在 Argo CD 系统内的某个位置，在生成 JWT 令牌后，请及时保存和记录。我们先尝试使用这个没有添加任何策略的决策访问应用 app01，如下所示。

```
$ argocd app get app01 --auth-token eyJhbGciOiJIUzI1NiIsInR5cCI6IkpXVCJ9.
  eyJqdGkiOiJlYjljNzFkOC0wNjZkLTQ5ZDctOTY2Ny1kMTNhMzQ2ZTM4YzEiLCJpYXQiOjE2M
  DAzMzU5NDUsImlzcyI6ImFyZ29jZCIsIm5iZiI6MTYwMDMzNTk0NSwic3ViIjoicHJvajpwcm9q
  ZWN0MDE6cm9sZTAxIn0.YsuFTSo2egMrjjrj8LZg1yBBpsT-UqdsmYMa6xPSDAc
FATA[0000] rpc error: code = PermissionDenied desc = permission denied: applications,
  get, project01/app01, sub: proj:project01:role01, iat: 2020-09-17T09:45:45Z
```

从上述命令的输出日志中可以看出，当前 role01 无访问应用 app01 的权限。接下来我们为 role01 添加访问应用 app01 的策略，如下所示。

```
$ argocd proj role add-policy project01 role01 --action get --permission allow
  --object app01
```

因为 JWT 角色策略关联，所以当我们为角色 role01 添加策略后，JWT 令牌会立即生效。再次使用此令牌访问应用 app01 并查看应用详情，如下所示。

```
$ argocd app get app01 --auth-token eyJhbGciOiJIUzI1NiIsInR5cCI6IkpXVCJ9.
  eyJqdGkiOiJlYjljNzFkOC0wNjZkLTQ5ZDctOTY2Ny1kMTNhMzQ2ZTM4YzEiLCJpYXQiOjE2M
  DAzMzU5NDUsImlzcyI6ImFyZ29jZCIsIm5iZiI6MTYwMDMzNTk0NSwic3ViIjoicHJvajpwcm9q
  ZWN0MDE6cm9sZTAxIn0.YsuFTSo2egMrjjrj8LZg1yBBpsT-UqdsmYMa6xPSDAc
Name:               app01
Project:            project01
Server:             https://192.168.0.32:6443
Namespace:          ns01
URL:                https://172.27.8.59/applications/app01
Repo:               https://github.com/haoshuwei/book-examples.git
Target:             master
Path:               examples/demo
SyncWindow:         Sync Allowed
Sync Policy:        <none>
Sync Status:        OutOfSync from master (42c44c4)
Health Status:      Missing

GROUP    KIND        NAMESPACE   NAME       STATUS      HEALTH    HOOK   MESSAGE
         Service     ns01        demo-svc   OutOfSync   Missing
apps     Deployment  ns01        demo       OutOfSync   Missing
```

使用如下命令吊销 JWT 令牌。

```
$ argocd proj role get project01 role01
Role Name:      role01
Description:
Policies:
p, proj:project01:role01, projects, get, project01, allow
p, proj:project01:role01, applications, get, project01/app01, allow
```

```
JWT Tokens:
ID           ISSUED-AT                                              EXPIRES-AT
1600335945   2020-09-17T17:45:45+08:00 (18 minutes ago)  <none>

$ argocd proj role delete-token project01 role01 1600335945
```

7.6.5　使用 UI 管理项目

Argo CD 的项目管理涉及的配置项和资源类型比较多，使用 UI 的白屏化方式进行管理更适合刚接触 Argo CD 的用户。与源仓库和集群管理页面不同，项目的管理页面不仅支持添加查看和移除操作，还支持更改项目配置。下面使用 UI 添加一个名为 project04 的项目。

通过导航栏进入 Settings/Projects 页面，点击 NEW PROJECT 添加一个新项目，可以在创建项目时指定允许使用哪些源仓库和目标集群以及允许部署哪些 Kubernetes 资源、不允许部署哪些 Kubernetes 资源。

点击 CREATE 即可完成项目的创建。

点击 project04 进入项目的详情页面，在详情页面里点击 EDIT 对当前项目的基本配置进行修改和更新。

点击 ADD ROLE 可以添加项目角色，包括创建角色和添加角色策略两部分，首先创建角色 role04，如图 7-4 所示。

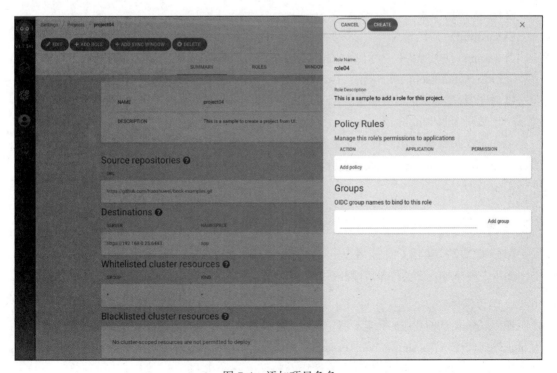

图 7-4　添加项目角色

点击 CREATE 后完成角色创建。点击 role04 会弹出滑窗，我们可以进一步添加角色策略或者生成 JWT 令牌。最后点击 UPDATE 按钮使配置生效。

7.7 应用管理

一个云原生应用程序通常包含多种 Kubernetes 资源类型，例如 Deployment、ReplicaSet、Pod、PersistVolume、Service 等，但在 Kubernetes 的原生能力下，并没有一个完整的概念可以直观地展示应用程序到底包含哪些资源。Argo CD 通过 Application CRD 将分散在运行环境中的应用资源收敛在一起并通过统一视图的方式直观地展现给用户。除此之外，Argo CD 还能在多集群环境下帮助用户中心化管理应用生命周期和应用发布。下面我们介绍 Argo CD 的应用管理能力。

在 Kubernetes 环境中部署一个应用，我们需要声明式定义一些包含不同种类 API 资源对象的 YAML 编排文件，这些编排文件定义了应用包含哪些 Service、Deployment、ConfigMap、Secret 等子资源以及各个子资源的详细配置信息。如何高效管理或者重用这些应用编排，提高应用交付和运维效率是一个急需解决的问题。

Argo CD 支持如下多种类型的应用编排。

❑ Directory 应用编排，即 Kubernetes 原生的应用编排方式。

❑ Helm 应用编排。

❑ Kustomize 应用编排。

❑ Ksonnet 应用编排，可以在 GitHub 访问其源码项目和使用方法，链接为 https://github.com/ksonnet/ksonnet。

❑ 对于其他类型的应用编排，Argo CD 提供了一种插件的方式支持用户集成自定义应用编排工具 Plugin。

Argo CD 在创建应用时提供了选择应用编排方式的选项，默认为 Directory。第 6 章介绍过 Helm 和 Kustomize 应用编排，本章以 Helm 应用编排技术和 Guestbook 示例应用为例进行实践。

7.7.1 创建应用

Argo CD 支持使用 CLI 或者 Web UI 创建应用。我们先使用 CLI 从创建应用 app01 入手，逐步了解 Argo CD 是如何管理应用的。

1. 前置条件

使用 Argo CD 创建应用，需要指定源仓库和目标集群相关的信息，在本例中，我们将地址为 https://github.com/haoshuwei/book-examples 的 Git 仓库作为源仓库，部署应用 Guestbook 到线上生产集群 production-aliyun 和线下生产集群 production-idc 中。

首先，将源仓库（地址为 https://github.com/haoshuwei/book-examples）添加至 Argo CD 系统，命令如下所示。

```
$ argocd repo add --name book-examples https://github.com/haoshuwei/book-
  examples
repository 'https://github.com/haoshuwei/book-examples' added
```

接着，将目标集群 production-aliyun 和 production-idc 添加至 Argo CD 系统，命令如下所示。

```
$ argocd cluster add kubernetes-admin-c0f5bbc7634e8446db9f3bde2cafc5d8b --name
  production-aliyun --kubeconfig=kubeconfig-production-aliyun
INFO[0000] ServiceAccount "argocd-manager" created in namespace "kube-system"
INFO[0000] ClusterRole "argocd-manager-role" created
INFO[0000] ClusterRoleBinding "argocd-manager-role-binding" created
Cluster 'https://192.168.0.32:6443' added
```

继续添加集群 production-idc 集群到 Argo CD 系统中，内容如下。

```
$ argocd cluster add minikube --name production-idc --kubeconfig=kubeconfig-
  production-idc
INFO[0000] ServiceAccount "argocd-manager" already exists in namespace "kube-
  system"
INFO[0000] ClusterRole "argocd-manager-role" updated
INFO[0000] ClusterRoleBinding "argocd-manager-role-binding" updated
Cluster 'https://192.168.0.238:8443' added
```

2. 使用 CLI 创建应用

使用 CLI 创建一个引用 Git 源仓库类型的应用，命令和参数格式如下所示。

```
$ argocd app create <APP NAME> --project <PROJECT NAME> --repo <GIT REPO URL>
  --revision <GIT REPO BRANCH/TAG> --path <GIT REPO SUBPATH> --dest-name
  <CLUSTER NAME> --dest-namespace <CLUSTER NAMESPACE>
```

创建一个应用主要包含 4 部分参数配置，在本示例中，我们需要使用 Argo CD 部署应用 Guestbook 到集群 production-aliyun 中，应用 Guestbook 的 Helm 编排存放在地址 https://github.com/haoshuwei/book-examples 的 Git 源仓库子目录 examples/guestbook/helm 下，Git 源仓库的部署分支为 master，那么在创建应用 guestbook-aliyun 时需要相应地配置以下 4 部分内容。

（1）基础配置

❑ 应用名称：guestbook-aliyun。

❑ 应用所属的项目：default。

❑ 应用的同步（部署）策略：分为手动同步策略 none 和自动同步策略 automated，如果设置为手动同步策略，则在 Git 源仓库中应用编排发生变化时，需要手动触发同步操作使其同步到实际运行环境中，如果设置为自动同步策略，那么 Argo CD 在检测到

Git 源仓库中的应用编排有变化时，会自动将其同步至实际运行环境。

（2）源仓库配置

❏ 源仓库类型：支持 Git 和 Helm 两种源仓库类型，本示例使用 Git 类型源仓库。

❏ 源仓库地址：https://github.com/haoshuwei/book-examples。

❏ 源仓库其他信息：如果是 Git 类型源仓库，则还需要配置修订版本信息和子目录信息，本示例中配置修订版本为 master 分支，子目录为 examples/guestbook/helm；如果是 Helm 类型源仓库，则需要选择 Helm Chart 名称及其版本号。

（3）目标集群配置

❏ 目标集群的 API Server 地址或目标集群的名称：https://192.168.0.32:6443 或 production-aliyun。

❏ 目标集群的命名空间：guestbook。

（4）应用编排方式

❏ Directory：表示 Kubernetes 原生的应用编排方式，其中最常用的一个参数设置项是 --directory-recurse，值为 true 表示会把当前目录及其子目录下所有的编排文件都部署到集群中。

❏ Kustomize：表示使用 Kustomize 工具进行应用编排，Argo CD 支持为 Kustomize 编排设置 --nameprefix 和 --namesuffix，即自动为应用添加前缀或后缀字段。

❏ Helm：表示使用 Helm 工具进行应用编排，支持 Helm 2 和 Helm 3，Argo CD 会根据 Chart.yaml 文件中 apiVersion 的值是 1 还是 2，判断使用 Helm 2 还是 Helm 3，默认使用 Helm 3。在 Argo CD 中，Helm 类型应用编排支持选择任意参数配置文件，例如 values.yaml 或 values-idc.yaml，对于参数配置文件中的各个参数项，也可以选择用新参数进行覆盖。

❏ Ksonnet：表示使用 Ksonnet 工具进行应用编排，支持设置环境变量。

❏ Plugin：表示使用用户自定义的编排工具，支持设置环境变量。

创建应用 guestbook-aliyun 的命令如下所示。

```
$ argocd app create guestbook-aliyun --project default --repo https://github.
com/haoshuwei/book-examples --revision master --path examples/guestbook/helm
--dest-server https://192.168.0.32:6443 --dest-namespace guestbook
application 'guestbook-aliyun' created
```

部署完毕后，可以查看当前应用列表，如下所示。

```
$ argocd app list
NAME                CLUSTER                      NAMESPACE  PROJECT  STATUS     HEALTH
  SYNCPOLICY  CONDITIONS   REPO
  PATH                     TARGET
guestbook-aliyun  https://192.168.0.32:6443  guestbook  default  OutOfSync  Missing
  <none>       <none>        https://github.com/haoshuwei/book-examples
  examples/guestbook/helm  master
```

通过上述命令可以看到，当前应用 guestbook-aliyun 属于项目 default，应用引用的源仓库地址为 https://github.com/haoshuwei/book-examples，源仓库分支为 master，编排文件保存在 examples/guestbook/helm 目录下，应用将会被部署到 API Server 地址为 https://192.168.0.32:6443、命名空间为 guestbook 的集群下。因为我们在创建应用时没有设置应用的同步策略，所以默认使用手动部署策略，即当前应用并没有真正被部署到集群环境中，只是将应用的编排文件下载到 Argo CD 系统中并将应用的多种子资源组合成一个应用，因此你会看到当前应用的 STATUS 字段的值为 OutOfSync，HEALTH 字段的值为 Missing，表示应用 Git 源仓库中的声明式编排与环境中实际的运行状态不一致，且检测不到应用在实际环境中的运行状态。如果想将应用真正部署到集群中，则需要使用 argocd app sync 命令完成应用的同步操作。

将 Git 源仓库中的声明式应用编排同步部署到集群，可以看到在应用部署到集群时关于应用及其子资源的一系列事件日志，如下所示。

```
$ argocd app sync guestbook-aliyun
TIMESTAMP                    GROUP   KIND         NAMESPACE   NAME          STATUS
  HEALTH      HOOK  MESSAGE
2020-10-10T16:07:12+08:00            Service      guestbook   redis-slave   OutOfSync
  Missing
2020-10-10T16:07:12+08:00    apps    Deployment   guestbook   frontend      OutOfSync
  Missing
2020-10-10T16:07:12+08:00    apps    Deployment   guestbook   redis-master  OutOfSync
  Missing
2020-10-10T16:07:12+08:00    apps    Deployment   guestbook   redis-slave   OutOfSync
  Missing
2020-10-10T16:07:12+08:00            Service      guestbook   frontend      OutOfSync
  Missing
2020-10-10T16:07:12+08:00            Service      guestbook   redis-master  OutOfSync
  Missing
2020-10-10T16:07:12+08:00            Service      guestbook   redis-master  Synced
  Healthy
2020-10-10T16:07:12+08:00            Service      guestbook   redis-slave   Synced
  Healthy
2020-10-10T16:07:12+08:00            Service      guestbook   frontend      Synced
  Healthy
2020-10-10T16:07:13+08:00    apps    Deployment   guestbook   redis-master  OutOfSync
  Missing               deployment.apps/redis-master created
2020-10-10T16:07:13+08:00    apps    Deployment   guestbook   frontend      OutOfSync
  Missing               deployment.apps/frontend created
2020-10-10T16:07:13+08:00            Service      guestbook   redis-master  Synced
  Healthy               service/redis-master created
2020-10-10T16:07:13+08:00            Service      guestbook   redis-slave   Synced
  Healthy               service/redis-slave created
2020-10-10T16:07:13+08:00            Service      guestbook   frontend      Synced
  Healthy               service/frontend created
2020-10-10T16:07:13+08:00    apps    Deployment   guestbook   redis-slave   OutOfSync
  Missing               deployment.apps/redis-slave created
```

```
2020-10-10T16:07:13+08:00   apps   Deployment  guestbook  redis-slave   Synced
  Progressing     deployment.apps/redis-slave created
2020-10-10T16:07:13+08:00   apps   Deployment  guestbook  redis-master  Synced
  Progressing     deployment.apps/redis-master created
2020-10-10T16:07:13+08:00   apps   Deployment  guestbook  frontend       Synced
  Progressing     deployment.apps/frontend created

Name:             guestbook-aliyun
Project:          default
Server:
Namespace:        guestbook
URL:              https://172.27.8.59/applications/guestbook-aliyun
Repo:             https://github.com/haoshuwei/book-examples
Target:           master
Path:             examples/guestbook/helm
SyncWindow:       Sync Allowed
Sync Policy:      <none>
Sync Status:      Synced to master (14afbac)
Health Status:    Progressing

Operation:        Sync
Sync Revision:    14afbac60b545658db6c666b13e5efefac95b211
Phase:            Succeeded
Start:            2020-10-10 16:07:11 +0800 CST
Finished:         2020-10-10 16:07:12 +0800 CST
Duration:         1s
Message:          successfully synced (all tasks run)

GROUP   KIND       NAMESPACE  NAME          STATUS
  HEALTH       HOOK   MESSAGE
        Service    guestbook  redis-master  Synced
  Healthy            service/redis-master created
        Service    guestbook  redis-slave   Synced
  Healthy            service/redis-slave created
        Service    guestbook  frontend      Synced
  Healthy            service/frontend created
apps   Deployment  guestbook  redis-slave   Synced
  Progressing        deployment.apps/redis-slave created
apps   Deployment  guestbook  redis-master  Synced
  Progressing        deployment.apps/redis-master created
apps   Deployment  guestbook  frontend      Synced
  Progressing        deployment.apps/frontend created
```

再次查看应用列表，可以看到应用的 STATUS 字段更新为 Synced，HEALTH 字段更新为 Healthy。

```
$ argocd app list
NAME                CLUSTER                    NAMESPACE  PROJECT   STATUS  HEALTH
  SYNCPOLICY  CONDITIONS   REPO
  PATH                     TARGET
```

```
guestbook-aliyun  https://192.168.0.32:6443  guestbook  default  Synced  Healthy
  <none>      <none>     https://github.com/haoshuwei/book-examples
  examples/guestbook/helm  master
```

实际上，在成功将应用部署至目标集群的过程中，应用的健康状态会经历从 Missing 到 Progressing 再到 Healthy 的变化。

以同样的方式部署应用 guestbook-idc 到 API Server 地址为 https://192.168.0.238:8443 的集群 production-idc 中，与 guestbook-aliyun 相比，除了目标集群不同，我们还需要指定应用 guestbook-idc 在部署时使用 values-idc.yaml 文件，可以通过 --values 来指定这个配置，应用创建命令如下所示。

```
$ argocd app create guestbook-idc --project default --repo https://github.
  com/haoshuwei/book-examples --revision master --path examples/guestbook/helm
  --dest-server https://192.168.0.238:8443 --dest-namespace guestbook --values
  values-idc.yaml
application 'guestbook-idc' created
```

使用以下命令完成应用 guestbook-idc 的部署。

```
$ argocd app sync guestbook-idc
```

3. 使用 UI 创建应用

首先，通过导航栏进入 applications 页面。

点击 NEW APP 或者 CREATE APPLICATION 新建一个应用，此时会弹出一个应用配置页面的滑窗，如图 7-5 所示。

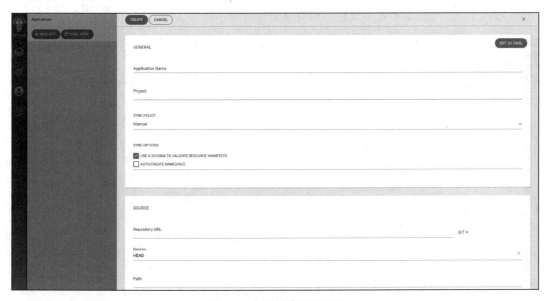

图 7-5　应用创建配置页面

依次完成 Guestbook 应用的基础配置、源仓库配置、目标集群配置和 Helm 应用编排配置。点击 CREATE 完成应用的创建，此时会自动跳转回应用列表页面，如图 7-6 所示。

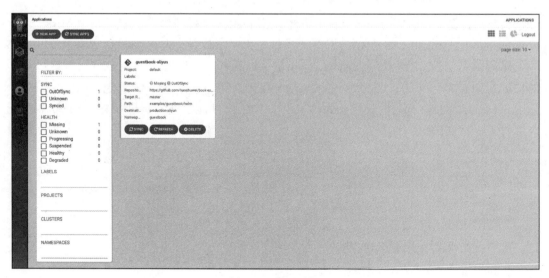

图 7-6   应用列表

从图 7-6 中可以看出，guestbook-aliyun 应用当前的状态为 Missing，我们需要点击 Sync 按钮，在弹出的滑窗中继续点击 SYNCHRONIZE 完成应用的部署。

部署完毕且应用运行正常则会看到 guestbook 应用的状态会变为 Healthy。

在创建应用 guestbook-idc 时，与 guestbook-aliyun 唯一不同的参数配置是应用名称、目标集群地址以及 Helm 参数配置文件，最终部署好的应用状态如图 7-7 所示。

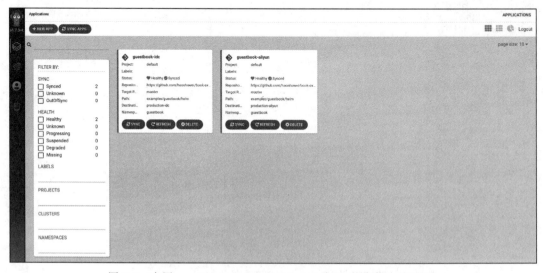

图 7-7   应用 guestbook-aliyun 和 guestbook-idc 状态都为 Healthy

7.7.2　应用的统一视图管理

Kubernetes 原生的能力并没有一个完整的所谓"应用"的概念，所有 Kubernetes 资源都分散在集群中，不便查看和运维。Argo CD 在应用的维度提供了一个统一视图的能力，可以非常方便地对多云混合云多集群环境下的应用进行统一视图和管控，例如我们在 7.7.1 节中分别在线上集群 production-aliyun 和线下集群 production-idc 中部署了应用 guestbook-aliyun 和 guestbook-idc，我们可以通过 Argo CD 查看应用列表以及各个应用的概览信息，如图 7-8 所示。

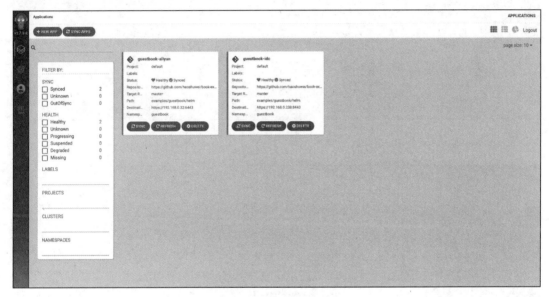

图 7-8　应用列表和概览

点击应用进入详情页面，可以直观地看到应用包含的多种 Kubernetes 子资源及拓扑关系，如图 7-9 是应用 guestbook-aliyun 的资源拓扑图。

在这个页面中，我们可以清晰地看到应用在集群中的运行状态为 Healthy，当前应用在环境中的实际运行状态与源仓库中声明的应用状态保持同步状态（Synced），且当前应用版本为 master 分支下 commit id 为 14afbac 的部署。

此外，还有很多功能选项帮助用户从多个维度了解当前应用的详细情况，例如点击 APP DETAILS 按钮可以查看应用详情。在应用详情页面中，可以查看应用的概览信息，如图 7-10 所示。

最后，我们还可以在应用的资源拓扑图中点击指定的子资源并查看资源概况、事件信息、在实际环境和源仓库中的编排清单及其差异等信息，图 7-11 展示的是 Deployment 资源 frontend 的详细信息。

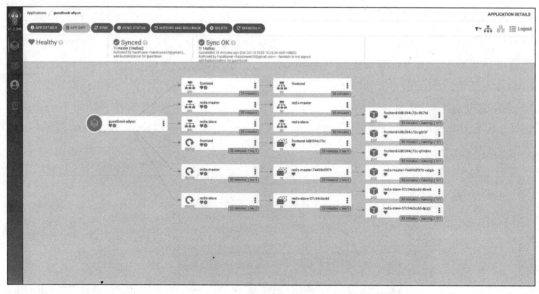

图 7-9　应用资源拓扑图

图 7-10　应用详情之概览信息

7.7.3　应用的更新和回滚

　　Argo CD 是用于 Kubernetes 的声明式 GitOps 应用持续交付工具，相比于传统的 DevOps 应用持续交付模型，GitOps 模型下的应用更新和回滚更加高效，那么在使用 Argo CD 更新、交付应用之前，让我们先简单了解一下 GitOps 持续交付模式。

图 7-11　应用中 Deployment 子资源 frontend 的详细信息

1. GitOps 应用持续交付模型

GitOps 是一种应用持续交付模型，它的核心思想是将应用程序的声明式编排甚至基础架构编排都存放在 Git 源仓库中。实际上，我们可以将任何能够被描述的内容都存放在 Git 源仓库中。GitOps 的主要应用场景是满足云原生环境下的持续交付，云原生环境为 GitOps 应用持续交付模型发挥作用提供了一定的基础条件。

（1）不可变基础设施

在应用从开发测试到上线的过程中，通常需要把应用频繁部署到开发环境、测试环境和生产环境中，相比于不可变基础设施，在传统的可变架构时代，通常需要系统管理员保证所有环境的一致性。而随着时间的推移，这种靠人工维护的环境一致性是很难维持的，环境的不一致又会导致应用越来越容易出错。在云原生结构中，借助 Kubernetes 和容器技术，不可变基础设施使得我们可以以一个全新的方式面对应用的交付。GitOps 就是一种依托不可变基础设施产生的应用交付方式。

（2）声明式的容器编排

Kubernetes 是一个云原生的容器平台，提供了声明式 API 的特性。声明式的特性意味着可以在把应用真正部署到集群之前有预见性地知道将会运行哪些组件及每个组件的详细配置，应用系统的整个配置文件集可以在 Git 源仓库中进行版本控制、更新和回滚。

以下是 GitOps 应用持续交付模型的一些特性。

（1）Git 作为应用变更的唯一入口

Git 是 GitOps 应用持续交付模型最基础的元素，使用 Git 可以操作应用交付的所有阶段，如版本控制、历史记录查看、代码评审、代码合并和回滚等，把声明性基础架构和应用程序全部存储在 Git 源仓库中，可以方便地监控集群中应用的变更情况。

（2）拉式流水线

在 GitOps 发布模型之前，用户大多都在使用推式流水线。推式流水线是指用户在提交代码到 Git 源仓库后，主动触发一个集群外部的构建和部署任务，这个任务负责将 Git 源仓库中的更新同步到集群环境中。在这个过程中，构建和部署任务所在的外部环境需要获取集群部署的相关权限，增加了集群机密信息泄漏的风险。在拉式流水线模式下，GitOps 引擎部署在集群内，所有集群机密信息都保存在集群内部，根据用户指定的同步策略，自动手动拉取 Git 源仓库端的应用更新部署并将其同步至集群环境中。

（3）可观测性

可观测性是 GitOps 应用持续交付模型中非常重要的一个特性，它指的是通过与 Git 源仓库中的声明性基础设施进行差异化对比来观测实际环境中应用的运行状态，任何差异项都会被认为是异常的。GitOps 是通过引入 Diffs 来完成这个工作的，便于用户验证当前应用的运行状态是否和 Git 源仓库中描述的一致，同时也能主动提醒用户不一致状态的详细信息。

GitOps 流水线应用交付过程可以大致描述为以下 4 个步骤，整个过程如图 7-12 所示。

1）应用管理员提交应用编排配置到 Git 源仓库中。

2）GitOps 引擎定期自动检查 Git 源仓库是否有更新，若有更新，则开始拉式流水线。

3）GitOps 引擎将 Git 源仓库中更新的应用编排文件拉取下来并同步部署到集群中。

4）GitOps 引擎实时监测应用在实际环境中的运行状态，与 Git 源仓库中对应用的声明式描述做对比，并将差异项反馈给应用管理员。

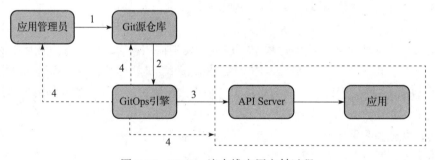

图 7-12　GitOps 流水线应用交付过程

若应用管理员需要对应用进行更新，则将声明式编排文件更新并推送至 Git 源仓库，GitOps 引擎会自动完成接下来的应用交付流程。

GitOps 应用持续交付模型能够为用户带来以下好处。

（1）提升研发效能

从 Git 端的版本控制到 GitOps 引擎的反馈，整个流程循环可控，大大提升了应用迭代的频率，从而加快了产品新功能上线的速度。此外，开发者只需要关心产品和业务，不需要关心复杂的部署交付流程。

（2）安全审批和审计

Git 源仓库具备完整的角色访问控制和审批审计能力，既能满足合规性要求，又能提升系统的安全性和稳定性。

（3）提升应用运维效率

GitOps 采用标准化的基础设施，能保证端到端的一致性。此外，GitOps 引擎能够自动对比和发现应用实际运行状态与声明状态的差异，帮助应用管理员实时监控应用异常状况。

（4）更快的平局恢复时间

借助基础设施环境的一致性以及 Git 系统的版本控制能力，当线上系统发生任何预期之外的状况时，我们都可以迅速回滚应用版本及时止损，同时也能快速在预发和测试环境复现问题，定位到具体是哪个 git commit 提交导致了这次异常问题。

接下来我们使用 Argo CD 系统以 GitOps 的发布方式完成一个应用的迭代更新。

2. 应用更新

下面我们把 guestbook-aliyun 和 guestbook-idc 应用从第 1 版本更新至第 2 版本。

在 GitOps 发布模型中，Git 源仓库是应用更新的唯一事实来源，我们需要基于 master 分支创建分支 feat/guestbook-v2，分别更新 values.yaml 和 values-idc.yaml 文件中的 frontend.image.tag 为 v2，提交 patch 并创建拉取请求，最后合并至 master 分支，如图 7-13 所示。

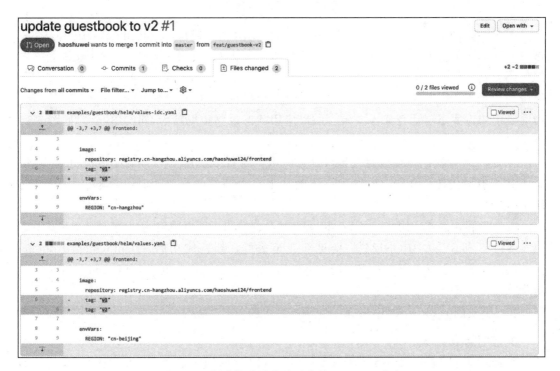

图 7-13　创建拉取请求然后合并至 master 分支

应用管理员对这个拉取请求进行安全审批（通常情况下，会配置不同的测试任务对新提交的代码进行基础检查，应用管理员会根据检查结果判断当前拉取请求是否可以合并至主分支），如果允许新版本应用配置更新到 master 分支中，则合并此请求，如图 7-14 所示。

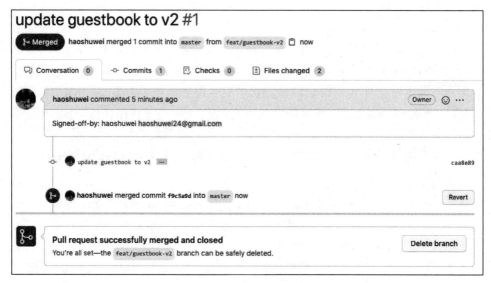

图 7-14　合并拉取请求

现在，我们回到 Argo CD 系统中的应用详情页面。以应用 guestbook-aliyun 为例，点击 REFRESH 按钮或者等待 Argo CD 定期检测（默认每 3 分钟检查一次）Git 源仓库中的代码更新。检测 Git 源仓库更新之后，我们可以非常直观地观察到当前运行与实际环境中的应用 Git 版本为 14afbac，而 Git 源仓库端最新的 Git 版本为 f9c5a9d，这是因为当前应用的声明态与运行态不一致，所以应用状态也同步更新为 OutOfSync，如图 7-15 所示。

在图 7-15 中我们也可以直观地看到，应用中的 Deployment 子资源 frontend 有更新，点击并查看其 DIFF 信息，可以进一步确认本次更新的内容是否符合预期，如图 7-16 所示。

因为我们在创建应用 guestbook-aliyun 时设置的同步部署策略为手动，所以需要手动点击 SYNC 和 SYNCHRONIZE 将变更部署至集群。部署成功后，Deployment frontend 及其动态创建的子资源版本标识也同步更新为 rev:2，应用状态更新为 Synced，如图 7-17 所示。

浏览器访问 guestbook-aliyun 确认其版本已更新为第 2 版本。

3. 应用回滚

下面我们把应用 guestbook-aliyun 的版本回滚到第 1 版本。点击 HISTORY AND ROLLBACK 即可查看到应用发布的历史版本（默认保留 10 个历史版本），如图 7-18 所示。

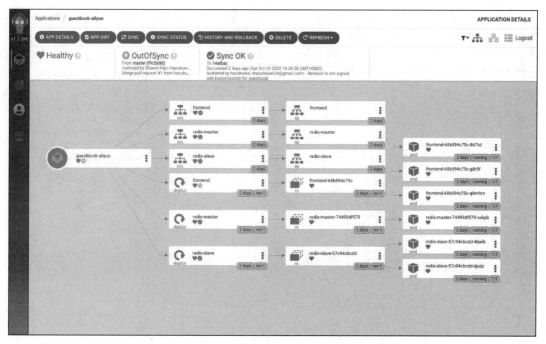

图 7-15　检测 Git 源仓库代码更新

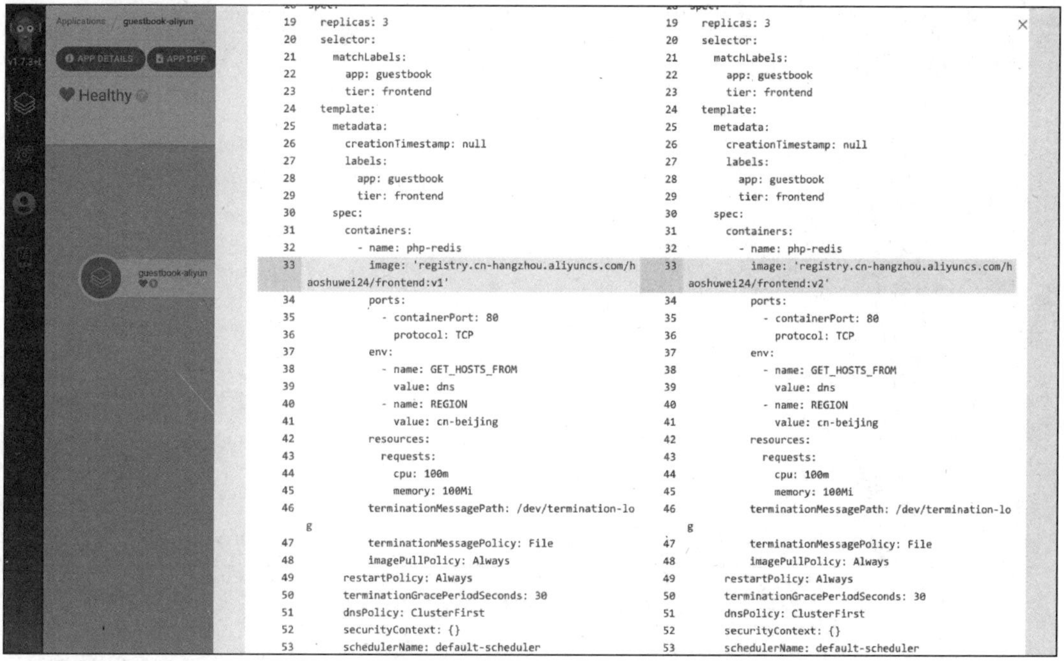

图 7-16　应用声明态与运行态的 DIFF 信息

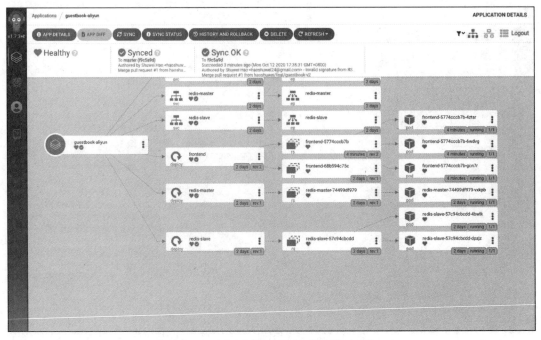

图 7-17　同步部署后的应用资源拓扑图

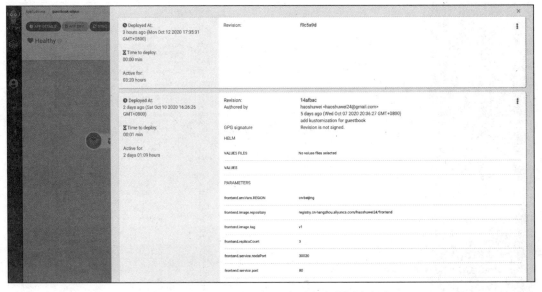

图 7-18　guestbook-aliyun 应用发布的历史版本

　　从图 7-18 可以看到，当前应用有 2 个历史版本，Git Revision 分别为 14afbac 和 f9c5a9d，在回滚的版本右侧点击 ROLLBACK 即触发回滚操作，如图 7-19 所示。

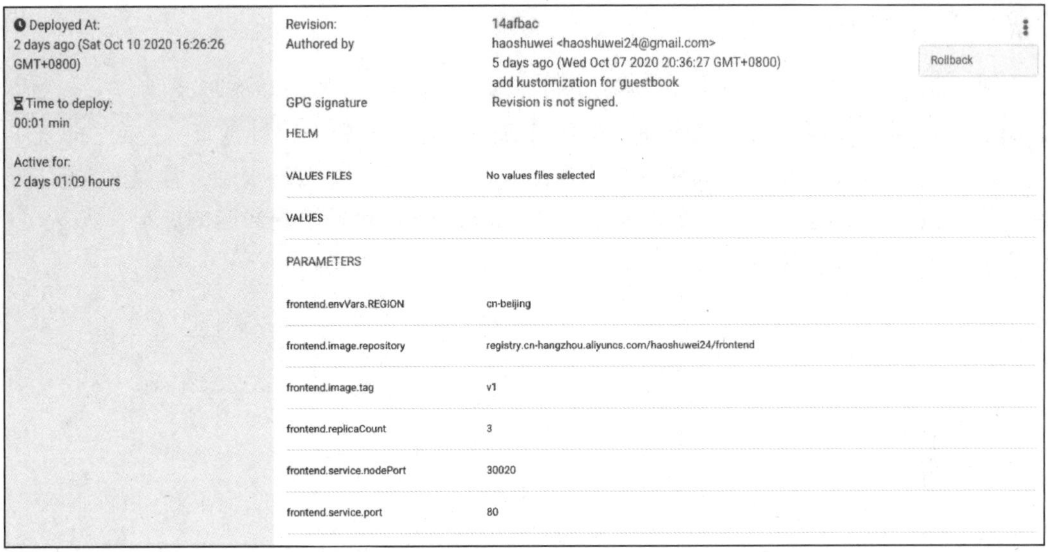

Deployed At:
2 days ago (Sat Oct 10 2020 16:26:26 GMT+0800)
Time to deploy:
00:01 min
Active for:
2 days 01:09 hours
Revision:
14afbac
Authored by
haoshuwei <haoshuwei24@gmail.com>
5 days ago (Wed Oct 07 2020 20:36:27 GMT+0800)
add kustomization for guestbook
GPG signature
Revision is not signed.
Rollback
HELM
VALUES FILES
No values files selected
VALUES
PARAMETERS
frontend.envVars.REGION
cn-beijing
frontend.image.repository
registry.cn-hangzhou.aliyuncs.com/haoshuwei24/frontend
frontend.image.tag
v1
frontend.replicaCount
3
frontend.service.nodePort
30020
frontend.service.port
80

图 7-19　执行回滚操作

回滚操作执行完毕后，应用状态将再次变更为 OutOfSync，Deployment frontend 更新为 rev:3，如图 7-20 所示。

Applications / guestbook-aliyun
APPLICATION DETAILS
APP DETAILS
APP DIFF
SYNC
SYNC STATUS
HISTORY AND ROLLBACK
DELETE
REFRESH
Logout
Healthy
OutOfSync
Sync OK
To 14afbac
guestbook-aliyun
frontend
redis-master
redis-slave
frontend-5774cccb7b
frontend-68b594c75c
redis-master-74499df979
redis-slave-57c94cbcdd

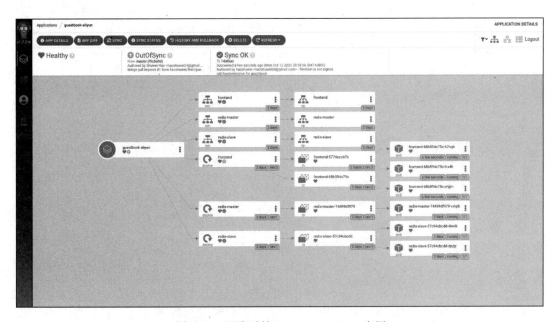

图 7-20　回滚后的 guestbook-aliyun 应用

浏览器再次访问 guestbook 确认其应用版本已回滚为第 1 版本。

7.8　本章小结

　　本章我们主要对 GitOps 应用持续交付系统 Argo CD 的各个功能模块进行了详细的介绍，包括用户管理、源仓库管理、集群管理、项目管理和应用管理等。之后，我们以 Guestbook 应用为例，演示了如何将其部署在多云 / 混合云多集群环境中，并根据实际运行环境不同设置了不同的参数选项。最后通过 Guestbook 应用的更新和回滚展示了 Argo CD 中快速迭代和交付应用的 GitOps 流水线模式。

第 8 章 *Chapter 8*

服务统一治理

应用服务或不同模块之间的调用可能跨多个集群，当服务的数量成百上千地增加时，服务管理和流量控制将变得非常复杂。通过 Istio 服务网格，用户可以跨多个 Kubernetes 集群组建服务网格，以及观察和处理所有服务之间的流量。

8.1 Istio 服务网格

本节将介绍服务网格的概念以及 Istio 服务网格的主要功能。

8.1.1 什么是服务网格

在云原生分布式模型中，一个应用程序可能包含数百个服务和后端实例，每个实例都可能频繁变更。这些服务之间互相调用，组成非常复杂的通信网络链路。如何管理这些复杂的服务调用链路并确保端到端的可靠性是至关重要的。服务网格是一种针对服务治理的网络模型，是处理服务间通信的基础设施层。类似于 TCP/IP 用于保证网络端点之间可靠传输字节一样，服务网格用于保证服务之间能够可靠传递请求。除此之外，服务网格还负责服务之间的流量管理、熔断和监控等工作。

服务网格通过应用程序的 Sidecar 实现，所有应用程序之间的流量都会经过 Sidecar，这些 Sidecar 形成了一个网状的数据平面，负责保护和控制通过网格的流量，因此对应用程序流量的控制都可以在服务网格中实现。负责数据平面执行方式的管理组件被称为控制平面，控制平面提供了公开的 API，可供管理员管理服务网格中的网络行为。

在服务网格中，服务 A 请求服务 B 的交互过程大致可以分为以下几个步骤。

1）服务网格将请求路由到目的地址，然后根据参数判断应该将请求路由到生产环境还是开发测试环境中；路由到本地数据中心云环境还是公有云环境中；路由到最新发布的服务版本还是稳定的服务版本中。所有这些路由信息都可以进行动态配置，全局为所有服务配置或者单独为某些服务配置。

2）服务网格确认请求的目的地址后，将请求转发至 Kubernetes 集群中相应的 Service 服务，然后 Service 服务会将请求转发至后端实例。

3）服务网格根据观测到的最近请求的延迟时间，选择应用程序中响应最快的实例。

4）服务网格尝试将请求发送给上一步选择的实例并记录响应类型和响应延迟数据。

5）如果该实例宕机或者请求无响应，服务网格会将请求发送到其他实例上重试。

6）如果该实例持续返回错误，服务网格会先将其移出负载均衡池，稍后对实例进行定期重试。

7）如果请求的截止时间已过，服务网格会主动将请求设置为失败，而不是继续重试。

8）服务网格会以度量指标和分布式追踪的形式采集和记录以上步骤中所有的行为指标，最终发送到集中式的度量系统或链路跟踪系统中。

目前两款主流的服务网格开源软件分别是 Istio 和 Linkerd，以下将主要以 Istio 服务网格为例进行实践。

8.1.2　Istio 服务网格架构

Istio 是服务网格的一种开源实现，提供完整的非侵入式微服务治理解决方案，提供了保护、连接和监控微服务的统一方法。从架构设计上看，Istio 服务网络可以分为数据平面和控制平面两部分，Istio 架构图如图 8-1 所示。

1. 数据平面

Istio 的数据平面由一组以 Sidecar 方式部署的智能代理组成，数据平面主要用于控制微服务之间的网络通信以及与 Mixer 模块进行通信。

2. 控制平面

控制平面负责管理和配置数据平面，由 Pilot、Mixer、Citadel 和 Galley 等模块组成，Pilot 负责管理和配置 Sidecar 对流量进行路由转发；Mixer 负责实施策略控制和遥测数据收集；Citadel 负责提供身份验证、授权、审计和 TLS 加密等安全功能；Galley 用于验证用户编写的 Istio API 配置。

Istio 的数据平面和控制平面共同构成了一个服务网格实现，各个组件的详细功能描述如下。

1. Envoy 代理

Envoy 由 Lyft 开发并开源，是基于 C++ 实现的高性能网络代理组件，用于解决构建分布式系统时出现的一些复杂的网络问题。在 Istio 中，Envoy 代理被部署为应用服务的

Sidecar，是唯一与数据平面流量交互的 Istio 组件，用于控制服务网格中所有服务的入站和
出站流量，确保服务之间通信的可控性。

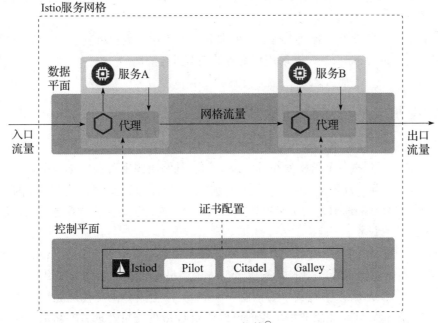

图 8-1　Istio 架构[⊖]

Envoy 的很多功能可以用于服务间通信，比如通过端口暴露一个或者多个监听器给外部
服务，还可以通过路由规则将流量定向转发给指定目标。在服务互相之间调用时，Envoy 可
以隐藏服务后端的拓扑细节，降低交互的复杂性。Istio 中通过启用 Envoy 代理获得的功能
或任务包括但不限于以下特性。

❑ 流量控制能力：Envoy 代理可以通过丰富的 HTTP、gRPC、WebSocket 和 TCP 流量
　　路由规则进行细粒度的流量控制。

❑ 网络弹性特性：重试机制的设置、故障转移、熔断和故障注入。

❑ 安全和身份验证特性：执行安全策略、访问控制和速率限制。

❑ 基于 WebAssembly 的可插拔扩展模型：更好地支持用户自定义策略的实施和生成网
　　格流量的遥测。

2. Istiod 组件

Istiod 组件提供服务发现、流量管理、配置和证书管理等服务网格管控功能，包括但不
限于以下特性。

❑ Pilot 模块使用高级路由规则控制流量行为，将这些规则转换为 Envoy 代理特定的配

⊖　图片来源：https://istio.io/latest/zh/docs/ops/deployment/architecture/arch.svg。

置，并在运行时将其传播到 Envoy 代理中。
- ❑ Citadel 模块通过内置的身份和证书管理功能，支持基于服务身份的认证和访问控制。Istiod 也充当了证书颁发机构，可以自签发证书并开启数据平面中安全的 mTLS 通信。
- ❑ Galley 模块负责配置验证、提取、处理和分发工作，负责将其余的 Istio 组件与从底层平台（如 Kubernetes）获取用户配置的细节进行隔离。

8.2　Istio 服务网格的流量治理

在多云 / 混合云架构下，用户可能需要按照不同地域或不同集群管理应用服务的流量，例如跨集群的 A/B 测试、金丝雀发布等，Istio 的流量路由规则可以简化服务之间的流量和 API 调用，这种集群内或集群之间的流量管理被称为东西向流量管理。南北向流量则是服务网格内部与外界交互的通道，用于使用集群外部客户端连接服务网格内服务以及从服务网格访问网格外的其他服务。

在 Istio 服务网格的流量管理中，Istio 将首先连接到网格中所有 Kubernetes 集群的 API Server，然后自动检测该集群中的服务和 endpoints，最后将其记录在 Istio 维护的一个内部服务注册表中。根据服务注册表中的信息，Istiod 组件生成 Envoy 代理配置，由 Envoy 代理执行流量定向转发到相关服务中。我们可以使用 Istio 的流量管理 API 将流量配置添加到 Istio 中，以此完成对服务流量更细粒度的管控，这些流量管理 API 的使用包括虚拟服务、目标规则、网关、服务入口和 Sidecar。

8.2.1　虚拟服务

虚拟服务用于在 Istio 服务网格中配置将请求路由到指定服务的方式。每个虚拟服务都包含一组路由规则，通过定义路由规则，Istiod 可以配置 Envoy 发送虚拟服务的流量到指定的目标中，这个目标可以是同一服务的不同版本，也可以是不同服务。

一个典型的例子就是通过虚拟服务定义的路由规则，将请求到一定百分比的流量（如 20%）路由到服务的新版本中，剩下的流量路由到服务的旧版本，虚拟服务示例编排如下所示。

```
apiVersion: networking.istio.io/v1alpha3
kind: VirtualService
metadata:
  name: reviews
spec:
  hosts:
    - reviews
  http:
  - route:
```

```
      - destination:
          host: reviews
          subset: v2
          weight: 20
  - route:
    - destination:
        host: reviews
        subset: v1
        weight: 80
```

hosts 字段定义了虚拟服务主机名，即用户指定的目标地址，可以是 IP 地址、DNS 名称或 Kubernetes 内部服务名称。此虚拟目标地址并非 Istio 服务注册的一部分，可以设置为"*"，即匹配所有服务的路由规则。

http.route.destination.host 字段定义了需要真实匹配到 Istio 服务注册表中的服务地址，否则 Envoy 不知道该往哪里发送请求，本示例中 host: reviews 是一个 Kubernetes 环境下内部服务的名称。

在 http.route.destination.subset 字段中，subset:v2 表示将流量导向 v2 子集，subset:v1 表示将流量导向 v1 子集，子集的定义请参见 8.2.2 节。

在 http.route.destination.weight 字段中，weight: 80 表示按百分比权重，即流量的 80% 分发请求。

此外，虚拟服务还支持使用匹配条件等方式过滤请求并进行更加精细化的流量控制，有关内容会在 8.3 节进行介绍。

8.2.2　目标规则

虚拟服务用于定义将流量路由到指定目标的方式，目标规则定义了如何配置该目标的流量，例如我们使用目标规则为指定服务按照版本定义不同子集，一个简单的示例如下所示。

```
apiVersion: networking.istio.io/v1alpha3
kind: DestinationRule
metadata:
  name: reviews
spec:
  host: reviews
  trafficPolicy:
    loadBalancer:
      simple: RANDOM
  subsets:
  - name: v1
    labels:
      version: v1
  - name: v2
    labels:
      version: v2
```

subsets 字段定义了不同子集，每个子集都是基于一个或多个标签定义的，这些标签用于选择应用程序的后端 Pod。除此之外，还可以在目标规则中为流向某个服务或服务子集的流量指定负载均衡策略类型，例如 simple: RANDOM 表示随机策略，simple: ROUND_ROBIN 表示轮询策略。

8.2.3　网关

网关用于管理服务网格的入站流量和出站流量，用户通过定义网关资源，可以配置 4 ～ 6 层负载均衡属性，例如对外暴露的端口、TLS 设置等。下面是一个入口网关的编排示例。

```
apiVersion: networking.istio.io/v1alpha3
kind: Gateway
metadata:
  name: bookinfo-gateway
spec:
  selector:
    istio: ingressgateway
  servers:
  - port:
      number: 80
      name: http
      protocol: HTTP
    hosts:
    - "bookinfo.example.com"
```

这个网关配置表示允许 HTTP 流量通过 bookinfo.example.com 域名，经由 80 端口进入服务网格。进入服务网格的路由规则通过虚拟服务定义，虚拟服务中使用 gateway 字段绑定网关，如下所示。

```
apiVersion: networking.istio.io/v1alpha3
kind: VirtualService
metadata:
  name: bookinfo
spec:
  hosts:
  - "*"
  gateways:
  - bookinfo-gateway
  http:
  - match:
    - uri:
        exact: /productpage
    - uri:
        prefix: /static
    - uri:
        exact: /login
```

```
    - uri:
        exact: /logout
    - uri:
        prefix: /api/v1/products
  route:
  - destination:
      host: productpage
      port:
        number: 9080
```

8.2.4 服务入口

为了能在服务网格内部的服务注册表中添加外部服务，Istio 提供了一个服务入口的API，通过服务入口可以让服务网格中的服务访问这些手工加入的外部服务。服务入口的特性可以总结为以下几点。

- ❑ 重定向和转发外部服务流量，例如调用外部系统的 API 或者将流量导向遗留系统服务。
- ❑ 为外部服务定义流量策略，例如重试、超时或故障注入策略。
- ❑ 扩展服务网格，例如添加一个虚拟机应用服务到服务网格中。
- ❑ 从逻辑上添加来自不同集群的服务到服务网格中，实现 Kubernetes 多集群服务网格。

8.3 部署 Istio 服务网格组件和示例应用

本节我们将使用 Istio 1.9 发行版在单一 Kubernetes 集群中快速搭建 Istio 服务网格，部署 Bookinfo 示例应用并了解 Istio 服务网格的流量治理功能。

8.3.1 安装和部署 Istio

下面我们使用 istioctl 命令行工具，手动安装和部署 Istio 到本地数据中心 Kubernetes 集群中。

首先，下载 Linux 或 MacOS 操作系统对应的二进制可执行安装文件（本例为 Linux 操作系统）。下载 Istio 最新发行版的命令如下。

```
$ curl -L https://istio.io/downloadIstio | sh -
```

进入 istio-1.9.0 包目录并将 bin/istioctl 移动到 /usr/local/bin/ 目录下。

```
$ cd istio-1.9.0 && cp bin/istioctl /usr/local/bin/
```

使用以下命令安装 Istio 组件。命令中指定了 profile=demo，这是 Istio 的一组配置组合，包含 istio-pilot、istio-telemetry 等大部分核心组件以及 kiali、prometheus、grafana、istio-tracing 等插件，完全可以满足功能和性能测试的需求。

```
$ istioctl install --set profile=demo -y
Detected that your cluster does not support third party JWT authentication.
  Falling back to less secure first party JWT. See https://istio.io/v1.9/docs/
  ops/best-practices/security/#configure-third-party-service-account-tokens
  for details.
  Istio core installed
  Istiod installed
  Egress gateways installed
  Ingress gateways installed
  Installation complete
```

部署 Istio 时，具体配置信息会保存在一个名为 installed-state 的 IstioOperator 类型自定
义资源中，可以通过以下命令导出并查看配置信息。

```
$ kubectl -n istio-system get IstioOperator installed-state -o yaml >
installed-state.yaml
```

也可以查看 istio-system 命名空间下的组件是否运行正常，如下所示。

```
$ kubectl -n istio-system get all
NAME                                        READY   STATUS    RESTARTS   AGE
pod/istio-egressgateway-789b64c5f4-dh8qd    1/1     Running   0          131m
pod/istio-ingressgateway-768ff847df-tfq5b   1/1     Running   0          131m
pod/istiod-6f984b7878-57wvd                 1/1     Running   0          131m

NAME PORT(S)                        TYPE           CLUSTER-IP     EXTERNAL-IP   AGE
service/istio-egressgateway         ClusterIP      10.96.253.23   <none>        131m
   80/TCP,443/TCP,15443/TCP
service/istio-ingressgateway        LoadBalancer   10.96.50.32    <pending>     131m
   15021:32011/TCP,80:31373/TCP,443:31767/TCP,31400:30797/TCP,15443:32227/TCP
service/istiod                      ClusterIP      10.96.54.46    <none>        131m
   15010/TCP,15012/TCP,443/TCP,15014/TCP

NAME                                    READY   UP-TO-DATE   AVAILABLE   AGE
deployment.apps/istio-egressgateway     1/1     1            1           131m
deployment.apps/istio-ingressgateway    1/1     1            1           131m
deployment.apps/istiod                  1/1     1            1           131m

NAME                                          DESIRED   CURRENT   READY   AGE
replicaset.apps/istio-egressgateway-789b64c5f4    1         1         1       131m
replicaset.apps/istio-ingressgateway-768ff847df   1         1         1       131m
replicaset.apps/istiod-6f984b7878                 1         1         1       131m
```

其中 Service 服务 istio-ingressgateway 默认使用 LoadBalancer 服务类型对外暴露服务，
在没有配置任何外部负载均衡器的 Kubernetes 集群中，我们需要将其更改为 NodePort，命
令如下所示。

```
$ cat <<EOF > svc.patch
spec:
  type: NodePort
```

```
EOF

$ kubectl -n istio-system patch svc istio-ingressgateway -p "$(cat svc.patch)"
```

8.3.2　部署示例应用

下面我们部署一个 Bookinfo 应用到 default 命名空间下，该应用由 4 个单独的微服务组成，模拟了一个在线书店，页面上显示了一本书的详细信息以及与其相关的评论和评级信息。Bookinfo 应用的 4 个微服务模块如下。

❑ Productpage：用于生成浏览页面，会调用 Details 和 Reviews 两个微服务获取相关数据并在页面上展示。

❑ Details：用于提供图书的详细信息，不调用其他微服务。

❑ Reviews：用于提供图书的相关评论，会调用 Ratings 微服务。

❑ Ratings：用于提供图书评级信息，不调用其他微服务。

在以上 4 个单独的微服务中，Reviews 微服务将部署 3 个版本，它们之间的差异如下所示。

❑ 第 1 版本：不调用 Ratings 微服务，在线书店页面上将不显示书籍评级信息。

❑ 第 2 版本：调用 Ratings 微服务并使用 1 ～ 5 个黑色星形图标显示评分信息。

❑ 第 3 版本：调用 Ratings 微服务并使用 1 ～ 5 个红色星形图标显示评分信息。

Bookinfo 应用端到端的架构如图 8-2 所示。

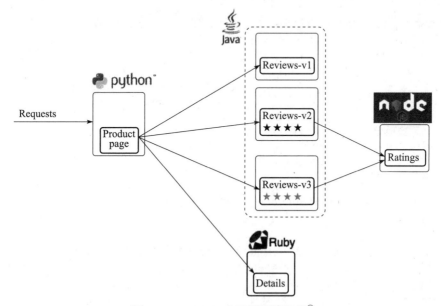

图 8-2　Bookinfo 应用端到端架构[⊖]

_____

⊖　图片来源：https://istio.io/latest/zh/docs/examples/bookinfo/noistio.svg。

在部署 Bookinfo 应用到 default 命名空间之前，我们需要先为 default 命名空间添加标签 istio-injection=enabled，Istio 将自动为拥有此标签的命名空间的应用注入 Envoy 代理，如下所示。

```
$ kubectl label namespace default istio-injection=enabled
namespace/default labeled
```

Bookinfo 应用的编排模板保存在 istio-1.9.0 目录下的 samples/bookinfo/platform/kube/bookinfo.yaml 文件中，将其部署至 default 命名空间。

```
$ kubectl apply -f samples/bookinfo/platform/kube/bookinfo.yaml
service/details created
serviceaccount/bookinfo-details created
deployment.apps/details-v1 created
service/ratings created
serviceaccount/bookinfo-ratings created
deployment.apps/ratings-v1 created
service/reviews created
serviceaccount/bookinfo-reviews created
deployment.apps/reviews-v1 created
deployment.apps/reviews-v2 created
deployment.apps/reviews-v3 created
service/productpage created
serviceaccount/bookinfo-productpage created
deployment.apps/productpage-v1 created
```

查看示例应用各微服务 Pod 的运行情况，可以看到每个 Pod 都包含 2 个容器，就绪状态（Ready）的值为 2/2。

```
$ kubectl get po
NAME                              READY   STATUS    RESTARTS   AGE
details-v1-79f774bdb9-n728t       2/2     Running   0          67s
productpage-v1-6b746f74dc-z47f4   2/2     Running   0          66s
ratings-v1-b6994bb9-m6gsk         2/2     Running   0          67s
reviews-v1-545db77b95-9lwv9       2/2     Running   0          67s
reviews-v2-7bf8c9648f-vm7lm       2/2     Running   0          67s
reviews-v3-84779c7bbc-5csvn       2/2     Running   0          67s
```

执行 curl -s productpage:9080/productpage 命令访问 productpage，验证示例应用是否可以正常访问。

```
$kubectl exec "$(kubectl get pod -l app=ratings -o jsonpath='{.items[0].
   metadata.name}')" -c ratings -- curl -s productpage:9080/productpage | grep
   -o "<title>.*</title>"
<title>Simple Bookstore App</title>
```

如需从 Kubernetes 集群外部访问 Bookinfo 应用服务，则需要进一步创建 Istio 入站网关（Ingress Gateway），以下命令将为 Bookinfo 应用创建一个网关和虚拟服务。

```
$ kubectl apply -f samples/bookinfo/networking/bookinfo-gateway.yaml
gateway.networking.istio.io/bookinfo-gateway created
virtualservice.networking.istio.io/bookinfo created
```

查看 Kubernetes 集群 Istio 服务网格的入口网关服务地址，本示例中 Kubernetes 集群没有配置外部负载均衡器，需要选择一个节点端口来替代，获取 ISTIO_INGRESS_PORT 的命令如下所示。

```
$ kubectl -n istio-system get service istio-ingressgateway -o jsonpath='{.spec.
  ports[?(@.name=="http2")].nodePort}'
31373

$ export ISTIO_INGRESS_PORT=31373
```

获取 Kubernetes 集群计算节点 IP 地址 ISTIO_INGRESS_HOST 的命令如下所示。

```
$ kubectl -n istio-system get po -l istio=ingressgateway -o jsonpath='{.items[0].
  status.hostIP}'
192.168.0.64

$ export ISTIO_INGRESS_HOST=192.168.0.64
```

使用浏览器访问如下地址即可验证 Bookinfo 应用的外部访问是否正常，如图 8-3 所示。

```
$ echo "http://$ISTIO_INGRESS_HOST:$ISTIO_INGRESS_PORT/productpage"
http://192.168.0.64:31373/productpage
```

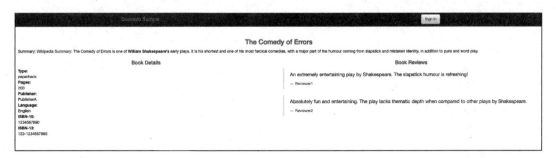

图 8-3　从集群外部访问 Bookinfo 应用

8.4　Istio 东西流量管理

本节主要介绍 Istio 管理服务网格东西流量的几种用法。

8.4.1　配置动态路由

在部署的 Bookinfo 应用中，reviews 微服务包含 3 个版本，默认情况下，在浏览器重复访问 http://192.168.0.64:31373/productpage 时，会发现页面中书评信息循环调用 reviews 微服务的 3 个版本，这是因为我们没有明确 productpage 调用 reviews 微服务时应该使用哪个版本的路由。

下面分别演示配置默认路由和基于用户身份的路由。

1. 配置默认路由

本示例将演示如何配置 Bookinfo 应用默认使用 reviews 微服务的第 1 版本。

首先为 Bookinfo 示例应用部署默认目标规则，命令如下所示。

```
$ kubectl apply -f samples/bookinfo/networking/destination-rule-all.yaml
destinationrule.networking.istio.io/productpage created
destinationrule.networking.istio.io/reviews created
destinationrule.networking.istio.io/ratings created
destinationrule.networking.istio.io/details created
```

查看 reviews 微服务对应的目标规则配置，如下所示。

```
$ kubectl get destinationrules reviews -oyaml
apiVersion: networking.istio.io/v1beta1
kind: DestinationRule
metadata:
  ...
spec:
  host: reviews
  subsets:
  - labels:
      version: v1
    name: v1
  - labels:
      version: v2
    name: v2
  - labels:
      version: v3
    name: v3
```

接下来部署虚拟服务，如下所示。

```
$ kubectl apply -f samples/bookinfo/networking/virtual-service-all-v1.yaml
virtualservice.networking.istio.io/productpage created
virtualservice.networking.istio.io/reviews created
virtualservice.networking.istio.io/ratings created
virtualservice.networking.istio.io/details created
```

查看 reviews 微服务对应的虚拟服务配置，默认路由配置为 v1，如下所示。

```
$ kubectl get virtualservices reviews -oyaml
apiVersion: networking.istio.io/v1beta1
kind: VirtualService
metadata:
```

```
...
spec:
  hosts:
  - reviews
  http:
  - route:
    - destination:
        host: reviews
        subset: v1
```

在浏览器上重复访问 http://192.168.0.64:31373/productpage 页面，可以验证当前新的路由配置是否已经设置为默认将评论服务的所有流量都路由到 reviews 微服务的第 1 版本上。

2. 基于用户身份的路由

Istio 的动态路由配置能力支持将来自特定终端用户的所有流量都路由到特性的服务版本上，例如本示例中将配置登录用户 hao 的所有访问请求都路由到 reviews 微服务的第 2 版本上。

当用户 hao 登录示例应用后，productpage 服务请求 reviews 微服务的所有 HTTP 请求中将增加一个自定义的 end-user 请求头，reviews 微服务对应的虚拟服务配置将根据此请求头判断应该将请求路由到哪个版本。其他用户的请求依旧默认路由至 reviews 服务的第 1 版本。通过以下命令更新 reviews 微服务对应的虚拟服务配置。

```
$ cat <<EOF > reviews-vs-v2.yaml
apiVersion: networking.istio.io/v1alpha3
kind: VirtualService
metadata:
  name: reviews
spec:
  hosts:
    - reviews
  http:
  - match:
    - headers:
        end-user:
          exact: hao
    route:
    - destination:
        host: reviews
        subset: v2
  - route:
    - destination:
        host: reviews
        subset: v1
EOF

$ kubectl apply -f reviews-vs-v2.yaml
```

配置完毕后，以 hao 的用户身份登录并重复多次访问示例应用，可以看到当前以 hao 用户身份发出的请求都被路由到了 reviews 微服务的第 2 版本，如图 8-4 所示。

图 8-4　终端用户 hao 的所有流量路由至 reviews 微服务的第 2 版本

退出登录后以其他用户身份登录，再次重复多次访问示例应用，可以看到所有请求依旧被路由到 reviews 微服务的第 1 版本上。

8.4.2　故障注入

Istio 的故障注入能力可以高效测试应用服务的弹性。下面分别演示注入 HTTP 延迟故障和 HTTP 中断故障。

1. 注入 HTTP 延迟故障

在 Bookinfo 示例应用中，reviews 微服务的第 2 版本在调用 ratings 微服务时，默认设置了 10s 的连接超时，我们在 reviews 微服务和 ratings 微服务之间注入一个 7s 的延迟，希望示例应用可以正常工作。

首先创建注入 7s 延迟的规则，如下所示。

```
$ cat <<EOF > reviews-v2-delay.yaml
apiVersion: networking.istio.io/v1alpha3
kind: VirtualService
metadata:
  name: ratings
spec:
  hosts:
  - ratings
  http:
  - match:
    - headers:
        end-user:
          exact: hao
    fault:
      delay:
        percentage:
          value: 100.0
        fixedDelay: 7s
```

```
      route:
      - destination:
          host: ratings
          subset: v1
    - route:
      - destination:
          host: ratings
          subset: v1
EOF

$ kubectl apply -f reviews-v2-delay.yaml
```

浏览器访问示例应用，发现页面中书评信息区域返回信息异常，与我们希望的结果不符，如图 8-5 所示。

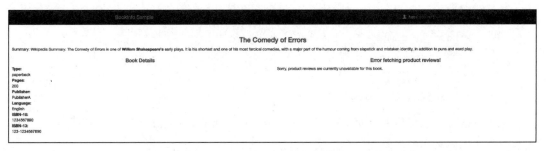

图 8-5　故障注入后，示例应用的书评信息区域返回异常

通过本次故障注入，我们发现了示例应用的一个缺陷：7s 的延迟注入虽然不影响 reviews 微服务调用 ratings 微服务，但 productpage 调用 reviews 微服务时有一个 3s 的连接超时设置，再加上一次重试总共 6s，超过 6s 的调用都会抛错。修复这个缺陷的方法是降低 reviews 微服务调用 ratings 微服务的超时时间。reviews 微服务的第 3 版本将这个超时时间降至 2.5s，我们可以更新 reviews 微服务对应的虚拟服务并设置用户 hao 发出的流量路由至第 3 版本，在 ratings 微服务的虚拟服务中注入 2s 的延迟，再次测试可以确认超时设置的缺陷已修复。

2. 注入 HTTP 中断故障

注入 HTTP 中断故障也可以高效测试应用服务的弹性，例如在 reviews 微服务调用 ratings 微服务时，直接返回错误信息，故障注入规则如下所示。

```
$ cat <<EOF > reviews-v2-abort.yaml
apiVersion: networking.istio.io/v1alpha3
kind: VirtualService
metadata:
  name: ratings
spec:
  hosts:
```

```
    - ratings
  http:
  - match:
    - headers:
        end-user:
          exact: hao
    fault:
      abort:
        percentage:
          value: 100.0
        httpStatus: 500
    route:
    - destination:
        host: ratings
        subset: v1
  - route:
    - destination:
        host: ratings
        subset: v1
EOF

$ kubectl apply -f reviews-v2-abort.yaml
```

用户 hao 登录后可以看到页面上返回 Ratings service is currently unavailable 的消息，退出登录后使用匿名用户访问则一切返回正常。

8.4.3　灰度流量

Istio 支持应用的渐进式灰度发布，即逐渐将流量以权重百分比的方式切换到新版本上，有效降低新版本全量上线前的潜在风险。本示例中，我们将把示例应用中 reviews 微服务从第 2 版渐进式地切换至第 3 版。

基于前面几节的实践，到目前为止，当我们使用匿名用户访问示例应用时，流量总是被路由至 reviews 微服务的第 2 版，如图 8-6 所示。

图 8-6　reviews 微服务第 2 版

当我们需要将 reviews 微服务升级至第 3 版时，可以先切换 10% 的流量到第 3 版上，观察其运行状态是否稳定，更新 reviews 的虚拟服务配置如下。

```
$ kubectl apply -f - <<EOF
apiVersion: networking.istio.io/v1alpha3
kind: VirtualService
metadata:
  name: reviews
spec:
  hosts:
    - reviews
  http:
  - route:
    - destination:
        host: reviews
        subset: v3
      weight: 10
    - destination:
        host: reviews
        subset: v2
      weight: 90
EOF
```

重复多次访问示例应用，可以看到有约 10% 的概率会将流量路由至 reviews 微服务的第 3 版。通常情况下，在对新版本应用进行充分测试、验证或者等待其稳定运行一段时间之后，可以进一步加权路由到第 3 版的流量占比，当确认新版本应用可以全量发布时，就可以将 100% 的流量切换至第 3 版。reviews 微服务的第 3 版本如图 8-7 所示。

图 8-7　reviews 微服务第 3 版

8.4.4　熔断

Istio 支持配置熔断功能。为了更好地演示 Istio 的熔断功能，下面我们部署另外一个名为 httpbin 的示例应用，部署命令如下所示。

```
$ kubectl apply -f samples/httpbin/httpbin.yaml
```

查看示例应用的运行状态如下。

```
$ kubectl get all -l app=httpbin
NAME                            READY     STATUS     RESTARTS     AGE
pod/httpbin-74fb669cc6-fphtl    2/2       Running    0            50s

NAME                TYPE         CLUSTER-IP       EXTERNAL-IP      PORT(S)      AGE
service/httpbin     ClusterIP    10.96.61.252     <none>          8000/TCP     50s

NAME                                    DESIRED     CURRENT    READY     AGE
replicaset.apps/httpbin-74fb669cc6      1           1          1         50s
```

下面我们为该应用配置一个目标规则，其中包含调用 httpbin 服务时的熔断设置，命令如下所示。

```
$ kubectl apply -f - <<EOF
apiVersion: networking.istio.io/v1alpha3
kind: DestinationRule
metadata:
  name: httpbin
spec:
  host: httpbin
  trafficPolicy:
    connectionPool:
      tcp:
        maxConnections: 3
      http:
        http1MaxPendingRequests: 3
        maxRequestsPerConnection: 1
    outlierDetection:
      consecutiveErrors: 1
      interval: 1s
      baseEjectionTime: 3m
      maxEjectionPercent: 100
EOF
```

上述示例中设置了 trafficPolicy. connectionPool.tcp. maxConnections=3、trafficPolicy. connectionPool.http. http1MaxPendingRequests=3、trafficPolicy. connectionPool.http. maxRequestsPerConnection=1，表示当请求 httpbin 服务的并发 TCP 连接和 HTTP 请求数超过 3 个时，将触发熔断，后续请求或连接将会被阻止。

部署测试客户端应用程序如下所示。

```
$ kubectl apply -f samples/httpbin/sample-client/fortio-deploy.yaml
```

进入客户端程序 Pod，执行命令请求建立 6 个并发连接，请求 60 次，命令如下所示。

```
$ FORTIO_POD=$(kubectl get pod | grep fortio | awk '{ print $1 }')
$ kubectl exec -it $FORTIO_POD -c fortio -- /usr/bin/fortio load -c 6 -qps 0
  -n 60 -loglevel Warning http://httpbin:8000/get
13:31:42 I logger.go:127> Log level is now 3 Warning (was 2 Info)
Fortio 1.11.3 running at 0 queries per second, 2->2 procs, for 60 calls:
```

```
http://httpbin:8000/get
Starting at max qps with 6 thread(s) [gomax 2] for exactly 60 calls (10 per
  thread + 0)
13:31:42 W http_client.go:693> Parsed non ok code 503 (HTTP/1.1 503)
13:31:42 W http_client.go:693> Parsed non ok code 503 (HTTP/1.1 503)
...
...
Ended after 83.698128ms : 60 calls. qps=716.86
Aggregated Function Time : count 60 avg 0.0067455777 +/- 0.006708 min 0.000352546
  max 0.021711882 sum 0.404734663
# range, mid point, percentile, count
>= 0.000352546 <= 0.001 , 0.000676273 , 28.33, 17
> 0.001 <= 0.002 , 0.0015 , 38.33, 6
> 0.002 <= 0.003 , 0.0025 , 51.67, 8
...
...
# target 50% 0.002875
# target 75% 0.0133333
# target 90% 0.017
# target 99% 0.0211983
# target 99.9% 0.0216605
Sockets used: 34 (for perfect keepalive, would be 6)
Jitter: false
Code 200 : 30 (50.0 %)
Code 503 : 30 (50.0 %)
Response Header Sizes : count 60 avg 115.3 +/- 115.3 min 0 max 231 sum 6918
Response Body/Total Sizes : count 60 avg 546.8 +/- 305.8 min 241 max 853 sum 32808
All done 60 calls (plus 0 warmup) 6.746 ms avg, 716.9 qps
```

可以看到并发数为 6 且请求 60 次 httpbin 服务的测试用例触发了熔断行为，只有 50%
的请求成功率，其余请求被成功阻止。

8.5　Istio 多集群部署管理

本节主要介绍在多集群基础上组建 Istio 服务网格的几种方式，包括单一网络或跨网络
场景下的共享控制平面和多控制平面的实践。

8.5.1　使用限制和准备工作

服务网格中的每个 Kubernetes 集群都必须能够互相访问 API Server，如果是同一个网
络下的集群，则可以直接使用内网端点访问；如果是不同网络下的集群，则需要定向开放公
网端点访问。在进行 Istio 的多集群部署之前，我们需要明确一些使用限制，如下所示。

❑ Kubernetes 集群版本不低于 1.17。

❑ 集群与集群之间可以互相访问 API Server。

本示例中，我们假设使用了两个 Kubernetes 集群组建多集群服务网格。需要做以下准

备工作。

（1）设置多集群访问上下文环境变量

参考 2.5 节使用 kubeconfig 配置对多集群访问的步骤，为两个 Kubernetes 集群设置不同的上下文名称，例如 cluster1-aliyun 和 cluster2-idc，如下所示。

```
$ kubectl config get-contexts
CURRENT   NAME            CLUSTER         AUTHINFO              NAMESPACE
*         cluster1-aliyun cluster1-aliyun cluster1-aliyun-admin
          cluster2-idc    cluster2-idc    cluster2-idc-admin
```

设置环境变量 CTX_CLUSTER1 和 CTX_CLUSTER2，方便我们在后续操作中直接使用。

```
$ export CTX_CLUSTER1=<your cluster1 context>
$ export CTX_CLUSTER2=<your cluster2 context>
```

（2）下载并安装 istioctl 命令行工具

下载并安装 istioctl 命令行工具，如下所示。

```
$ curl -L https://istio.io/downloadIstio | sh -

$ cd istio-1.9.1 && cp bin/istioctl /usr/local/bin/
```

（3）配置集群之间的信任关系

为 CA 证书生成 Secret 资源并部署到服务网格中的所有集群上。

```
$ kubectl --context="${CTX_CLUSTER1}" create ns istio-system

$ kubectl --context="${CTX_CLUSTER1}" create secret generic cacerts -n istio-
  system --from-file=samples/certs/ca-cert.pem \
    --from-file=samples/certs/ca-key.pem --from-file=samples/certs/root-cert.pem \
    --from-file=samples/certs/cert-chain.pem

$ kubectl --context="${CTX_CLUSTER2}" create ns istio-system

$ kubectl --context="${CTX_CLUSTER2}" create secret generic cacerts -n istio-
  system --from-file=samples/certs/ca-cert.pem \
    --from-file=samples/certs/ca-key.pem --from-file=samples/certs/root-cert.pem \
    --from-file=samples/certs/cert-chain.pem
```

8.5.2   单一网络共享控制平面部署模型

单一网络共享控制平面部署模型是指服务网格中多个集群共享一个控制平面，提供管控服务的集群被称为主集群，其他集群被称为从集群，主集群和从集群都运行在同一个网络中，集群 Pod 之间可以跨集群互联互通。

本示例将使用 cluster1-aliyun-primary 和 cluster2-idc-remote 演示如何搭建基于 Istio 单一网络共享控制平面的服务网格。cluster1-aliyun-primary 通过阿里云容器服务创建的云上 Kubernetes 集群，运行于云上网络 network1，cluster2-idc-remote 是本地数据中心内的 Kubernetes 集群，运行于云下网络 network2。参考 4.7 节云上云下网络互联互通方案，我们将云上 network1 与云下 network2 并网互通后，形成单一混合网络 single-network-hybrid。cluster1-aliyun-primary 和 cluster2-idc-remote 集群信息如表 8-1 所示。

表 8-1　cluster1-aliyun-primary 和 cluster2-idc-remote 集群信息

集群名称	Kubernetes 版本	网络
cluster1-aliyun-primary	1.18.8	single-network-hybrid
cluster2-idc-remote	1.19.4	single-network-hybrid

我们配置 cluster1-aliyun-primary 为主集群并安装 Istio 控制平面，配置 cluster2-idc-remote 为从集群并通过部署东西流量网关访问共享控制平面。共享控制平面将为两个集群中的工作负载提供服务发现能力。单一网络共享控制平面的服务网格架构如图 8-8 所示。

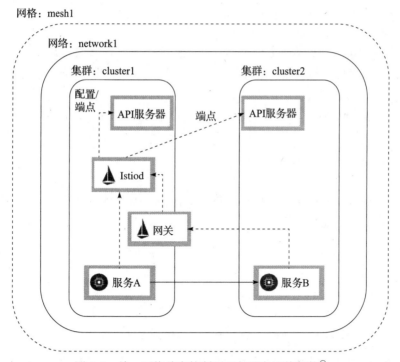

图 8-8　单一网络共享控制平面的服务网格架构[⊖]

为 cluster1-aliyun-primary 创建 Istio 配置文件 cluster1-aliyun-primary.yaml，配置 meshID=mesh1、multiCluster.clusterName=cluster1-aliyun-primary、network=single-network-hybrid，如下所示。

　⊖　图片来源：https://istio.io/latest/zh/docs/setup/install/multicluster/primary-remote/arch.svg。

```
$ cat <<EOF > cluster1-aliyun-primary.yaml
apiVersion: install.istio.io/v1alpha1
kind: IstioOperator
spec:
  values:
    global:
      meshID: mesh1
      multiCluster:
        clusterName: cluster1-aliyun-primary
      network: single-network-hybrid
EOF
```

将 Istio 配置文件部署至 cluster1-aliyun-primary，如下所示。

```
$ istioctl install --context="${CTX_CLUSTER1}" -f cluster1-aliyun-
primary.yaml -y
  Istio core installed
  Istiod installed
  Ingress gateways installed
  Installation complete
```

cluster1-aliyun-primary 作为主控集群，需要部署东西流量网关，其他从集群将通过此东西流量网关连接共享控制平面，生成并部署东西流量网关，如下所示。

```
$ samples/multicluster/gen-eastwest-gateway.sh \
    --mesh mesh1 --cluster cluster1-aliyun-primary --network single-
network-hybrid | \
    istioctl --context="${CTX_CLUSTER1}" install -y -f -
  Ingress gateways installed
  Installation complete
```

cluster1-aliyun-primary 集群支持外部负载均衡器，因此我们会看到一个分配了公网 IP 地址的负载均衡实例，如下所示。

```
$ kubectl --context="${CTX_CLUSTER1}" -n istio-system get svc istio-eastwestgateway
NAME                     TYPE           CLUSTER-IP       EXTERNAL-IP      PORT(S)
                                                                          AGE
istio-eastwestgateway    LoadBalancer   172.29.3.83      47.242.88.241
  15021:32013/TCP,15443:30669/TCP,15012:32655/TCP,15017:32420/TCP         3m17s
```

在本示例中，cluster1-aliyun-primary 和 cluster1-idc-remote 网络互联互通，因此可以修改 istio-eastwestgateway 为内网类型的负载均衡实例，需要为 istio-eastwestgateway 服务添加注解，如下所示。

```
metadata:
  annotations:
    service.beta.kubernetes.io/alibaba-cloud-loadbalancer-address-type: "intranet"
```

重建 istio-eastwestgateway 服务后，EXTERNAL-IP 地址更新为内网 IP 地址，如下所示。

```
$ kubectl --context="${CTX_CLUSTER1}" -n istio-system get svc istio-eastwestgateway
NAME                        TYPE            CLUSTER-IP       EXTERNAL-IP    PORT(S)
                                                                           AGE
istio-eastwestgateway       LoadBalancer    172.29.8.162     192.168.0.50
   15021:32013/TCP,15443:30669/TCP,15012:32655/TCP,15017:32420/TCP    12s
```

创建网关和虚拟服务资源，开放共享控制平面给服务网格的其他集群访问，如下所示。

```
$ kubectl apply --context="${CTX_CLUSTER1}" -f \
    samples/multicluster/expose-istiod.yaml
gateway.networking.istio.io/istiod-gateway created
virtualservice.networking.istio.io/istiod-vs created
```

至此，主控集群中的 Istio 部署和配置完成，接下来配置 cluster2-idc-remote 集群加入服务网格。在配置 cluster2-idc-remote 集群之前，我们需要在主控集群中保存 cluster2-idc-remote 的集群 API 服务器访问凭证。主控集群将使用此访问凭证验证 cluster2-idc-remote 发起的连接请求是否具有访问对应资源的权限，若没有相应权限则会拒绝该请求。cluster2-idc-remote 的访问凭证将以 Secret 资源的方式保存在主控集群中，命令如下所示。

```
$ istioctl x create-remote-secret \
    --context="${CTX_CLUSTER2}" \
    --name=cluster2-idc-remote | \
    kubectl apply -f - --context="${CTX_CLUSTER1}"
secret/istio-remote-secret-cluster2 created
```

现在我们可以为 cluster2-idc-remote 集群配置 Istio 了。先获取主控集群中部署的东西流量网关地址并保存到环境变量 DISCOVERY_ADDRESS 中，如下所示。

```
$ kubectl --context="${CTX_CLUSTER1}" \
    -n istio-system get svc istio-eastwestgateway \
    -o jsonpath='{.status.loadBalancer.ingress[0].ip}'
192.168.0.50

$ export DISCOVERY_ADDRESS=192.168.0.50
```

为 cluster2-idc-remote 创建 Istio 并配置 cluster2-idc-remote.yaml，配置 meshID=mesh1，与主控集群保持一致；配置 multiCluster.clusterName=cluster2-idc-remote，注意名字需要与主控集群中创建 cluster2-idc-remote 访问凭证时的 -name=cluster2-idc-remote 保持一致；配置 network=single-network-hybrid，与主控集群保持一致，remotePilotAddress=${DISCOVERY_ADDRESS}，如下所示。

```
$ cat <<EOF > cluster2-idc-remote.yaml
apiVersion: install.istio.io/v1alpha1
kind: IstioOperator
spec:
  profile: remote
  values:
```

```
  global:
    meshID: mesh1
    multiCluster:
      clusterName: cluster2-idc-remote
    network: single-network-hybrid
    remotePilotAddress: \${DISCOVERY_ADDRESS}
EOF
```

将 Istio 配置 cluster2-idc-remote.yaml 部署至 cluster2-idc-remote 集群。

```
$ istioctl install --context="${CTX_CLUSTER2}" -f cluster2-idc-remote.yaml -y
  Istio core installed
  Istiod installed
  Ingress gateways installed
  Installation complete
```

至此，单一网络共享控制平面的 Istio 服务网格就搭建完毕了，可以使用 8.5.6 节将介绍的示例应用验证 Istio 服务网格中集群间服务调用的东西流量是否正常。

8.5.3　单一网络多控制平面部署模型

单一网络多控制平面部署模型是将每个集群都设置为主集群，每一个控制平面都会同时监测服务网格中其他集群的 API Server，架构如图 8-9 所示。

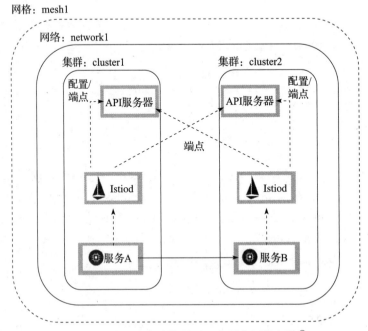

图 8-9　单一网络多控制平面的服务网格架构[⊖]

⊖　图片来源：https://istio.io/latest/zh/docs/setup/install/multicluster/multi-primary/arch.svg。

在部署多控制平面之前，我们可以使用如下命令清理 cluster1-aliyun-primary 和 cluster2-idc-remote 中的 Istio 配置以及示例应用。

```
$ istioctl x uninstall --context="${CTX_CLUSTER1}" --purge -y

$ kubectl --context="${CTX_CLUSTER1}" delete namespace istio-system test-eastwest

$ istioctl x uninstall --context="${CTX_CLUSTER2}" --purge -y

$ kubectl --context="${CTX_CLUSTER2}" delete namespace istio-system test-eastwest
```

为 cluster1-aliyun-primary 创建 Istio 配置，如下所示。

```
$ cat <<EOF > cluster1-aliyun-primary.yaml
apiVersion: install.istio.io/v1alpha1
kind: IstioOperator
spec:
  values:
    global:
      meshID: mesh1
      multiCluster:
        clusterName: cluster1-aliyun-primary
      network: single-network-hybrid
EOF
```

将 Istio 配置 cluster1-aliyun-primary.yaml 部署至 cluster1-aliyun-primary 集群。

```
$ istioctl install --context="${CTX_CLUSTER1}" -f cluster1-aliyun-primary.yaml -y
  Istio core installed
  Istiod installed
  Ingress gateways installed
  Installation complete
```

用同样的方式为 cluster2-idc-remote 创建 Istio 配置，如下所示。

```
$ cat <<EOF > cluster2-idc-remote.yaml
apiVersion: install.istio.io/v1alpha1
kind: IstioOperator
spec:
  values:
    global:
      meshID: mesh1
      multiCluster:
        clusterName: cluster2-idc-remote
      network: single-network-hybrid
EOF
```

将 Istio 配置 cluster2-idc-remote.yaml 部署至 cluster2-idc-remote 集群。

```
$ istioctl install --context="${CTX_CLUSTER2}" -f cluster2-idc-remote.yaml -y
  Istio core installed
```

```
Istiod installed
Ingress gateways installed
Installation complete
```

在 cluster1-aliyun-primary 集群中保存 cluster2-idc-remote 集群的 API Server 访问凭证，如下所示。

```
$ istioctl x create-remote-secret \
    --context="${CTX_CLUSTER2}" \
    --name=cluster2-idc-remote | \
    kubectl apply -f - --context="${CTX_CLUSTER1}"
```

同样需要在 cluster2-idc-remote 集群中保存 cluster1-aliyun-primary 集群的 API Server 访问凭证，如下所示。

```
$ istioctl x create-remote-secret \
    --context="${CTX_CLUSTER1}" \
    --name=cluster1-aliyun-primary | \
    kubectl apply -f - --context="${CTX_CLUSTER2}"
```

至此，单一网络多控制平面的 Istio 服务网格就搭建完毕了，可以使用 8.5.6 节中的示例应用验证 Istio 服务网格中集群间服务调用的东西流量是否正常。

8.5.4 多网络共享控制平面部署模型

在 8.5.2 节中，示例集群 cluster1-aliyun-primary 所在的 network1 和 cluster2-idc-remote 所在 network2 通过云上云下网络互联互通方案打通形成了 single-network-hybrid，下面我们解除互联互通方案配置，使两个示例集群处于不同的网络环境下。

在多网络共享控制平面部署模型下，要求服务网格中主集群可以访问和监测从集群的 API Server，若选择云下 cluster2-idc-remote 集群作为主集群，则需要云上 cluster1-aliyun-primary 集群为其 API Server 绑定弹性公网 IP 地址（请额外设置公网地址的访问控制策略，以避免外部攻击）。此外，Istio 共享控制平面也需要以公网的方式开放给云上集群访问。

若选择云上集群 cluster1-aliyun-primary 作为主集群，则需要保证云下 cluster2-idc-remote 集群可以暴露其 API Server 的访问端点。除了配置公网地址之外，另一种更推荐的做法是参考第 3 章阿里云注册集群接入本地数据中心 Kubernetes 集群的方法，在集群 cluster1-aliyun-primary 同一个专有网络 VPC 下创建注册集群 cluster2-idc-aliyun，接入本地数据中心集群 cluster2-idc-remote 后，我们就可以从 cluster1-aliyun-primary 使用内网 kubeconfig 访问凭证监测 cluster2-idc-aliyun。不过，从 cluster2-idc-aliyun 连接 Istio 共享控制平面依旧需要使用公网链路。

本示例中，我们把云上集群 cluster1-aliyun-primary 作为主集群，云下 cluster2-idc-remote 集群接入云上注册集群 cluster2-idc-aliyun，集群和网络信息如表 8-2 所示。

表 8-2　云上云下集群和网络信息

集群名称	Kubernetes 版本	管控网络	数据网络
cluster1-aliyun-primary	1.18.8	network1	network1
cluster2-idc-aliyun	1.19.4	network1	network2
cluster2-idc-remote	1.19.4	network2	network2

多网络共享控制平面部署模型下，Istio 共享控制平面部署在主集群中，从集群连接到共享控制平面。因为跨集群的 Pod 之间无法直接通信，所以服务负载在跨集群访问时都需要通过东西流量网关转发请求，架构如图 8-10 所示。

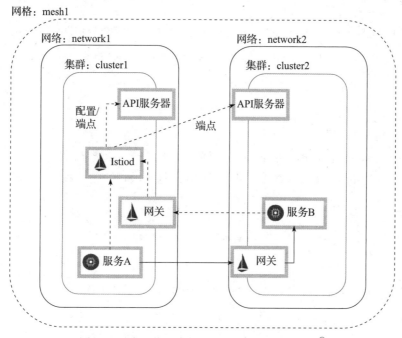

图 8-10　多网络共享控制平面的服务网格架构[⊖]

分别为 cluster1-aliyun-primary 和 cluster2-idc-aliyun 的 istio-system 命名空间设置默认网络标签，如下所示。

```
$ kubectl --context="${CTX_CLUSTER1}" label namespace istio-system
topology.istio.io/network=network1
```

```
$ kubectl --context="${CTX_CLUSTER2}" label namespace istio-system
topology.istio.io/network=network2
```

生成 Istio 配置文件 cluster1-aliyun-primary.yaml，参数设置分别为 meshID=mesh1、

⊖　图片来源：https://istio.io/latest/zh/docs/setup/install/multicluster/primary-remote_multi-network/arch.svg。

multiCluster.clusterName=cluster1-aliyun-primary、network=netwrok1，如下所示。

```
$ cat <<EOF > cluster1-aliyun-primary.yaml
apiVersion: install.istio.io/v1alpha1
kind: IstioOperator
spec:
  values:
    global:
      meshID: mesh1
      multiCluster:
        clusterName: cluster1-aliyun-primary
      network: network1
EOF
```

将 Istio 配置文件 cluster1-aliyun-primary.yaml 部署至 cluster1-aliyun-primary 集群。

```
$ istioctl install --context="${CTX_CLUSTER1}" -f cluster1-aliyun-
primary.yaml -y
  Istio core installed
  Istiod installed
  Ingress gateways installed
  Installation complete
```

接下来在 cluster1-aliyun-primary.yaml 部署东西流量网关，默认情况下，东西流量网关将使用公网负载均衡器暴露服务给从集群访问，部署命令如下所示。

```
$ samples/multicluster/gen-eastwest-gateway.sh \
    --mesh mesh1 --cluster cluster1-aliyun-primary --network network1 | \
    istioctl --context="${CTX_CLUSTER1}" install -y -f -
  Ingress gateways installed
  Installation complete
```

等待东西流量网关获取外部公网 IP 地址，如下所示。

```
$ kubectl --context="${CTX_CLUSTER1}" get svc istio-eastwestgateway -n istio-system
NAME                      TYPE          CLUSTER-IP      EXTERNAL-IP     PORT(S)
                                                                        AGE
istio-eastwestgateway     LoadBalancer  172.29.3.31     8.210.227.151
  15021:31142/TCP,15443:31241/TCP,15012:30756/TCP,15017:31730/TCP       81s
```

开放 Istio 共享控制平面给从集群，如下所示。

```
$ kubectl apply --context="${CTX_CLUSTER1}" -f \
    samples/multicluster/expose-istiod.yaml
gateway.networking.istio.io/istiod-gateway created
virtualservice.networking.istio.io/istiod-vs created
```

两个集群处于不同网络之中，而跨集群的服务访问需要通过东西流量网关转发，此网关也需要开放给彼此，因此首先开放主集群中的东西流量网关服务，如下所示。

```
$ kubectl --context="${CTX_CLUSTER1}" apply -n istio-system -f \
```

```
samples/multicluster/expose-services.yaml
gateway.networking.istio.io/cross-network-gateway created
```

上述命令将部署一个名为 cross-network-gateway 的网关资源，将开放主集群中所有匹配 *.local 的内部服务，并且只允许拥有可信 mTLS 证书和工作负载 ID 的服务访问，编排配置如下所示。

```
$ spec:
  selector:
    istio: eastwestgateway
  servers:
  - hosts:
    - '*.local'
    port:
      name: tls
      number: 15443
      protocol: TLS
    tls:
      mode: AUTO_PASSTHROUGH
```

继续配置从集群的 Istio 组件之前，先在主集群中保存其访问从集群的访问凭证到 Secret 资源中，如下所示。

```
$ istioctl x create-remote-secret \
    --context="${CTX_CLUSTER2}" \
    --name=cluster2-idc-aliyun | \
   kubectl apply -f - --context="${CTX_CLUSTER1}"
secret/istio-remote-secret-cluster2-idc-aliyun created
```

获取主集群东西流量网关的公网地址并保存在环境变量 DISCOVERY_ADDRESS 中，如下所示。

```
$ kubectl --context="${CTX_CLUSTER1}" \
    -n istio-system get svc istio-eastwestgateway \
    -o jsonpath='{.status.loadBalancer.ingress[0].ip}'
8.210.0.105
$ export DISCOVERY_ADDRESS=8.210.0.105
```

生成从集群的 Istio 配置 cluster2-idc-aliyun.yaml，如下所示。

```
$ cat <<EOF > cluster2-idc-aliyun.yaml
apiVersion: install.istio.io/v1alpha1
kind: IstioOperator
spec:
  profile: remote
  values:
    global:
      meshID: mesh1
      multiCluster:
```

```
        clusterName: cluster2-idc-aliyun
      network: network2
      remotePilotAddress: ${DISCOVERY_ADDRESS}
EOF
```

将 cluster2-idc-aliyun.yaml 部署至从集群。

```
$ istioctl install --context="${CTX_CLUSTER2}" -f cluster2-idc-aliyun.yaml -y
  Istio core installed
  Istiod installed
  Ingress gateways installed
  Installation complete
```

安装东西流量网关，如下所示。

```
$ samples/multicluster/gen-eastwest-gateway.sh \
    --mesh mesh1 --cluster cluster2-idc-aliyun --network network2 | \
    istioctl --context="${CTX_CLUSTER2}" install -y -f -
  Ingress gateways installed
  Installation complete
```

因为 cluster2-idc-aliyun 集群中没有部署外部负载均衡器，所以默认 LoadBalancer 类型的东西流量服务 istio-eastwestgateway 在分配外部 IP 地址时会一直处于 pending 状态。

```
$ kubectl --context="${CTX_CLUSTER2}" get svc istio-eastwestgateway -n istio-system
NAME                     TYPE           CLUSTER-IP      EXTERNAL-IP   PORT(S)
                                                                     AGE
istio-eastwestgateway    LoadBalancer   10.96.110.228   <pending>
   15021:30566/TCP,15443:30991/TCP,15012:31693/TCP,15017:30166/TCP   46s
```

针对上述场景，我们先将 istio-eastwestgateway 更改为 NodePort 类型服务，然后为集群计算节点添加公网 IP 地址 PUBLIC_IP，主集群中的应用服务将使用 PUBLIC_IP:NodePort 访问东西流量网关服务。

```
$ cat <<EOF > svc.patch
spec:
  type: NodePort
EOF

$ kubectl --context="${CTX_CLUSTER2}" -n istio-system patch svc istio-
eastwestgateway -p "$(cat svc.patch)"

$ kubectl --context="${CTX_CLUSTER2}" -n istio-system get svc istio-eastwestgateway
NAME                     TYPE       CLUSTER-IP     EXTERNAL-IP   PORT(S)
                                                                AGE
istio-eastwestgateway    NodePort   10.96.67.134   <none>
   15021:31192/TCP,15443:32709/TCP,15012:31714/TCP,15017:30470/TCP   1m
```

为了保证东西流量服务的高可用，我们为 cluster2-idc-aliyun 集群中的两个计算节点添加公网 IP 地址，分别为 47.52.148.82 和 47.244.89.129，那么主集群中的应用服务将通过

47.52.148.82:32709 或 47.244.89.129:32709 连接到从集群的东西流量网关服务并完成跨集群流量发送。

更新主集群中 istio-system 命名空间下名为 istio 的 Configmap 配置，将 meshNetworks: 'networks: {}' 改为如下所示的配置。在 meshNetworks 配置中，我们添加 network2 网络下的 endpoints 和 gateways 等信息。

```
$ kubectl -n istio-system get cm istio -oyaml
apiVersion: v1
data:
  ...
  ...
  meshNetworks: |-
    networks:
      network2:
        endpoints:
          - fromRegistry: cluster2-idc-aliyun
        gateways:
          - address: 47.52.148.82
            port: 32709
          - address: 47.244.89.129
            port: 32709
```

配置允许在服务网格中访问集群所有可以匹配到 *.local 的内部服务，如下所示。

```
$ kubectl --context="${CTX_CLUSTER2}" apply -n istio-system -f \
    samples/multicluster/expose-services.yaml
gateway.networking.istio.io/cross-network-gateway created
```

至此，多网络共享控制平面的 Istio 服务网格就搭建完毕了，使用 8.5.6 节中的示例应用可以验证 Istio 服务网格中集群间服务调用的东西流量是否正常。

8.5.5　多网络多控制平面部署模型

多网络多控制平面部署模型下，Istio 控制平面同时部署在两个集群中，cluster1-aliyun-primary 和 cluster1-idc-aliyun 不仅要求可以通过 kubeconfig 访问对方的 API Server，部署在两个集群中的东西流量网关服务也需要以公网访问的方式开放给对方。集群中的 Istiod 同时监测两个集群，集群之间的应用服务调用都经过东西流量网关服务转发，架构如图 8-11 所示。

分别为 cluster1-aliyun-primary 和 cluster2-idc-aliyun 的 istio-system 命名空间设置默认网络标签，如下所示。

```
$ kubectl --context="${CTX_CLUSTER1}" label namespace istio-system
topology.istio.io/network=network1

$ kubectl --context="${CTX_CLUSTER2}" label namespace istio-system
topology.istio.io/network=network2
```

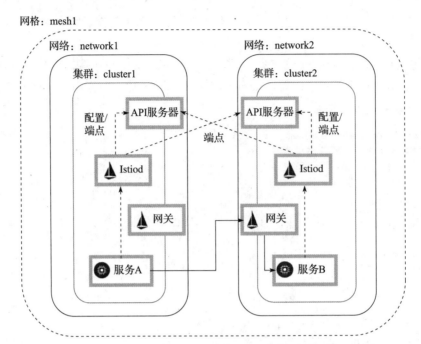

图 8-11 多网络多控制平面的服务网格架构图

为 cluster1-aliyun-primary 集群创建 Istio 配置，如下所示。

```
$ cat <<EOF > cluster1-aliyun-primary.yaml
apiVersion: install.istio.io/v1alpha1
kind: IstioOperator
spec:
  values:
    global:
      meshID: mesh1
      multiCluster:
        clusterName: cluster1-aliyun-primary
      network: network1
EOF
```

部署 cluster1-aliyun-primary.yaml 到集群 cluster1-aliyun-primary 中。

```
$ istioctl install --context="${CTX_CLUSTER1}" -f cluster1-aliyun-
primary.yaml -y
```

部署东西流量网关，如下所示。

```
$ samples/multicluster/gen-eastwest-gateway.sh \
    --mesh mesh1 --cluster cluster1-aliyun-primary --network network1 | \
    istioctl --context="${CTX_CLUSTER1}" install -y -f -
```

使用以下命令查看东西流量网关的服务信息，可以看到已经成功创建了一个外部负载均衡示例并分配了公网 IP 地址。

```
$ kubectl --context="${CTX_CLUSTER1}" get svc istio-eastwestgateway -n istio-system
NAME                      TYPE            CLUSTER-IP     EXTERNAL-IP    PORT(S)
                                                                       AGE
istio-eastwestgateway     LoadBalancer    172.29.2.19    8.210.255.148
   15021:32067/TCP,15443:30256/TCP,15012:31191/TCP,15017:30806/TCP    75s
```

在服务网格中开放 cluster1-aliyun-primary 集群中所有可以匹配 *.local 的内部服务。

```
$ kubectl --context="${CTX_CLUSTER1}" apply -n istio-system -f \
    samples/multicluster/expose-services.yaml
```

接下来，为 cluster2-idc-aliyun 配置 Istio 控制平面，步骤与 cluster1-aliyun-primary 类似，首先创建 Istio 配置如下所示。

```
$ cat <<EOF > cluster2-idc-aliyun.yaml
apiVersion: install.istio.io/v1alpha1
kind: IstioOperator
spec:
  values:
    global:
      meshID: mesh1
      multiCluster:
        clusterName: cluster2-idc-aliyun
      network: network2
EOF
```

部署 cluster2-idc-aliyun.yaml 到集群 cluster2-idc-aliyun 中。

```
$ istioctl install --context="${CTX_CLUSTER2}" -f cluster2-idc-aliyun.
yaml -y
```

部署东西流量网关，如下所示。

```
$ samples/multicluster/gen-eastwest-gateway.sh \
    --mesh mesh1 --cluster cluster2-idc-aliyun --network network2 | \
    istioctl --context="${CTX_CLUSTER2}" install -y -f -
```

修改东西流量网关服务的类型为 NodePort，修改后的服务节点端口为 31990，服务网格将使用 47.52.148.82:31990 或 47.244.89.129:31990 连接本集群的东西流量网关服务，如下所示。

```
$ kubectl --context="${CTX_CLUSTER2}" -n istio-system get svc istio-eastwestgateway
NAME                      TYPE         CLUSTER-IP      EXTERNAL-IP    PORT(S)
                                                                     AGE
istio-eastwestgateway     NodePort     10.96.188.139   <none>
   15021:31260/TCP,15443:31990/TCP,15012:31887/TCP,15017:30654/TCP   109s
```

在服务网格中开放 cluster2-idc-aliyun 集群中所有可以匹配 *.local 的内部服务。

```
$ kubectl --context="${CTX_CLUSTER2}" apply -n istio-system -f \
    samples/multicluster/expose-services.yaml
```

分别在两个集群中创建 Secret 资源，用于保存连接 API Server 的访问凭证，如下所示。

```
$ istioctl x create-remote-secret \
  --context="${CTX_CLUSTER2}" \
  --name=cluster2-idc-aliyun | \
  kubectl apply -f - --context="${CTX_CLUSTER1}"

$ istioctl x create-remote-secret \
  --context="${CTX_CLUSTER1}" \
  --name=cluster1-aliyun-primary | \
  kubectl apply -f - --context="${CTX_CLUSTER2}"
```

更新所有集群中 istio-system 命名空间名为 istio 的 Configmap 配置，将 meshNetworks: 'networks: {}' 改为如下所示的配置。在 meshNetworks 配置中，我们将配置 network1 和 network2 中集群的 API Server 连接端点信息以及东西流量网关服务信息。

```
$ kubectl -n istio-system get cm istio -oyaml
apiVersion: v1
data:
  ...
  ...
  meshNetworks: |-
    networks:
      network1:
        endpoints:
          - fromRegistry: cluster1-aliyun-primary
        gateways:
          - address: 8.210.255.148
            port: 15443
      network2:
        endpoints:
          - fromRegistry: cluster2-idc-aliyun
        gateways:
        - address: 47.52.148.82
          port: 31990
        - address: 47.244.89.129
          port: 31990
```

至此，多网络多控制平面的 Istio 服务网格搭建完毕，使用 8.5.6 节中的示例应用可以验证 Istio 服务网格中集群间服务调用的东西流量是否正常。

8.5.6 验证服务网格中东西流量的示例应用

本节示例可以用于验证多集群服务网格中服务调用的东西流量是否正常，我们将在 cluster1 中部署 HelloWorld 示例应用的第 1 版，在 cluster2 中部署 HelloWorld 示例应用的第

2 版，然后分别在 cluster1 和 cluster2 中部署一个名为 sleep 的客户端程序，用于发送请求给 HelloWorld 服务，请求如果正常返回，则会打印是哪个集群处理了本次请求的相关信息。

我们将使用 Kubernetes 集群内部的 Service 服务访问 HelloWorld 应用，为了保证 HelloWorld 服务可以进行 DNS 解析，也需要同时在 cluster1 和 cluster2 中部署 HelloWorld 应用的 Service 服务资源，如下所示。

创建测试命名空间 test-eastwest，并为其开启 Sidecar 自动注入。

```
$ kubectl create --context="${CTX_CLUSTER1}" ns test-eastwest

$ kubectl create --context="${CTX_CLUSTER2}" ns test-eastwest

$ kubectl label --context="${CTX_CLUSTER1}" namespace test-eastwest istio-
  injection=enabled

$ kubectl label --context="${CTX_CLUSTER2}" namespace test-eastwest istio-
  injection=enabled
```

在 cluster1 和 cluster2 中部署 HelloWorld 示例应用的 Service 服务，如下所示。

```
$ kubectl apply --context="${CTX_CLUSTER1}" -f samples/helloworld/helloworld.
  yaml -l service=helloworld -n test-eastwest

$ kubectl apply --context="${CTX_CLUSTER2}" -f samples/helloworld/helloworld.
  yaml -l service=helloworld -n test-eastwest
```

在 cluster1 中部署 HelloWorld 示例应用的第 1 版和 sleep 客户端程序。

```
$ kubectl apply --context="${CTX_CLUSTER1}" -f samples/helloworld/helloworld.
  yaml -l version=v1 -n test-eastwest

$ kubectl apply --context="${CTX_CLUSTER1}" -f samples/sleep/sleep.yaml -n
  test-eastwest
```

在 cluster2 中部署 HelloWorld 示例应用的第 2 版和 sleep 客户端程序。

```
$ kubectl apply --context="${CTX_CLUSTER2}" -f samples/helloworld/helloworld.
  yaml -l version=v2 -n test-eastwest

$ kubectl apply --context="${CTX_CLUSTER2}" -f samples/sleep/sleep.yaml -n
  test-eastwest
```

测试跨集群服务网格负载均衡是否工作正常，在 sleep Pod 上重复发送访问实例应用服务的请求，若应用返回信息显示处理请求的服务后端在第 1 版和第 2 版之间切换，则说明多集群服务网格工作正常。在 cluster1 的 sleep Pod 上访问 HelloWorld 应用服务，如下所示。

```
$ kubectl exec --context="${CTX_CLUSTER1}" -n test-eastwest -c sleep \
    "$(kubectl get pod --context="${CTX_CLUSTER1}" -n test-eastwest -l \
    app=sleep -o jsonpath='{.items[0].metadata.name}')" \
```

```
    -- curl -sSL helloworld.test-eastwest:5000/hello
Hello version: v1, instance: helloworld-v1-5b75657f75-8mpts
Hello version: v2, instance: helloworld-v2-7855866d4f-n688t
...
```

在 cluster2 的 sleep Pod 上访问 HelloWorld 应用服务，如下所示。

```
$ kubectl exec --context="${CTX_CLUSTER2}" -n test-eastwest -c sleep \
    "$(kubectl get pod --context="${CTX_CLUSTER2}" -n test-eastwest -l \
    app=sleep -o jsonpath='{.items[0].metadata.name}')" \
    -- curl -sSL helloworld.test-eastwest:5000/hello
Hello version: v1, instance: helloworld-v1-5b75657f75-8mpts
Hello version: v2, instance: helloworld-v2-7855866d4f-n688t
```

8.6 跨地域多集群流量统一治理

本节我们将组建跨集群跨网络的服务网格，演示基于地域的东西流量管理，多集群信息如表 8-3 所示。

表 8-3 跨地域多集群和网络信息

集群名称	Kubernetes 版本	地域	可用区
aliyun-shenzhen-b	1.18.8	阿里云深圳	可用区 B
aliyun-shenzhen-e	1.18.8	阿里云深圳	可用区 E
aliyun-hangzhou-c	1.18.8	阿里云杭州	可用区 C
Idc-guangzhou	1.19.4	广州本地数据中心	

Kubernetes 集群中通过节点标签定义节点所在的区域和可用区，例如，在 Kubernete 1.18.8 中，使用 failure-domain.beta.kubernetes.io/region 标识节点所在的区域，使用 failure-domain.beta.kubernetes.io/zone 标识节点所在的可用区。在 Kubernetes 1.19.4 中，使用 topology.kubernetes.io/region 标识节点所在的区域，使用 topology.kubernetes.io/zone 标识节点所在的可用区。

我们配置 aliyun-shenzhen-b 为主集群并安装 Istio 控制平面，配置其他集群为从集群并通过部署东西流量网关访问共享控制平面，共享控制平面将为两个集群中的工作负载提供服务发现能力。步骤如下所示。

导入环境变量，代码如下。

```
$ export CTX_SHENZHEN_B=aliyun-shenzhen-b
$ export CTX_SHENZHEN_E=aliyun-shenzhen-e
$ export CTX_HANGZHOU_C=aliyun-hangzhou-c
$ export CTX_IDC=idc-guangzhou
```

创建命名空间、添加标签并部署证书。

```
$ for CTX in "$CTX_SHENZHEN_B" "$CTX_SHENZHEN_E" "$CTX_HANGZHOU_C" "$CTX_IDC";
do
    kubectl --context="$CTX" create ns istio-system;
    kubectl --context="${CTX}" label namespace istio-system topology.istio.io/
      network=network-"${CTX}";
    kubectl --context="${CTX}" create secret generic cacerts -n istio-system \
      --from-file=samples/certs/ca-cert.pem \
      --from-file=samples/certs/ca-key.pem  \
      --from-file=samples/certs/root-cert.pem \
      --from-file=samples/certs/cert-chain.pem;
done
```

主集群生成 Istio 配置文件，命令如下。

```
$ cat <<EOF >${CTX_SHENZHEN_B}.yaml
apiVersion: install.istio.io/v1alpha1
kind: IstioOperator
spec:
  values:
    global:
      meshID: mesh1
      multiCluster:
        clusterName: ${CTX_SHENZHEN_B}
      network: network-${CTX_SHENZHEN_B}
EOF
```

部署 Istio 配置到主集群，命令如下。

```
$ istioctl install --context="${CTX_SHENZHEN_B}" -f ${CTX_SHENZHEN_B}.
yaml -y
```

部署东西流量网关，命令如下。

```
$ samples/multicluster/gen-eastwest-gateway.sh \
    --mesh mesh1 --cluster ${CTX_SHENZHEN_B} --network network-${CTX_SHENZHEN_B} | \
    istioctl --context="${CTX_SHENZHEN_B}" install -y -f -
```

开放共享控制平面，命令如下。

```
$ kubectl apply --context="${CTX_SHENZHEN_B}" -f \
    samples/multicluster/expose-istiod.yaml
```

开放内部服务，命令如下。

```
$ kubectl --context="${CTX_SHENZHEN_B}" apply -n istio-system -f \
    samples/multicluster/expose-services.yaml
```

添加从集群的 kubeconfig 配置，命令如下。

```
$ for CTX in "$CTX_SHENZHEN_E" "$CTX_HANGZHOU_C" "$CTX_IDC"; \
do \
    istioctl x create-remote-secret \
```

```
        --context="${CTX}" \
        --name=${CTX} | \
        kubectl apply -f - --context="${CTX_SHENZHEN_B}"
done
```

获取主集群东西流量网关服务地址，命令如下。

```
$ export DISCOVERY_ADDRESS=$(kubectl --context="${CTX_SHENZHEN_B}" \
    -n istio-system get svc istio-eastwestgateway \
    -o jsonpath='{.status.loadBalancer.ingress[0].ip}')
```

为从集群生成 Istio 配置文件，命令如下。

```
$ for CTX in "$CTX_SHENZHEN_E" "$CTX_HANGZHOU_C" "$CTX_IDC"; \
do \
    cat <<EOF > $CTX.yaml
apiVersion: install.istio.io/v1alpha1
kind: IstioOperator
spec:
  profile: remote
  values:
    global:
      meshID: mesh1
      multiCluster:
        clusterName: $CTX
      network: network-$CTX
      remotePilotAddress: ${DISCOVERY_ADDRESS}
EOF
done
```

部署 Istio 配置到各个从集群中，命令如下。

```
$ for CTX in "$CTX_SHENZHEN_E" "$CTX_HANGZHOU_C" "$CTX_IDC"; \
do \
    istioctl install --context="${CTX}" -f "${CTX}".yaml -y
done
```

在所有从集群中部署东西流量网关，命令如下。

```
$ for CTX in "$CTX_SHENZHEN_E" "$CTX_HANGZHOU_C" "$CTX_IDC"; \
do \
    samples/multicluster/gen-eastwest-gateway.sh \
        --mesh mesh1 --cluster ${CTX} --network network-${CTX} | \
        istioctl --context="${CTX}" install -y -f -
done
```

更改本地数据中心集群中东西流量网关服务的类型为 NodePort，命令如下。

```
$ cat <<EOF > svc.patch
spec:
  type: NodePort
EOF
```

```
$ kubectl --context="${CTX_IDC}" -n istio-system patch svc istio-eastwestgateway
  -p "$(cat svc.patch)"
```

所有从集群暴露服务，命令如下。

```
$ for CTX in "$CTX_SHENZHEN_E" "$CTX_HANGZHOU_C" "$CTX_IDC"; \
do \
    kubectl --context="${CTX}" apply -n istio-system -f \
        samples/multicluster/expose-services.yaml
done
```

在主集群中更新 Configmap istio，内容如下所示。

```
$ kubectl -n istio-system get cm istio -oyaml
apiVersion: v1
data:
  ...
  ...
  meshNetworks: |-
    networks:
      network-aliyun-shenzhen-b:
        endpoints:
          - fromRegistry: aliyun-shenzhen-b
        gateways:
          - address: 47.242.77.174
            port: 15443
      network-aliyun-shenzhen-e:
        endpoints:
          - fromRegistry: aliyun-shenzhen-e
        gateways:
          - address: 47.250.40.195
            port: 15443
      network-aliyun-hangzhou-c:
        endpoints:
          - fromRegistry: aliyun-hangzhou-c
        gateways:
          - address: 47.254.235.21
            port: 15443
      network-idc-guangzhou:
        endpoints:
          - fromRegistry: idc-guangzhou
        gateways:
          - address: 47.52.148.82
            port: 30726
          - address: 47.244.89.129
            port: 30726
```

示例应用命名空间的创建和打标，命令如下。

```
$ for CTX in "$CTX_SHENZHEN_B" "$CTX_SHENZHEN_E" "$CTX_HANGZHOU_C" "$CTX_IDC"; \
do \
```

```
      kubectl --context="${CTX}" create ns helloworld;
      kubectl --context="${CTX}" label ns helloworld istio-injection=enabled;
done
```

生成示例应用配置文件，命令如下。

```
$ for CTX in "$CTX_SHENZHEN_B" "$CTX_SHENZHEN_E" "$CTX_HANGZHOU_C" "$CTX_IDC"; \
  do \
    ./samples/helloworld/gen-helloworld.sh \
      --version "${CTX}" > "helloworld-${CTX}.yaml"; \
  done
```

部署示例应用，命令如下。

```
$ for CTX in "$CTX_SHENZHEN_B" "$CTX_SHENZHEN_E" "$CTX_HANGZHOU_C" "$CTX_IDC"; \
do \
    kubectl --context="${CTX}" -n  helloworld apply -f helloworld-${CTX}.yaml
done
```

部署 sleep 客户端程序，命令如下。

```
$ for CTX in "$CTX_SHENZHEN_B" "$CTX_SHENZHEN_E" "$CTX_HANGZHOU_C" "$CTX_IDC"; \
do \
    kubectl --context="${CTX}" apply -f samples/sleep/sleep.yaml -n helloworld
done
```

测试代码如下。

```
$ kubectl --context="${CTX_SHENZHEN_B}" -n helloworld exec -it \
    "$(kubectl get pod --context="${CTX_SHENZHEN_B}" -n helloworld -l \
    app=sleep -o jsonpath='{.items[0].metadata.name}')"  -c sleep sh
/ $ while sleep 1; do curl -sSL helloworld.helloworld:5000/hello; done
Hello version: aliyun-shenzhen-b, instance: helloworld-aliyun-shenzhen-b-
    b947d4c7d-wxw55
Hello version: idc-guangzhou, instance: helloworld-idc-guangzhou-ff6ffdb7c-
    xbbfh
Hello version: idc-guangzhou, instance: helloworld-idc-guangzhou-ff6ffdb7c-
    xbbfh
Hello version: aliyun-shenzhen-e, instance: helloworld-aliyun-shenzhen-e-
    67b6dd487d-jbqbm
Hello version: aliyun-hangzhou-c, instance: helloworld-aliyun-hangzhou-c-
    6f96f7877d-m8zpd
Hello version: aliyun-hangzhou-c, instance: helloworld-aliyun-hangzhou-c-
    6f96f7877d-m8zpd
Hello version: aliyun-shenzhen-b, instance: helloworld-aliyun-shenzhen-b-
    b947d4c7d-wxw55
Hello version: aliyun-shenzhen-b, instance: helloworld-aliyun-shenzhen-b-
    b947d4c7d-wxw55
Hello version: idc-guangzhou, instance: helloworld-idc-guangzhou-ff6ffdb7c-
    xbbfh
Hello version: idc-guangzhou, instance: helloworld-idc-guangzhou-ff6ffdb7c-
    xbbfh
```

```
Hello version: aliyun-shenzhen-e, instance: helloworld-aliyun-shenzhen-e-
  67b6dd487d-jbqbm
^C
```

部署目标规则，代码如下。

```
$ kubectl --context="${CTX_SHENZHEN_B}" apply -n helloworld -f - <<EOF
apiVersion: networking.istio.io/v1beta1
kind: DestinationRule
metadata:
  name: helloworld
spec:
  host: helloworld.helloworld.svc.cluster.local
  trafficPolicy:
    outlierDetection:
      consecutive5xxErrors: 100
      interval: 1s
      baseEjectionTime: 1m
    loadBalancer:
      localityLbSetting:
        enabled: true
        distribute:
        - from: cn-shenzhen/*
          to:
            "cn-shenzhen/cn-shenzhen-b/*": 30
            "cn-shenzhen/cn-shenzhen-e/*": 70
        - from: cn-hangzhou/*
          to:
            "cn-hangzhou/cn-hangzhou-c/*": 100
        - from: idc-guangzhou/*
          to:
            "idc-guangzhou/idc-guangzhou/*": 100
  subsets:
  - name: aliyun-shenzhen-b
    labels:
      version: aliyun-shenzhen-e
  - name: idc-guangzhou
    labels:
      version: idc-guangzhou
EOF
```

在集群 aliyun-shenzhen-b 上进行测试，代码如下。

```
$ kubectl --context="${CTX_SHENZHEN_B}" -n helloworld exec -it \
    "$(kubectl get pod --context="${CTX_SHENZHEN_B}" -n helloworld -l \
    app=sleep -o jsonpath='{.items[0].metadata.name}')" -c sleep sh
/ $ while sleep 1; do curl -sSL helloworld.helloworld:5000/hello; done
Hello version: aliyun-shenzhen-e, instance: helloworld-aliyun-shenzhen-e-
  67b6dd487d-jbqbm
Hello version: aliyun-shenzhen-e, instance: helloworld-aliyun-shenzhen-e-
  67b6dd487d-jbqbm
```

```
Hello version: aliyun-shenzhen-b, instance: helloworld-aliyun-shenzhen-b-
    b947d4c7d-wxw55
Hello version: aliyun-shenzhen-e, instance: helloworld-aliyun-shenzhen-e-
    67b6dd487d-jbqbm
Hello version: aliyun-shenzhen-e, instance: helloworld-aliyun-shenzhen-e-
    67b6dd487d-jbqbm
Hello version: aliyun-shenzhen-b, instance: helloworld-aliyun-shenzhen-b-
    b947d4c7d-wxw55
Hello version: aliyun-shenzhen-e, instance: helloworld-aliyun-shenzhen-e-
    67b6dd487d-jbqbm
Hello version: aliyun-shenzhen-e, instance: helloworld-aliyun-shenzhen-e-
    67b6dd487d-jbqbm
Hello version: aliyun-shenzhen-e, instance: helloworld-aliyun-shenzhen-e-
    67b6dd487d-jbqbm
Hello version: aliyun-shenzhen-b, instance: helloworld-aliyun-shenzhen-b-
    b947d4c7d-wxw55
^C
```

在集群 aliyun-shenzhen-e 上进行测试，代码如下。

```
$ kubectl --context="${CTX_SHENZHEN_E}" -n helloworld exec -it \
    "$(kubectl get pod --context="${CTX_SHENZHEN_E}" -n helloworld -l \
    app=sleep -o jsonpath='{.items[0].metadata.name}')"  -c sleep sh
/ $ while sleep 1; do curl -sSL helloworld.helloworld:5000/hello; done
Hello version: aliyun-shenzhen-e, instance: helloworld-aliyun-shenzhen-e-
    67b6dd487d-jbqbm
Hello version: aliyun-shenzhen-e, instance: helloworld-aliyun-shenzhen-e-
    67b6dd487d-jbqbm
Hello version: aliyun-shenzhen-b, instance: helloworld-aliyun-shenzhen-b-
    b947d4c7d-wxw55
Hello version: aliyun-shenzhen-e, instance: helloworld-aliyun-shenzhen-e-
    67b6dd487d-jbqbm
Hello version: aliyun-shenzhen-e, instance: helloworld-aliyun-shenzhen-e-
    67b6dd487d-jbqbm
Hello version: aliyun-shenzhen-e, instance: helloworld-aliyun-shenzhen-e-
    67b6dd487d-jbqbm
Hello version: aliyun-shenzhen-b, instance: helloworld-aliyun-shenzhen-b-
    b947d4c7d-wxw55
Hello version: aliyun-shenzhen-e, instance: helloworld-aliyun-shenzhen-e-
    67b6dd487d-jbqbm
Hello version: aliyun-shenzhen-e, instance: helloworld-aliyun-shenzhen-e-
    67b6dd487d-jbqbm
Hello version: aliyun-shenzhen-b, instance: helloworld-aliyun-shenzhen-b-
    b947d4c7d-wxw55
^C
```

在集群 aliyun-hangzhou-c 上进行测试，代码如下。

```
$ kubectl --context="${CTX_HANGZHOU_C}" -n helloworld exec -it \
    "$(kubectl get pod --context="${CTX_HANGZHOU_C}" -n helloworld -l \
    app=sleep -o jsonpath='{.items[0].metadata.name}')"  -c sleep sh
```

```
/ $ while sleep 1; do curl -sSL helloworld.helloworld:5000/hello; done
Hello version: aliyun-hangzhou-c, instance: helloworld-aliyun-hangzhou-c-
    6f96f7877d-m8zpd
Hello version: aliyun-hangzhou-c, instance: helloworld-aliyun-hangzhou-c-
    6f96f7877d-m8zpd
Hello version: aliyun-hangzhou-c, instance: helloworld-aliyun-hangzhou-c-
    6f96f7877d-m8zpd
Hello version: aliyun-hangzhou-c, instance: helloworld-aliyun-hangzhou-c-
    6f96f7877d-m8zpd
Hello version: aliyun-hangzhou-c, instance: helloworld-aliyun-hangzhou-c-
    6f96f7877d-m8zpd
Hello version: aliyun-hangzhou-c, instance: helloworld-aliyun-hangzhou-c-
    6f96f7877d-m8zpd
^C
```

在集群 IDC 上执行如下命令。

```
$ kubectl --context="${CTX_IDC}" -n helloworld exec -it \
    "$(kubectl get pod --context="${CTX_IDC}" -n helloworld -l \
    app=sleep -o jsonpath='{.items[0].metadata.name}')" -c sleep sh
/ $ while sleep 1; do curl -sSL helloworld.helloworld:5000/hello; done
Hello version: idc-guangzhou, instance: helloworld-idc-guangzhou-ff6ffdb7c-
    xbbfh
Hello version: idc-guangzhou, instance: helloworld-idc-guangzhou-ff6ffdb7c-
    xbbfh
Hello version: idc-guangzhou, instance: helloworld-idc-guangzhou-ff6ffdb7c-
    xbbfh
Hello version: idc-guangzhou, instance: helloworld-idc-guangzhou-ff6ffdb7c-
    xbbfh
Hello version: idc-guangzhou, instance: helloworld-idc-guangzhou-ff6ffdb7c-
    xbbfh
Hello version: idc-guangzhou, instance: helloworld-idc-guangzhou-ff6ffdb7c-
    xbbfh
^C
```

8.7　本章小结

　　服务的统一治理是多云 / 混合云云架构下非常重要的核心诉求。本章首先介绍了 Istio 服务网格的核心元素，例如虚拟服务、目标规则、东西向流量管理等，并通过 Bookinfo 示例应用演示了 Istio 的基本工作流程。接着，将阿里云容器集群和本地数据中心容器集群组成跨集群的服务网格，针对多集群的单一和多网络模型，分别实践了不同的部署模式。最后演示了如何进行跨地域多集群流量治理。

第 9 章

应用的备份恢复和跨集群迁移

在多云 / 混合云云架构下，我们可能需要将一部分运行于本地数据中心 Kubernetes 集群的应用跨集群迁移至云上，或者在不同地域的 Kubernetes 集群之间迁移应用，又或者只是为了给某个时刻运行中的应用编排做一次快照备份。上述需求可以归纳为以下两种场景。

❑ 应用整体的备份：包括应用中各个组件的编排以及涉及的持久化存储卷的备份。有了这个完整的备份，在灾难性事故发生后，可以快速恢复备份的版本。

❑ 应用跨集群迁移：尤其是在多云 / 混合云场景下，从线下集群把应用迁移至线上集群或者从区域 A 迁移至区域 B。

本章将介绍如何使用开源工具 Velero 进行云原生应用的备份、恢复和跨集群迁移。

9.1　Velero 概述

本节从 Velero 的概念入手，介绍 Velero 的工作原理并进行安装和部署实践。

9.1.1　什么是 Velero

Velero 是一个备份、恢复和迁移云原生集群应用的工具，它的前身是 Heptio 团队采用 Go 语言编写的 Heptio Ark 开源项目，该项目可以安全地备份、恢复和迁移 Kubernetes 集群中的应用及持久化存储卷。

Velero 在西班牙语中意为帆船，非常符合 Kubernetes 社区的命名风格。它是一种云原生的 Kubernetes CRD，支持标准的 Kubernetes 集群，可以运行在任意公有云平台或私有云平台中，主要完成以下任务。

❑ 集群应用的容灾备份和恢复。

❑ 迁移应用到不同集群。

❑ 复制集群。

接下来，我们介绍 Velero 的工作原理。

9.1.2　Velero 的工作原理

Velero 整体由以下两部分组成。

❑ 运行在 Kubernetes 集群中的服务端 Velero Server。

❑ 可以本地运行的客户端命令行工具 Velero Client。

Velero 服务端本质上是一个 Kubernetes Operator，我们也可以称之为自定义控制器，它设计和定义了通过 Kubernetes CRD 描述的自定义资源 Backup、Restore 等，通过自定义控制器处理自定义资源的请求、备份、恢复等相关操作。

Velero 的备份和恢复操作涉及的数据存储主要分为两类：Object Storage 和 Disk Snapshot。Object Storage 用于存储 Kubernetes 资源编排文件，Disk Snapshot 是应用持久化云盘存储卷的快照备份。Velero 备份恢复示意图如图 9-1 所示。

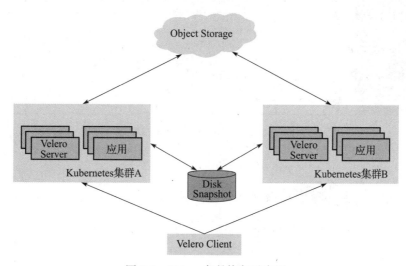

图 9-1　Velero 备份恢复示意图

在图 9-1 中，Kubernetes 集群 A 和 B 上都需要安装并部署 Velero 服务端，用户通过 Velero 客户端向 Velero 服务端发送备份、恢复请求，Velero 根据请求查询指定 Kubernetes 资源对象的 JSON 格式编排文件（见图 9-2）并将其压缩成 TAR 包推送至 Object Storage（见图 9-3），如果应用包含磁盘类型的持久化存储卷，则用户可以选择是否为其制作磁盘快照进行备份。

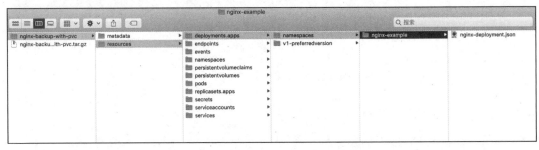

图 9-2   Velero 备份的 Kubernetes 资源对象

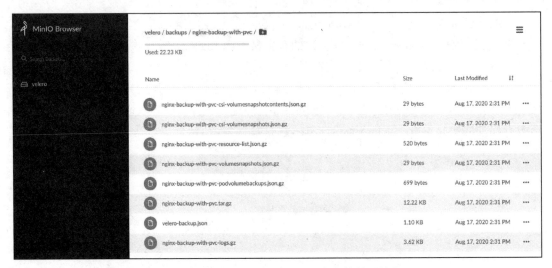

图 9-3   Velero 在 Object Storage 中存储的压缩包

9.2   Velero 的安装和配置

Velero 的运行环境要求 Kubernetes 集群版本大于 1.7，在本节的示例中我们使用 CentOS7 操作系统，Velero 版本为 1.4.2，Kubernetes 版本为 1.16.9。

9.2.1   安装 Velero 客户端

下载 Velero1.4.2 版客户端的安装包，命令如下所示。

```
$ curl -LO  https://github.com/vmware-tanzu/velero/releases/download/v1.4.2/
  velero-v1.4.2-linux-amd64.tar.gz
  % Total    % Received % Xferd  Average Speed   Time    Time     Time  Current
                                 Dload  Upload   Total   Spent    Left  Speed
100   643  100   643    0     0    591      0  0:00:01  0:00:01 --:--:--   592
100 22.7M  100 22.7M    0     0   4781k      0  0:00:04  0:00:04 --:--:--  6571k
```

解压压缩包，如下所示。

```
$ tar -xvf velero-v1.4.2-linux-amd64.tar.gz
velero-v1.4.2-linux-amd64/LICENSE
velero-v1.4.2-linux-amd64/examples/README.md
velero-v1.4.2-linux-amd64/examples/minio
velero-v1.4.2-linux-amd64/examples/minio/00-minio-deployment.yaml
velero-v1.4.2-linux-amd64/examples/nginx-app
velero-v1.4.2-linux-amd64/examples/nginx-app/README.md
velero-v1.4.2-linux-amd64/examples/nginx-app/base.yaml
velero-v1.4.2-linux-amd64/examples/nginx-app/with-pv.yaml
velero-v1.4.2-linux-amd64/velero
```

查看安装包目录结构，可以看到安装包包括 Velero 客户端的二进制文件、Minio 对象存储服务的部署编排模板和 nginx-app 示例应用。

```
$ tree
.
├── examples
│   ├── minio
│   │   └── 00-minio-deployment.yaml
│   ├── nginx-app
│   │   ├── base.yaml
│   │   ├── README.md
│   │   └── with-pv.yaml
│   └── README.md
├── LICENSE
└── velero
```

移动 velero 二进制文件到可执行文件目录 /usr/local/bin 下。

```
$ mv velero /usr/local/bin/
```

验证 Velero 客户端是否可以正常执行，命令如下所示。

```
$ velero version
Client:
    Version: v1.4.2
    Git commit: 56a08a4d695d893f0863f697c2f926e27d70c0c5
<error getting server version: the server could not find the requested resource
  (post serverstatusrequests.velero.io)>
```

9.2.2　安装和启动 Minio 对象存储服务

Velero 在备份应用时，需要将应用编排、打包、压缩并推送到对象存储服务中，本小节将在 Kubernetes 集群中部署一个简易的 Minio 对象存储服务。

在解压缩 velero-v1.4.2-linux-amd64.tar.gz 文件后得到的 examples/minio/00-minio-deployment.yaml 目录下可以查看 Minio 对象存储服务部署的编排文件，部署此编排文件后

会依次在 Kubernetes 集群中创建命名空间 velero、部署 minio 应用、执行任务 minio-setup。其中 minio-setup 任务是在 Minio 中创建一个名为 velero 的对象存储空间。

为了便于从 Kubernetes 集群外部访问 Minio 服务，需要将其服务类型改为 NodePort。

```
$ sed -i "/type: /s#ClusterIP#NodePort#" examples/minio/00-minio-deployment.yaml
```

执行以下部署命令完成 Minio 应用的部署。

```
$ kubectl apply -f examples/minio/00-minio-deployment.yaml
namespace/velero created
deployment.apps/minio created
service/minio created
job.batch/minio-setup created
```

查看 Minio 应用的运行状态以及任务执行状态，如下所示。

```
$ kubectl -n velero get pod,deployment,job
NAME                          READY    STATUS       RESTARTS    AGE
pod/minio-d787f4bf7-fw5wp     1/1      Running      0           3m5s
pod/minio-setup-k19gp         0/1      Completed    1           3m5s

NAME                          READY    UP-TO-DATE   AVAILABLE   AGE
deployment.extensions/minio   1/1      1            1           3m5s

NAME                          COMPLETIONS  DURATION    AGE
job.batch/minio-setup         1/1          9s          3m5s
```

查看 Minio 服务的访问端口号，如下所示。

```
$ kubectl -n velero get service
NAME     TYPE       CLUSTER-IP      EXTERNAL-IP   PORT(S)          AGE
minio    NodePort   172.17.15.107   <none>        9000:31474/TCP   4m25s
```

在本示例中，已知当前 Kubernetes 集群中有一节点的虚拟机 IP 为 192.168.0.28，则 192.168.0.28:31474 可用于与 Velero 通信和存储备份数据。我们也可以在浏览器中访问 Minio 服务，如图 9-4 所示。

至此，Minio 对象存储服务部署和启动完毕。

9.2.3 安装和配置 Velero 服务组件

快速安装 Velero 服务组件的方式有以下两种。
❑ 使用 velero install 命令行进行安装。
❑ 使用 Velero Helm Chart 进行安装。
下面介绍使用 velero install 命令行安装 Velero 服务组件的过程。

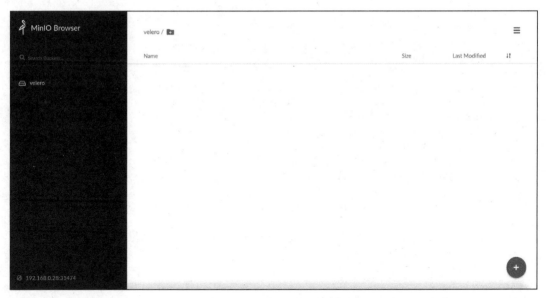

图 9-4　在浏览器中访问 Minio 服务

在本地目录下创建 credentials-velero 并写入 Minio 服务的访问凭证信息，此凭证将用于
Velero 服务端访问 Minio 存储服务，credentials-velero 文件内容如下所示。

```
$ cat << EOF > credentials-velero
[default]
aws_access_key_id = minio
aws_secret_access_key = minio123
EOF
```

使用 Velero 客户端安装并部署 Velero 服务组件，如下所示。

```
$ velero install \
    --provider aws \
    --plugins velero/velero-plugin-for-aws:v1.0.0 \
    --bucket velero \
    --secret-file ./credentials-velero \
    --use-volume-snapshots=false \
    --backup-location-config region=minio,s3ForcePathStyle="true",s3Url=
      http://minio.velero.svc:9000
CustomResourceDefinition/backups.velero.io: attempting to create resource
CustomResourceDefinition/backups.velero.io: created
CustomResourceDefinition/backupstoragelocations.velero.io: attempting to create
  resource
CustomResourceDefinition/backupstoragelocations.velero.io: created
CustomResourceDefinition/deletebackuprequests.velero.io: attempting to create
  resource
CustomResourceDefinition/deletebackuprequests.velero.io: created
CustomResourceDefinition/downloadrequests.velero.io: attempting to create resource
```

```
CustomResourceDefinition/downloadrequests.velero.io: created
CustomResourceDefinition/podvolumebackups.velero.io: attempting to create resource
CustomResourceDefinition/podvolumebackups.velero.io: created
CustomResourceDefinition/podvolumerestores.velero.io: attempting to create
    resource
CustomResourceDefinition/podvolumerestores.velero.io: created
CustomResourceDefinition/resticrepositories.velero.io: attempting to create
    resource
CustomResourceDefinition/resticrepositories.velero.io: created
CustomResourceDefinition/restores.velero.io: attempting to create resource
CustomResourceDefinition/restores.velero.io: created
CustomResourceDefinition/schedules.velero.io: attempting to create resource
CustomResourceDefinition/schedules.velero.io: created
CustomResourceDefinition/serverstatusrequests.velero.io: attempting to create
    resource
CustomResourceDefinition/serverstatusrequests.velero.io: created
CustomResourceDefinition/volumesnapshotlocations.velero.io: attempting to create
    resource
CustomResourceDefinition/volumesnapshotlocations.velero.io: created
Waiting for resources to be ready in cluster...
Namespace/velero: attempting to create resource
Namespace/velero: already exists, proceeding
Namespace/velero: created
ClusterRoleBinding/velero: attempting to create resource
ClusterRoleBinding/velero: created
ServiceAccount/velero: attempting to create resource
ServiceAccount/velero: created
Secret/cloud-credentials: attempting to create resource
Secret/cloud-credentials: created
BackupStorageLocation/default: attempting to create resource
BackupStorageLocation/default: created
Deployment/velero: attempting to create resource
Deployment/velero: created
Velero is installed! Use 'kubectl logs deployment/velero -n velero' to view
    the status.
```

通过查看 Velero 服务组件的运行日志，判断运行有无异常，如下所示。

```
$ kubectl logs --tail 10 deployment/velero -n velero
time="2020-08-21T11:53:39Z" level=info msg="Starting controller" controller=
   restore logSource="pkg/controller/generic_controller.go:76"
time="2020-08-21T11:53:39Z" level=info msg="Starting controller" controller=
   downloadrequest logSource="pkg/controller/generic_controller.go:76"
time="2020-08-21T11:53:39Z" level=info msg="Starting controller"
controller=backup-sync logSource="pkg/controller/generic_controller.go:76"
time="2020-08-21T11:53:39Z" level=info msg="Starting controller"
controller=schedule logSource="pkg/controller/generic_controller.go:76"
time="2020-08-21T11:53:39Z" level=info msg="Starting controller"
controller=backup logSource="pkg/controller/generic_controller.go:76"
time="2020-08-21T11:53:39Z" level=info msg="Starting controller"
controller=backup-deletion logSource="pkg/controller/generic_controller.go:76"
```

```
time="2020-08-21T11:53:39Z" level=info msg="Starting controller"
controller=restic-repository logSource="pkg/controller/generic_controller.
  go:76"
time="2020-08-21T11:53:39Z" level=info msg="Starting controller"
controller=gc-controller logSource="pkg/controller/generic_controller.go:76"
time="2020-08-21T11:53:39Z" level=info msg="Checking for expired
  DeleteBackupRequests" controller=backup-deletion logSource="pkg/controller/
backup_deletion_controller.go:551"
time="2020-08-21T11:53:39Z" level=info msg="Done checking for expired
DeleteBackupRequests" controller=backup-deletion logSource="pkg/
controller/backup_deletion_controller.go:579"
```

至此，Velero 服务组件安装、启动完毕。在后面的章节中，我们将对上述部署命令中的参数做详细说明。

9.2.4　卸载 Velero

如果想从集群中完全卸载 Velero，可以使用以下命令将 velero install 创建的所有资源清理干净。

```
$ kubectl delete namespace/velero clusterrolebinding/velero

$ kubectl delete crds -l component=velero
```

9.3　提供商与插件

对于不同的存储系统，Velero 提供了一个插件机制，方便第三方组织或云厂商开发扩展插件，而无须修改 Velero 服务组件本身的代码库。

Velero 官方支持的提供商有亚马逊云（Amazon Web Services，AWS）、谷歌云（Google Cloud Platform，GCP）、微软云（Microsoft Azure）和 VMware vSphere，如表 9-1 所示。

表 9-1　Velero 官方支持的提供商列表

提供商	对象存储服务	磁盘快照系统
亚马逊云（AWS）	亚马逊云 S3 对象存储服务	亚马逊云弹性块存储服务
谷歌云（GCP）	谷歌云对象存储服务	谷歌云块存储服务
微软云（Azure）	Azure 对象存储服务	Azure 块存储服务
VMware vSphere	无	vSphere 块存储服务

Velero 社区支持的提供商有阿里云、DigitalOcean 等，如表 9-2 所示。

表 9-2　Velero 社区支持的提供商列表

提供商	对象存储服务	磁盘快照系统
阿里云	阿里云 OSS 对象存储服务	阿里云弹性块存储服务
DigitalOcean	无	DigitalOcean 块存储服务

（续）

提供商	对象存储服务	磁盘快照系统
Hewlett Packard	无	HPE 块存储服务
OpenEBS	无	OpenEBS 块存储服务
Portworx	无	Portworx 块存储服务

在 Velero 中，可以将编排文件存储在对象存储空间中，也可以为磁盘存储卷制作磁盘快照，不同云厂商的存储系统有一定的差异，需要有对应的插件进行适配。

Velero 的 AWS Object Storage 插件使用亚马逊的 GO SDK 集成 S3 对象存储服务，其他大多数对象存储服务都是 S3 API 风格兼容的，包括 Minio 对象存储服务。对于磁盘快照功能，不同云厂商使用差异化的存储卷快照生成器创建磁盘快照，在本节示例中，Velero 运行在一个没有磁盘快照功能的自建 Kubernetes 集群中，因此在安装时指定了参数 --use-volume-snapshots=false。

9.4 存储位置

Velero 支持两种自定义 Kubernetes 资源类型 BackupStorageLocation 和 Volume-Snapshot Location，分别用于配置 Velero 备份数据以及磁盘快照的存储。

9.4.1 BackupStorageLocation

BackupStorageLocation 中定义了对象存储空间的位置以及存储空间下的子目录（prefix）等主要信息。Velero 要求至少有一个 BackupStorageLocation 配置。默认情况下，Velero 会自动查找名为 default 的 BackupStorageLocation，如果想更换默认的 BackupStorageLocation，可以在 Velero Server 启动时通过 --default-backup-storage-location 参数进行指定。

在 9.2.3 节中，Velero 服务组件安装时指定的参数 --bucket velero、--backup-location-config region=minio、s3ForcePathStyle="true"、s3Url=http://minio.velero.svc:9000 用于配置 BackupStorageLocation，可以使用 kubectl 命令查看 YAML 格式编排文件中的内容，如下所示。

```
$ kubectl -n velero get backupstoragelocation default -oyaml
apiVersion: velero.io/v1
kind: BackupStorageLocation
metadata:
  creationTimestamp: "2020-08-21T11:53:10Z"
  generation: 81
  labels:
    component: velero
  name: default
```

```
      namespace: velero
      resourceVersion: "22111443"
      selfLink: /apis/velero.io/v1/namespaces/velero/backupstoragelocations/default
      uid: 35404813-d04a-4b3c-acc6-4f78a7b00725
    spec:
      config:
        region: minio
        s3ForcePathStyle: "true"
        s3Url: http://minio.velero.svc:9000
      objectStorage:
        bucket: velero
      provider: aws
    status:
      lastSyncedTime: "2020-08-21T13:12:41.533454577Z"
```

BackupStorageLocation 支持的主要配置参数如表 9-3 所示。

表 9-3　BackupStorageLocation 支持的主要配置参数

键	值类型	是否必须配置	描　述
provider	string	是	用于指定备份恢复时使用哪种对象存储服务
objectStorage/bucket	string	是	用于指定备份恢复时使用哪个存储空间
objectStorage/prefix	string	否	用于指定备份恢复时使用指定存储空间下的哪个子目录
objectStorage/caCert	string	否	如果是 TLS 连接，则需要指定 CA 捆绑
config	map[string]string	否	用于对象存储空间的额外配置，为键值对的形式
accessMode	string	是，默认配置为 ReadWrite	Velero 读取对象存储空间的权限
buckupSyncPeriod	metav1.Duration	否	Velero 服务端同步备份信息的间隔时间

9.4.2　VolumeSnapshotLocation

VolumeSnapshotLocation 用于定义磁盘存储卷快照的保存位置，包含 Provider 信息及其 Location 相关参数的配置，比如 AWS Provider 中提供了 config.region、config.profile 等参数字段的配置。Velero 支持为每个 Provider 配置一个或多个 Volume-SnapshotLocation，也支持配置多个 Provider，不过在执行备份操作的时候，只能从这些配置中选择一个 Provider 和 Location。

VolumeSnapshotLocation 的 YAML 格式编排文件示例如下所示。

```
apiVersion: velero.io/v1
kind: VolumeSnapshotLocation
metadata:
  name: aws-default
  namespace: velero
```

```
spec:
  provider: aws
  config:
    region: us-west-2
    profile: "default"
```

VolumeSnapshotLocation 支持的主要配置参数如表 9-4 所示。

表 9-4   VolumeSnapshotLocation 支持的主要配置参数

键	值类型	是否必须配置	描　述
provider	String	是	用于指定备份恢复时使用哪种快照生成器
config	map[string]string	否	快照生成器的配置

9.4.3　使用限制和注意事项

BackupStorageLocation 与 VolumeSnapshotLocation 的使用有如下限制和注意事项。

❑ Velero 仅支持为每个 Provider 提供一套访问凭证的支持，即不支持在同一个 Provider 中为每一个 Location 配置不同的访问凭证。

磁盘存储卷快照的存储通常是受限的，例如想要备份的磁盘存储卷位于 cn-hangzhou 区域，那么 Alibaba Cloud Provider 就需要指定 spec.config.region 为 cn-hangzhou。如果配置为 cn-beijing，备份操作就会报错。

❑ Velero 不支持在备份操作中把一份备份数据同时存储在多个不同的对象存储服务中，也不支持把一个磁盘存储卷快照同时存储在多个不同的位置。你可以选择创建多个备份任务并在每个任务中指定不同的 Location 来达到上述目的。

❑ 磁盘存储卷快照是无法跨 Provider 备份的，例如一个集群环境中同时配置了 AWS EBS 存储卷和 Alibaba Cloud 块存储卷，在这种场景下，Velero 不支持使用同一个 VolumeSnapshotLocation 同时存储上述两种类型的磁盘存储快照。

9.4.4　一些常用的配置策略和使用方法

本小节介绍一些 Velero 配置 Location 的策略和使用方法。

第一种情况：一个集群只有一种 BackupStorageLocation 和 VolumeSnapshotLocation。这是最常用也是最简单的一种场景。以阿里云容器集群为例，分别创建一个 BackupStorageLocation 和 VolumeSnapshotLocation。

创建名为 default 的 BackupStorageLocation 资源，如下所示。

```
$ velero backup-location create default\
    --provider alibabacloud \
    --bucket velero-cn-hangzhou \
    --config region=cn-hangzhou
```

```
Backup storage location "default" configured successfully.
```

创建名为 volume-cn-hangzhou 的 VolumeSnapshotLocation 资源，如下所示。

```
$ velero snapshot-location create volume-cn-hangzhou \
     --provider alibabacloud \
     --config region=cn-hangzhou
Snapshot volume location "volume-cn-hangzhou" configured successfully.
```

当我们使用 Velero 创建备份时，Velero 会检测到 BackupStorageLocation 和 VolumeSnapshot-Location 配置，然后默认备份应用 Kubernetes 资源编排并为存在的磁盘创建快照，命令如下所示。

```
$ velero backup create nginx-volume-backup
```

第二种情况：集群中既有 AWS EBS 存储卷，又有阿里云块存储卷。
首先需要为 AWS EBS 创建名 ebs-us-east-1 的 VolumeSnapshotLocation 资源，如下所示。

```
$ velero snapshot-location create ebs-us-east-1 \
     --provider aws \
     --config region=us-east-1
Snapshot volume location "ebs-us-east-1" configured successfully.
```

然后为阿里云块存储卷创建名为 volume-cn-hangzhou 的 VolumeSnapshotLocation 资源，如下所示。

```
$ velero snapshot-location create volume-cn-hangzhou \
     --provider alibabacloud \
     --config region=cn-hangzhou
Snapshot volume location "volume-cn-hangzhou" configured successfully.
```

在为指定应用创建备份时，可以通过 --volume-snapshot-locations 参数同时引用 ebs-us-east-1 和 volume-cn-hangzhou 这两个 VolumeSnapshotLocation 配置。

```
$ velero backup create nginx-ebs-backup \
    --volume-snapshot-locations ebs-us-east-1,ebs-cn-hangzhou
```

Velero 会根据持久化存储卷的信息选择合适的快照生成器，在一次备份过程中同时为两种类型的持久化存储卷创建快照。

第三种情况：在一个阿里云容器集群中，使用 Velero 将一部分应用备份到杭州区域名为 velero-cn-hangzhou 的对象存储 OSS 存储空间中，另一部分应用备份到北京区域名为 velero-cn-beijing 的对象存储 OSS 存储空间中。

首先创建一个名为 default 的 BackupStorageLocation 资源并配置其指向 velero-cn-hangzhou 的 OSS 存储空间，命令如下所示。

```
$ velero backup-location create default\
```

```
    --provider alibabacloud \
    --bucket velero-cn-hangzhou \
    --config region=cn-hangzhou
Backup storage location "default" configured successfully.
```

然后创建一个名为 oss-cn-beijing 的 BackupStorageLocation 资源并配置其指向 velero-cn-beijing 的 OSS 存储空间，命令如下所示。

```
$ velero backup-location create oss-cn-beijing\
    --provider alibabacloud \
    --bucket velero-cn-beijing \
    --config region=cn-beijing
Backup storage location "oss-cn-beijing" configured successfully.
```

使用 Velero 备份应用时，如果不指定任何 BackupStorageLocation 配置，则默认使用名为 default 的 BackupStorageLocation 配置，将应用备份至 velero-cn-hangzhou。

```
$ velero backup create nginx-backup
```

如果需要将应用备份至 velero-cn-beijng，则使用 -storage-location 参数指定本次备份将使用名为 oss-cn-beijing 的 BackupStorageLocation 配置，命令如下所示。

```
$ velero backup create nginx-backup-1 --storage-location  oss-cn-beijing
```

9.5 备份和恢复

Velero 支持两种自定义 Kubernetes 资源类型 Backup 和 Restore，分别用于在集群中创建备份以及恢复备份。

9.5.1 备份

Backup 用于提交请求到 Velero 服务端执行备份任务。我们在 9.2 节成功部署并运行了 Velero 组件和 Minio 对象存储服务组件，下面我们将在这个环境中演示如何对应用进行备份。

首先创建一个示例应用 nginx-app，应用的编排内容如下所示。

```
$ kubectl apply -f - << EOF
---
apiVersion: v1
kind: Namespace
metadata:
  name: nginx-example
  labels:
    app: nginx
---
```

```
apiVersion: apps/v1beta1
kind: Deployment
metadata:
  name: nginx-deployment
  namespace: nginx-example
spec:
  replicas: 2
  template:
    metadata:
      labels:
        app: nginx
    spec:
      containers:
      - image: nginx:1.7.9
        name: nginx
        ports:
        - containerPort: 80
---
apiVersion: v1
kind: Service
metadata:
  labels:
    app: nginx
  name: my-nginx
  namespace: nginx-example
spec:
  ports:
  - port: 80
    targetPort: 80
  selector:
    app: nginx
  type: NodePort
EOF
```

查看 nginx-app 应用的运行状态，如下所示。

```
$ kubectl -n nginx-example get pod,deployment,service
NAME                                       READY    STATUS     RESTARTS    AGE
pod/nginx-deployment-54f57cf6bf-q6xqh      1/1      Running    0           28s
pod/nginx-deployment-54f57cf6bf-wjb26      1/1      Running    0           28s

NAME                                       READY    UP-TO-DATE    AVAILABLE    AGE
deployment.extensions/nginx-deployment     2/2      2             2            28s

NAME                 TYPE        CLUSTER-IP       EXTERNAL-IP    PORT(S)         AGE
service/my-nginx     NodePort    172.17.13.135    <none>         80:30295/TCP    28s
```

为 nginx-app 创建备份 nginx-app-backup，默认使用名为 default 的 BackupStorage-Location
配置，命令如下所示。

```
$ velero backup create nginx-app-backup --include-namespaces nginx-example
Backup request "nginx-app-backup" submitted successfully.
Run 'velero backup describe nginx-app-backup' or 'velero backup logs nginx-
    app-backup' for more details.
```

查看当前 BackupStorageLocation default 配置指向的对象存储空间中已经存在的备份列表，命令如下所示。可以看到刚刚创建的备份 nginx-app-backup 的状态为 Completed，表示备份成功。

```
$ velero  backup get
NAME                STATUS         ERRORS    WARNINGS    CREATED
  EXPIRES    STORAGE LOCATION    SELECTOR
nginx-app-backup    Completed      0         0           2020-08-22 15:59:42 +0800 CST
  29d        default             <none>
```

使用浏览器登录 Minio 对象存储服务，可以看到以备份 nginx-app-backup 命名的目录下存储的此次备份相关的压缩文件，如图 9-5 所示。

图 9-5 nginx-app-backup 备份在 Minio 对象存储空间下的文件列表

Velero 备份支持多种参数项配置，下面是 nginx-app-backup 的 Backup 资源对应的 YAML 格式编排文件示例。

```
$ kubectl  -n velero get backup nginx-app-backup -oyaml
apiVersion: velero.io/v1
kind: Backup
metadata:
  annotations:
    velero.io/source-cluster-k8s-gitversion: v1.16.9-aliyun.1
```

```
    velero.io/source-cluster-k8s-major-version: "1"
    velero.io/source-cluster-k8s-minor-version: 16+
  creationTimestamp: "2020-08-22T07:59:42Z"
  generation: 5
  labels:
    velero.io/storage-location: default
  name: nginx-app-backup
  namespace: velero
  resourceVersion: "23807185"
  selfLink: /apis/velero.io/v1/namespaces/velero/backups/nginx-app-backup
  uid: 3d79e98e-8edd-4af6-ad37-fdf5ce7d0a0f
spec:
  hooks: {}
  includedNamespaces:
  - nginx-example
  storageLocation: default
  ttl: 720h0m0s
status:
  completionTimestamp: "2020-08-22T07:59:43Z"
  expiration: "2020-09-21T07:59:42Z"
  formatVersion: 1.1.0
  phase: Completed
  progress:
    itemsBackedUp: 27
    totalItems: 27
  startTimestamp: "2020-08-22T07:59:42Z"
  version: 1
```

❏ spec.includedNamespaces：表示此次备份只包含命名空间 nginx-example 下的所有 Kubernetes 资源对象。

❏ spec.storageLocation：表示此次备份使用名为 default 的 BackupStorageLocation 配置。

❏ spec.ttl：表示备份数据的有效期为 720h，Velero 会自动删除过期的备份。

Velero 备份还支持多种类型的资源过滤，除了上面示例中 --include-namespaces 表示通过命名空间过滤外，还支持通过资源类型或应用标签进行过滤。例如，若需要备份集群中所有 Deployment 类型的资源，可以使用 --include-resources 通过资源类型进行过滤，如下所示。

```
$ velero backup create <backup-name> --include-resources deployments
```

若需要备份集群中命名空间 nginx-example 下的所有 Deployment 和 ConfigMap 类型资源，可以结合 --include-namespaces 和 --include-resources 命令进行过滤，如下所示。

```
$ velero backup create <backup-name> --include-namespaces  nginx-example
  --include-resources deployments,configmaps
```

若需要备份集群中所有拥有标签 app=nginx 的资源，则使用 --selector 命令进行过滤，如下所示。

```
$ velero backup create <backup-name> --selector app=nginx
```

若需要备份集群中命名空间 nginx-example 下带有标签 app=nginx 的 Deployment 资源，可以结合 --include-namespaces 和 --include-resources 命令进行过滤，如下所示。

```
$ velero backup create <backup-name> --include-namespaces  nginx-example
   --include-resources deployments --selector app=nginx
```

上面实践的所有操作都是通过正向包含的方式过滤备份资源，Velero 备份也支持通过反向排除的方式过滤备份资源。例如，若需要备份集群中除 kube-system 命名空间外的其他资源，可以使用 --exclude-namespaces 进行反向过滤，如下所示。

```
$ velero backup create <backup-name> --exclude-namespaces kube-system
```

若需要备份集群中除 kube-system 和 default 等多个命名空间外的所有资源，则备份命令如下所示。

```
$ velero backup create <backup-name> --exclude-namespaces kube-system,default
```

与正向包含的方式类似，反向排除也支持通过资源类型进行过滤。例如，若需要备份集群中除 Secret 类型之外的所有资源，则备份命令如下所示。

```
$ velero backup create <backup-name> --exclude-resources secrets
```

若需要备份集群中除 kube-system 命名空间之外的非 Secret 类型资源，则可以使用如下命令完成过滤。

```
$ velero backup create <backup-name> --exclude-namespaces kube-system
   --exclude-resources secrets
```

若还想进一步排除一些资源，可以为这些资源添加一个特性标签 velero.io/exclude-from-backup=true，Velero 在备份时会自动排除拥有这个标签的资源。

9.5.2　恢复

Velero 的 Restore 资源用于提交请求到 Velero 服务端执行恢复任务。我们在 9.5.1 节成功创建了备份 nginx-app-backup，下面我们模拟误删除整个 nginx-example 命名空间，这样命名空间下的 nginx-app 应用也将被强制删除，最后演示如何快速恢复 nginx-app 应用。

首先删除命名空间 nginx-example 及命名空间下的所有资源，如下所示。

```
$ kubectl delete ns nginx-example
namespace "nginx-example" deleted
```

在创建恢复任务时，我们需要指定本次恢复将基于哪次备份数据，可以通过 -from-backup 参数指定基于备份 nginx-app-backup 恢复应用 nginx-app 到集群中，如下所示。

```
$ velero restore create --from-backup nginx-app-backup
```

```
Restore request "nginx-app-backup-20200822165425" submitted successfully.
Run 'velero restore describe nginx-app-backup-20200822165425' or 'velero
 restore logs nginx-app-backup-20200822165425' for more details.
```

查看恢复任务的列表，若应用的恢复任务执行成功，会显示其状态为 Completed，如下所示。

```
$ velero restore get
NAME                                         BACKUP              STATUS       ERRORS
  WARNINGS   CREATED                         SELECTOR
nginx-app-backup-20200822165425              nginx-app-backup    Completed    0
  0          2020-08-22 16:54:25 +0800 CST   <none>
```

查看 nginx-app 应用是否已经恢复并运行到集群的 nginx-example 命名空间下，如下所示。

```
$ kubectl -n nginx-example get pod,deployment,service
NAME                                      READY    STATUS     RESTARTS    AGE
pod/nginx-deployment-54f57cf6bf-q6xqh     1/1      Running    0           99s
pod/nginx-deployment-54f57cf6bf-wjb26     1/1      Running    0           99s

NAME                                      READY    UP-TO-DATE    AVAILABLE    AGE
deployment.extensions/nginx-deployment    2/2      2             2            99s

NAME                TYPE        CLUSTER-IP      EXTERNAL-IP    PORT(S)         AGE
service/my-nginx    NodePort    172.17.3.86     <none>         80:30961/TCP    99s
```

与备份类似，Velero 恢复同样支持多种参数项配置，我们可以查看名为 nginx-app-backup-20200822165425 的 Restore 资源的 YAML 格式编排内容如下所示。

```
$ kubectl -n velero get restore nginx-app-backup-20200822165425 -oyaml
apiVersion: velero.io/v1
kind: Restore
metadata:
  creationTimestamp: "2020-08-22T08:54:25Z"
  generation: 3
  name: nginx-app-backup-20200822165425
  namespace: velero
  resourceVersion: "23889461"
  selfLink: /apis/velero.io/v1/namespaces/velero/restores/nginx-app-
backup-20200822165425
  uid: 9af03d61-aac6-4de1-970d-a7c00205b37c
spec:
  backupName: nginx-app-backup
  excludedResources:
  - nodes
  - events
  - events.events.k8s.io
```

```
   - backups.velero.io
   - restores.velero.io
   - resticrepositories.velero.io
   includedNamespaces:
   - '*'
status:
  phase: Completed
```

❑ spec.backupName：表示 Velero 基于哪个版本的备份完成此次恢复任务。

❑ spec.excludedResources：表示执行恢复任务时需要反向排除哪些类型的资源进行过滤。

❑ spec.includedNamespaces：恢复操作通过正向包含命名空间来过滤备份中的资源。

创建恢复任务时也支持使用 --include-namespaces、--exlude-namespaces 等方式过滤备份资源。除此之外，恢复任务还支持以下几种特性。

1. 通过 `--namespace-mappings` 恢复应用到指定的命名空间下

例如 nginx-app-backup 备份了 nginx-example 命名空间下的所有资源，现在我们将其恢复到 nginx-example-restore 命名空间下，命令如下所示。

```
$ velero restore create RESTORE_NAME --from-backup nginx-app-backup
--namespace-mappings nginx-example:nginx-example-restore
```

2. 更新 PV/PVC 中的 StorageClass 信息

PV/PVC StorageClass 是 Kubernetes 集群的一种动态供给持久化存储卷方式。Storage-Class 中定义了创建持久化存储卷需要的存储驱动、存储卷类型、大小等属性信息，应用使用 StorageClass 动态创建持久化存储卷不需要重复关心具体的属性细节。不同的云厂商使用的 StorageClass 不同，进行持久化存储卷迁移时，通常都会对 StorageClass 进行更新适配。

Velero 支持在执行恢复任务时会自动对 StorageClass 进行更新替换，需要创建一个 ConfigMap 配置来保存新旧 StorageClass 的映射关系，例如应用 nginx-app-with-pv 中名为 nginx-logs 的 PersistentVolumeClaim 使用的 StorageClass 为 alicloud-disk-ssd，即创建和使用 ssd 类型的磁盘存储卷，nginx-logs 的 YAML 格式编排如下所示。

```
apiVersion: v1
kind: PersistentVolumeClaim
metadata:
  name: nginx-logs
  namespace: nginx-example
spec:
  accessModes:
  - ReadWriteOnce
  resources:
    requests:
```

```
      storage: 20Gi
    storageClassName: alicloud-disk-ssd
```

为应用 nginx-app-with-pv 创建备份 nginx-app-with-pbackup，若需要将应用 nginx-app-with-pv 恢复为使用 essd 类型的磁盘存储卷，则需要在 velero 命名空间下创建 ConfigMap 并配置新旧 StorageClass 的映射关系，格式为 alicloud-disk-ssd:alicloud-disk-essd，YAML 格式编排模板如下所示。

```
apiVersion: v1
kind: ConfigMap
metadata:
  name: change-storage-class-config
  namespace: velero
  labels:
    velero.io/plugin-config: ""
    velero.io/change-storage-class: RestoreItemAction
data:
  alicloud-disk-ssd:alicloud-disk-essd
```

❑ metadata.name：ConfigMap 的名称，可以任意命名，Velero 不会以此名称为应用恢复任务关联新旧 StorageClass 的映射关系。

❑ velero.io/plugin-config：Velero 依据此标签判断当前的 ConfigMap 对哪些 Provider 插件生效，若标签为空则对所有 Provider 插件生效。

❑ velero.io/change-storage-class：Velero 依据此标签判断当前的 ConfigMap 对哪些 Provider 插件下的操作类型生效，例如本例中的 RestoreItemAction 即为恢复操作类型。

❑ alicloud-disk-ssd:alicloud-disk-essd：Velero 在做恢复操作时会根据此新旧 StorageClass 的映射关系，自动完成更新。

3. 更新 PVC 的节点选择配置

Velero 还可以在恢复过程中更新持久卷声明的选定节点注释，如果集群中不存在选定节点，则从 PersistentVolumeClaim 中删除选定节点注释。配置节点映射同样需要在 Velero 命名空间中创建一个 ConfigMap 类型的配置映射，如下所示。

```
apiVersion: v1
kind: ConfigMap
metadata:
  name: change-pvc-node-selector-config
  namespace: velero
  labels:
    velero.io/plugin-config: ""
    velero.io/change-pvc-node-selector: RestoreItemAction
data:
  <old-node-name>: <new-node-name>
```

9.5.3　定时备份

Velero 支持使用 cron 表达式进行定时备份，以下为一些用法示例。

1）定时备份应用 nginx-app，要求每 6 小时进行一次备份，定时备份命令如下所示。

```
$ velero create schedule nginx-app-schedule-backup --schedule="0 */6 * * *"
  --include-namespaces nginx-example
Schedule "nginx-app-schedule-backup" created successfully.
```

或执行如下命令。

```
$ velero create schedule nginx-app-schedule-backup --schedule="@every 6h"
  --include-namespaces nginx-example
```

查看定时备份的列表，如下所示。

```
$ velero backup get
NAME STATUS      ERRORS   WARNINGS
  CREATED                            EXPIRES   STORAGE LOCATION   SELECTOR
nginx-app-schedule-backup-20200823071202   Completed  0          0
  2020-08-23 15:12:02 +0800 CST   29d        default            <none>
```

2）定时备份应用 nginx-app，要求每周进行一次备份，备份有效期为 3 个月，备份命令如下所示。

```
$ velero create schedule nginx-app-schedule-backup --schedule="@every 168h"
  --ttl 2160h0m0s --include-namespaces nginx-example
```

9.6　Restic 集成

在 9.4.3 节中，我们提到了磁盘存储卷快照备份的两个使用限制。

❑ 磁盘存储卷快照的存储通常是受限的，如果想要备份的磁盘存储卷位于 cn-hangzhou 区域，那么 Alibaba Cloud Provider 就需要指定 spec.config.region 为 cn-hangzhou，如果配置为 cn-beijing，备份操作就会报错。

❑ 磁盘存储卷快照是无法跨 Provider 备份的，例如一个集群环境中同时配置了 AWS EBS 存储卷和阿里云块存储卷，Velero 不支持使用同一个 VolumeSnapshotLocation 同时存储 AWS EBS 和阿里云块磁盘快照。

VolumeSnapshot 的方式强依赖 Provider 后端的差异化存储方式，那么我们如何在同一个云平台下跨区域或者不同云平台之间进行持久化存储卷迁移呢？所幸，Velero 支持集成开源的数据备份和恢复工具 Restic，帮助我们完成存储卷迁移。Restic 是一个用 Go 语言编写的备份工具，特点是简单、高效而且安全。

9.6.1　Velero 集成 Restic

Velero 对 Restic 的集成需要 Kubernetes 集群开启 MountPropagation 功能，该功能在 Kubernetes 1.10.0 或更高版本中已默认启用。

Velero 通过在 velero install 命令中添加 --use-restic 参数自动安装、部署和配置 Restic 守护进程集，通常情况下，如果选择使用 Restic 功能，则会设置 --use-volume-snapshots=false 以防止在安装时引入不会被使用的 VolumeSnapshotLocation。下面是安装命令示例。

```
$ velero install \
     --provider aws \
     --plugins velero/velero-plugin-for-aws:v1.0.0 \
     --bucket velero \
     --secret-file ./credentials-velero \
     --use-volume-snapshots=false \
     --use-restic \
     --backup-location-config region=minio,s3ForcePathStyle="true",s3Url=
        http://minio.velero.svc:9000
```

查看 velero 部署和 restic 守护进程集的运行状态，如下所示。

```
$ kubectl -n velero get pod,deployment,daemonset,service
NAME                         READY    STATUS       RESTARTS    AGE
pod/minio-d787f4bf7-72bkl    1/1      Running      0           75s
pod/minio-setup-49tqd        0/1      Completed    2           75s
pod/restic-nc44m             1/1      Running      0           6m56s
pod/restic-p76kt             1/1      Running      0           6m56s
pod/velero-68f47744f5-skfs5  1/1      Running      0           18s

NAME                              READY    UP-TO-DATE    AVAILABLE    AGE
deployment.extensions/minio       1/1      1             1            75s
deployment.extensions/velero      1/1      1             1            6m56s

NAME                           DESIRED    CURRENT    READY    UP-TO-DATE
  AVAILABLE    NODE SELECTOR   AGE
daemonset.extensions/restic    2          2          2        2
  2            <none>          6m56s

NAME             TYPE        CLUSTER-IP      EXTERNAL-IP    PORT(S)        AGE
service/minio    NodePort    172.17.2.95     <none>         9000:31159/TCP 75s
```

可以进一步查看 restic 守护进程集的运行日志，如下所示。

```
$ kubectl -n velero logs -f restic-p76kt
time="2020-08-23T08:05:31Z" level=info msg="Setting log-level to INFO"
time="2020-08-23T08:05:31Z" level=info msg="Starting Velero restic server
  v1.4.2 (56a08a4d695d893f0863f697c2f926e27d70c0c5)" logSource="pkg/cmd/cli/
  restic/server.go:62"
```

```
time="2020-08-23T08:05:31Z" level=info msg="Starting controllers" logSource=
    "pkg/cmd/cli/restic/server.go:156"
time="2020-08-23T08:05:31Z" level=info msg="Controllers started successfully"
    logSource="pkg/cmd/cli/restic/server.go:199"
time="2020-08-23T08:05:31Z" level=info msg="Starting controller" controller=
    pod-volume-backup logSource="pkg/controller/generic_controller.go:76"
time="2020-08-23T08:05:31Z" level=info msg="Waiting for caches to sync"
    controller=pod-volume-backup logSource="pkg/controller/generic_controller.go:81"
time="2020-08-23T08:05:31Z" level=info msg="Starting controller" controller=
    pod-volume-restore logSource="pkg/controller/generic_controller.go:76"
time="2020-08-23T08:05:31Z" .level=info msg="Waiting for caches to sync"
    controller=pod-volume-restore logSource="pkg/controller/generic_controller.go:81"
time="2020-08-23T08:05:31Z" level=info msg="Caches are synced" controller=pod-
    volume-backup logSource="pkg/controller/generic_controller.go:85"
```

至此，Velero 集成 Restic 的安装部署执行完毕。

9.6.2　备份与恢复

在了解 Velero 是如何使用 Restic 完成持久化存储卷的备份任务之前，我们先在阿里云容器服务集群中创建一个挂载持久化存储卷的示例应用 nginx-app-with-pv，然后对其进行备份，应用的 YAML 格式编排模板及部署命令如下所示。

```
$ kubectl apply -f - <<EOF
---
apiVersion: v1
kind: Namespace
metadata:
  name: nginx-example
  labels:
    app: nginx


---
apiVersion: v1
kind: PersistentVolumeClaim
metadata:
  name: nginx-logs
  namespace: nginx-example
spec:
  accessModes:
  - ReadWriteOnce
  resources:
    requests:
      storage: 20Gi
  storageClassName: alicloud-disk-ssd


---
apiVersion: apps/v1beta1
kind: Deployment
```

```yaml
metadata:
  name: nginx-deployment
  namespace: nginx-example
spec:
  replicas: 1
  template:
    metadata:
      labels:
        app: nginx
      annotations:
        pre.hook.backup.velero.io/container: fsfreeze
        pre.hook.backup.velero.io/command: '["/sbin/fsfreeze", "--freeze", "/
          var/log/nginx"]'
        post.hook.backup.velero.io/container: fsfreeze
        post.hook.backup.velero.io/command: '["/sbin/fsfreeze", "--unfreeze",
          "/var/log/nginx"]'
    spec:
      volumes:
        - name: nginx-logs
          persistentVolumeClaim:
            claimName: nginx-logs
      containers:
      - image: nginx:1.7.9
        name: nginx
        ports:
        - containerPort: 80
        volumeMounts:
          - mountPath: "/var/log/nginx"
            name: nginx-logs
            readOnly: false
      # sync from gcr.io/heptio-images/fsfreeze-pause:latest
      - image: registry.cn-hangzhou.aliyuncs.com/acs/fsfreeze-pause:latest
        name: fsfreeze
        securityContext:
          privileged: true
        volumeMounts:
          - mountPath: "/var/log/nginx"
            name: nginx-logs
            readOnly: false

---
apiVersion: v1
kind: Service
metadata:
  labels:
    app: nginx
  name: my-nginx
  namespace: nginx-example
spec:
  ports:
```

```
      - port: 80
        targetPort: 80
    selector:
      app: nginx
    type: NodePort
EOF
```

查看应用资源是否运行正常，如下所示。

```
$ kubectl -n nginx-example get pod,deployment,pvc,service
NAME                                       READY   STATUS      RESTARTS   AGE
pod/nginx-deployment-7477779c4f-9gzgn      2/2     Running     0          68s

NAME                                       READY   UP-TO-DATE  AVAILABLE  AGE
deployment.extensions/nginx-deployment     1/1     1           1          68s

NAME                                 STATUS   VOLUME                      CAPACITY
  ACCESS MODES     STORAGECLASS      AGE
persistentvolumeclaim/nginx-logs     Bound    d-j6c7uhlzld77q491qmlb      20Gi
  RWO              alicloud-disk-ssd 68s

NAME                     TYPE         CLUSTER-IP       EXTERNAL-IP   PORT(S)        AGE
service/my-nginx         NodePort     172.17.1.65      <none>        80:30592/TCP   68s
```

本示例中，应用 nginx-app-with-pv 会将目录 /var/log/nginx 下的数据持久化存储在一块 ssd 类型的云盘中，我们可以通过以下命令查看生成的日志并将其保存到 /var/log/nginx/access.log 文件中。

```
$ kubectl -n nginx-example get svc
NAME          TYPE         CLUSTER-IP       EXTERNAL-IP      PORT(S)        AGE
my-nginx      NodePort     172.17.1.65      <none>           80:30592/TCP   6m31s

$ curl 172.17.1.65
<!DOCTYPE html>
<html>
<head>
<title>Welcome to nginx!</title>
<style>
    body {
        width: 35em;
        margin: 0 auto;
        font-family: Tahoma, Verdana, Arial, sans-serif;
    }
</style>
</head>
<body>
<h1>Welcome to nginx!</h1>
<p>If you see this page, the nginx web server is successfully installed and
working. Further configuration is required.</p>
```

```
<p>For online documentation and support please refer to
<a href="http://nginx.org/">nginx.org</a>.<br/>
Commercial support is available at
<a href="http://nginx.com/">nginx.com</a>.</p>

<p><em>Thank you for using nginx.</em></p>
</body>
</html>
```

查看应用 /var/log/nginx/access.log 文件内容如下所示。

```
$ kubectl -n nginx-example exec -it nginx-deployment-7477779c4f-9gzgn -- cat /
  var/log/nginx/access.log
Defaulting container name to nginx.
Use 'kubectl describe pod/nginx-deployment-7477779c4f-9gzgn -n nginx
-example' to see all of the containers in this pod.
192.168.0.28 - - [23/Aug/2020:08:40:05 +0000] "GET / HTTP/1.1" 200 612 "-"
  "curl/7.29.0" "-"
```

在备份应用 nginx-app-with-pv 及其持久化存储卷中的数据之前，我们需要对那些希望
被备份的持久化存储卷添加注解 backup.velero.io/backup-volumes=，Restic 将只备份我们希
望备份的 nginx-logs 存储卷中的数据，运行以下命令为其添加注解。

```
$ kubectl -n nginx-example get po
NAME                                READY   STATUS    RESTARTS   AGE
nginx-deployment-7477779c4f-9gzgn   2/2     Running   0          13m

$ kubectl -n nginx-example annotate pod/nginx-deployment-7477779c4f-
  9gzgn backup.velero.io/backup-volumes=nginx-logs
pod/nginx-deployment-7477779c4f-9gzgn annotated
```

创建备份任务 nginx-app-backup-with-pv，如下所示。

```
$ velero backup create nginx-app-backup-with-pv --include-namespaces
nginx-example
Backup request "nginx-app-backup-with-pv" submitted successfully.
Run 'velero backup describe nginx-app-backup-with-pv' or 'velero backup logs
  nginx-app-backup-with-pv' for more details.
```

查看备份任务的执行状态，如下所示。

```
$ velero backup get
NAME STATUS        ERRORS  WARNINGS  CREATED    EXPIRES   STORAGE LOCATION   SELECTOR
nginx-app-backup-with-pv Completed  0       0          2020-08-23 16:49:26 +0800 CST
  29d       default             <none>
```

下面我们继续模拟应用故障。首先，删除命名空间 nginx-example，如下所示。

```
$ kubectl delete ns nginx-example
namespace "nginx-example" deleted
```

然后基于备份 nginx-app-backup-with-pv 完成应用的恢复，创建恢复任务如下所示。

```
$ velero restore create --from-backup nginx-app-backup-with-pv
Restore request "nginx-app-backup-with-pv-20200823170054" submitted successfully.
Run 'velero restore describe nginx-app-backup-with-pv-20200823170054' or 'velero
    restore logs nginx-app-backup-with-pv-20200823170054' for more details.
```

查看恢复任务的执行状态如下所示。

```
$ velero restore get
NAME       BACKUP         STATUS         ERRORS    WARNINGS    CREATED         SELECTOR
nginx-app-backup-with-pv-20200823170054     nginx-app-backup-with-pv    Completed
    0         0          2020-08-23 17:00:54 +0800 CST    <none>
```

查看应用 nginx-app-with-pv 的运行状态。

```
$ kubectl -n nginx-example get pod,deployment,pvc,service
NAME                                          READY    STATUS     RESTARTS    AGE
pod/nginx-deployment-7477779c4f-9gzgn         2/2      Running    0           2m1s

NAME                                          READY    UP-TO-DATE    AVAILABLE    AGE
deployment.extensions/nginx-deployment        1/1      1             1            2m1s

NAME                                   STATUS    VOLUME                    CAPACITY
  ACCESS MODES    STORAGECLASS         AGE
persistentvolumeclaim/nginx-logs       Bound     d-j6cidu8x1kple0tr676i    20Gi
  RWO             alicloud-disk-ssd    2m1s

NAME               TYPE        CLUSTER-IP       EXTERNAL-IP    PORT(S)        AGE
service/my-nginx   NodePort    172.17.12.207    <none>         80:30041/TCP   2m1s
```

继续查看 /var/log/nginx/access.log 文件内容，验证其是否为备份时的数据内容。

```
$ kubectl -n nginx-example exec -it nginx-deployment-7477779c4f-9gzgn -- cat /
    var/log/nginx/access.log
Defaulting container name to nginx.
Use 'kubectl describe pod/nginx-deployment-7477779c4f-9gzgn -n nginx-example'
    to see all of the containers in this pod.
192.168.0.28 - - [23/Aug/2020:08:40:05 +0000] "GET / HTTP/1.1" 200 612 "-"
    "curl/7.29.0" "-"
```

9.6.3　Velero 集成 Restic 进行备份和恢复

Velero 到底是如何使用 Restic 完成持久化存储卷的备份和恢复任务的呢？我们需要先介绍与 Restic 相关的 3 种 Kubernetes 自定义资源：ResticRepository、PodVolumeBackup、

PodVolumeRestore。

1. ResticRepository 资源

ResticRepository 用于管理 Restic 仓库的生命周期。当我们使用 Restic 为某个命名空间下的应用创建备份时，Velero 都会为这个命名空间创建一个 ResticRepository 资源，ResticRepository 资源涉及的处理流程如下。

- ❑ restic init：初始化一个新的仓库。
- ❑ restic check：检查仓库是否可用。
- ❑ restic prune：删除仓库中需要清理的数据。

运行以下命令可以查看当前集群中 Velero 创建的 ResticRepository 列表，如下所示。

```
$ velero restic repo get
NAME                             STATUS   LAST MAINTENANCE
nginx-example-default-5j6t7      Ready    2020-08-23 16:49:29 +0800 CST
```

也可以直接查看其 YAML 格式编排模板，以获取更加详细的信息。

```
$ kubectl -n velero get ResticRepository nginx-example-default-5j6t7 -oyaml
apiVersion: velero.io/v1
kind: ResticRepository
metadata:
  creationTimestamp: "2020-08-23T08:49:27Z"
  generateName: nginx-example-default-
  generation: 3
  labels:
    velero.io/storage-location: default
    velero.io/volume-namespace: nginx-example
  name: nginx-example-default-5j6t7
  namespace: velero
  resourceVersion: "25851396"
  selfLink: /apis/velero.io/v1/namespaces/velero/resticrepositories/nginx-
    example-default-5j6t7
  uid: 52b16339-1421-4d03-96f6-994f35c184da
spec:
  backupStorageLocation: default
  maintenanceFrequency: 168h0m0s
  resticIdentifier: s3:http://minio.velero.svc:9000/velero/restic/nginx-example
  volumeNamespace: nginx-example
status:
  lastMaintenanceTime: "2020-08-23T08:49:29Z"
  phase: Ready
```

2. PodVolumeBackup 资源

PodVolumeBackup 代表一个 Pod 上持久化存储卷的 Restic 备份。Velero 在备份过程中会为每一个设置了 backup.velero.io/backup-volumes 注解的 Pod 存储卷创建一个

PodVolumeBackup，Restic 守护进程集运行于集群的每一个节点上，负责处理 PodVolumeBackup 类型的请求，然后运行 restic backup 命令完成 Pod 存储卷中的数据备份。

使用如下命令可以查看 PodVolumeBackup 的 YAML 格式编排模板。

```
$ kubectl -n velero get PodVolumeBackup  nginx-app-backup-with-pv-6jgdc -oyaml
apiVersion: velero.io/v1
kind: PodVolumeBackup
metadata:
  annotations:
    velero.io/pvc-name: nginx-logs
  creationTimestamp: "2020-08-23T08:49:29Z"
  generateName: nginx-app-backup-with-pv-
  generation: 4
  labels:
    velero.io/backup-name: nginx-app-backup-with-pv
    velero.io/backup-uid: a851b817-b7d0-4630-83d6-f48fec8c96fd
    velero.io/pvc-uid: 67b6d3a8-74a2-412c-ba97-927d946e2a56
  name: nginx-app-backup-with-pv-6jgdc
  namespace: velero
  ownerReferences:
  - apiVersion: velero.io/v1
    controller: true
    kind: Backup
    name: nginx-app-backup-with-pv
    uid: a851b817-b7d0-4630-83d6-f48fec8c96fd
  resourceVersion: "25851440"
  selfLink: /apis/velero.io/v1/namespaces/velero/podvolumebackups/nginx-app-
    backup-with-pv-6jgdc
  uid: ee8db73f-1979-459a-8be1-c04284f9c30c
spec:
  backupStorageLocation: default
  node: cn-hongkong.192.168.0.29
  pod:
    kind: Pod
    name: nginx-deployment-7477779c4f-9gzgn
    namespace: nginx-example
    uid: 2287e052-6cdd-4a8e-beb6-cd3541df90ae
  repoIdentifier: s3:http://minio.velero.svc:9000/velero/restic/nginx-example
  tags:
    backup: nginx-app-backup-with-pv
    backup-uid: a851b817-b7d0-4630-83d6-f48fec8c96fd
    ns: nginx-example
    pod: nginx-deployment-7477779c4f-9gzgn
    pod-uid: 2287e052-6cdd-4a8e-beb6-cd3541df90ae
    pvc-uid: 67b6d3a8-74a2-412c-ba97-927d946e2a56
    volume: nginx-logs
  volume: nginx-logs
status:
  completionTimestamp: "2020-08-23T08:49:31Z"
```

```
  path: /host_pods/2287e052-6cdd-4a8e-beb6-cd3541df90ae/volumes/kubernetes.
    io~csi/d-j6c7uhlzld77q491qmlb/mount
  phase: Completed
  progress:
    bytesDone: 93
    totalBytes: 93
  snapshotID: 973105be
  startTimestamp: "2020-08-23T08:49:29Z"
```

3. PodVolumeRestore 资源

PodVolumeRestore 代表一个 Pod 上持久化存储卷的恢复任务。Velero 在恢复过程中会为每一个关联了 PodVolumeBackup 的 Pod 存储卷创建一个 PodVolumeRestore。同样地，Restic 守护进程集运行于集群的每一个节点，负责处理 PodVolumeRestore 类型的请求，然后运行 restic restore 命令完成 Pod 存储卷中的数据恢复。

使用以下命令可以查看 PodVolumeRestore 的 YAML 格式编排模板。

```
$ kubectl -n velero get PodVolumeRestore nginx-app-backup-with-pv-20200823170054-
  lh7k4 -oyaml
apiVersion: velero.io/v1
kind: PodVolumeRestore
metadata:
  creationTimestamp: "2020-08-23T09:00:54Z"
  generateName: nginx-app-backup-with-pv-20200823170054-
  generation: 5
  labels:
    velero.io/pod-uid: af69718c-66be-40d0-84a0-0e1bc9881659
    velero.io/restore-name: nginx-app-backup-with-pv-20200823170054
    velero.io/restore-uid: e523aefa-15a9-4d4b-885f-9d7b58ee2945
  name: nginx-app-backup-with-pv-20200823170054-lh7k4
  namespace: velero
  ownerReferences:
  - apiVersion: velero.io/v1
    controller: true
    kind: Restore
    name: nginx-app-backup-with-pv-20200823170054
    uid: e523aefa-15a9-4d4b-885f-9d7b58ee2945
  resourceVersion: "25867264"
  selfLink: /apis/velero.io/v1/namespaces/velero/podvolumerestores/nginx-app-
    backup-with-pv-20200823170054-lh7k4
  uid: e5bb6b85-40dd-423d-92c2-455adf4d1282
spec:
  backupStorageLocation: default
  pod:
    kind: Pod
    name: nginx-deployment-7477779c4f-9gzgn
    namespace: nginx-example
    uid: af69718c-66be-40d0-84a0-0e1bc9881659
```

```
    repoIdentifier: s3:http://minio.velero.svc:9000/velero/restic/nginx-example
    snapshotID: 973105be
    volume: nginx-logs
status:
    completionTimestamp: "2020-08-23T09:01:26Z"
    phase: Completed
    progress:
      bytesDone: 93
      totalBytes: 93
    startTimestamp: "2020-08-23T09:01:24Z"
```

4. 备份流程

Velero 集成 Restic 完成一次备份的过程如下所示。

1）Velero 备份主流程先检查本次备份中有哪些 Pod 添加了 backup.velero.io/backup-volumes 注解，这个注解代表 Pod 上的持久化存储卷需要通过 Restic 进行备份。

2）如果存在需要使用 Restic 进行备份的 Pod 存储卷资源，Velero 会先检查是否已经为 Pod 所在的命名空间创建了 ResticRepository，否则创建一个新的 ResticRepository 并等待其完成初始化检查。

3）Velero 为 Pod 中每一个添加了 backup.velero.io/backup-volumes 注解的存储卷创建 PodVolumeBackup 资源。

4）Velero 主进程等待 PodVolumeBackup 资源状态更新为 Completed 或者 Failed。

5）PodVolumeBackup 会继续执行以下流程完成 Pod volume 的备份。

a. 挂载 hostPath 类型 volume，路径为 /var/lib/kubelet/pods。这样 Restic 控制器就可以获取 Pod volume 的数据了。

b. 找到 Pod volume 的子目录并执行 restic backup 命令进行备份。

c. 更新 PodVolumeBackup 资源的状态为 Completed 或 Failed。

6）当所有 PodVolumeBackup 执行完毕后，Velero 将其打包为 <backup-name>-podvol-umebackups.json.gz 的压缩包并上传至对象存储服务，这个文件在 Restic 恢复数据的时候会被用到。

5. 恢复流程

Velero 集成 Restic 完成一次恢复的过程如下。

1）Velero 恢复任务会先检查本次恢复是否涉及 PodVolumeBackup 资源以及需要引用的 PodVolumeBackup 资源是否存在。

2）对于需要引用到的 PodVolumeBackup 资源，Velero 会进一步确认其关联的 Pod 所在的命名空间是否存在对应的 ResticRepository。如果不存在，则为其创建一个新的 ResticRepository 并且等待完成初始化检查。

3）接下来，Velero 从对象存储服务中拿到 Pod 的编排文件，并添加 initContainer 的编排，initContainer 在这一步的作用简单来讲就是等待并确认所有 Restic 恢复任务已经完成后，再去启动真正的业务容器。

4）Velero 提交添加了 initContainer 的 Pod 编排到 Kubernetes API Server 中，完成 Pod 的创建。

5）Velero 为 Pod 中每一个需要恢复的 volume 创建 PodVolumeRestore 资源。

6）Velero 等待所有 PodVolumeRestore 运行完毕，PodVolumeRestore 的运行流程可分为以下几个步骤。

a. 挂载 `hostPath` 类型的 volume，路径为 `/var/lib/kubelet/pods`，这样 Restic controller 就能获取到 Pod volume 的数据。

b. 等待 Pod 中的 initContainer 运行。

c. 找到 Pod volume 的子目录并执行 restice restore 命令进行恢复。

d. 如果恢复过程顺利且最终成功，Velero 会在 Pod volume 的目录下创建一个名为 .velero 的目录，并在 .velero 目录中写入一个名为 Velero Restore UID 的文件。

7）Velero 添加至 Pod 上的 initContainer 后会运行一个进程，监听并检查每一个需要恢复的 volume 目录下是否生成了 .velero 目录，且目录下是否存在一个名为 Velero Restore UID 的文件。

8）如果 initContainer 检查所有被恢复的 volume 下都生成了名为 Velero Restore UID 的文件，initContainer 会成功退出，Pod 将继续启动并运行主容器，最终完成应用的恢复和运行。

9.6.4　使用限制

使用 Velero 集成 Restic 进行应用及其持久化存储卷备份具有如下限制。

❑ hostPath 类型的持久化存储卷不在支持范围内。

❑ 使用静态的通用加密密钥进行备份数据的加解密。熟悉 Restic 工具的朋友应该知道，Restic 支持对所有备份数据进行加密，但 Velero 目前使用静态的通用加密密钥创建所有 Restic 仓库，这意味着所有有权限访问对象存储服务的用户都可以通过这个密钥解密你的备份数据，所以请尽量确保和限制对象存储服务的访问权限。

❑ Restic 使用一个单线程对文件进行扫描，对于大文件，Restic 会花费很长时间完成扫描以便对文件数据去重，即使这个大文件实际上并没有多少变更。

❑ 如果你计划使用 Velero 集成 Restic 完成大于 100GB 数据的备份，需要为 Restic 守护进程集增加资源配额，保证备份任务有足够的计算资源。

9.6.5　使用自定义初始化容器配置

前面我们提到过，Velero 会使用 initContainer 帮助完成 Restic 恢复的任务，这个 initContainer 使用的默认容器镜像格式为 velero/velero-restic-restore-helper:<VERSION>，其

中 VERSION 的值默认为 Velero 服务端的版本号。

Velero 支持用户自定义 initContainer 镜像，也可以为 initContainer 配置资源限额，方法是创建一个如下所示的 ConfigMap。

```
apiVersion: v1
kind: ConfigMap
metadata:
  # any name can be used; Velero uses the labels (below)
  # to identify it rather than the name
  name: restic-restore-action-config
  # must be in the velero namespace
  namespace: velero
  # the below labels should be used verbatim in your
  # ConfigMap.
  labels:
    # this value-less label identifies the ConfigMap as
    # config for a plugin (i.e. the built-in restic restore
    # item action plugin)
    velero.io/plugin-config: ""
    # this label identifies the name and kind of plugin
    # that this ConfigMap is for.
    velero.io/restic: RestoreItemAction
data:
  # The value for "image" can either include a tag or not;
  # if the tag is *not* included, the tag from the main Velero
  # image will automatically be used.
  image: myregistry.io/my-custom-helper-image[:OPTIONAL_TAG]

  # "cpuRequest" sets the request.cpu value on the restic init containers during
    restore.
  # If not set, it will default to "100m". A value of "0" is treated as unbounded.
  cpuRequest: 200m

  # "memRequest" sets the request.memory value on the restic init
containers during restore.
  # If not set, it will default to "128Mi". A value of "0" is treated as unbounded.
  memRequest: 128Mi

  # "cpuLimit" sets the request.cpu value on the restic init containers during
    restore.
  # If not set, it will default to "100m". A value of "0" is treated as unbounded.
  cpuLimit: 200m

  # "memLimit" sets the request.memory value on the restic init containers
    during restore.
  # If not set, it will default to "128Mi". A value of "0" is treated as unbounded.
  memLimit: 128Mi
```

9.7 灾难恢复和跨集群迁移实践

本节使用阿里云容器服务 Kubernetes 集群，演示 Velero 在对象存储和磁盘快照两种存储方式上的备份能力。集群信息如表 9-5 所示。

表 9-5 集群信息

集群名称	集群类型	存储驱动	StorageClass 名称	存储卷类型	对象存储
velero-hangzhou	ACK 容器集群	CSI Driver	alicloud-disk-ssd	ssd 块存储卷	OSS
velero-beijing	ACK 容器集群	CSI Driver	alicloud-nas	nas 共享存储卷	OSS

9.7.1 Velero 客户端和服务端的安装

1）velero-hangzhou 和 velero-beijing：安装 Velero 客户端。

下载 Velero 1.4.2 版本的安装包并将解压缩的二进制文件移动到 /usr/local/bin 目录下。

```
$ curl -LO  https://github.com/vmware-tanzu/velero/releases/download/v1.4.2/
  velero-v1.4.2-linux-amd64.tar.gz

$ tar -xvf velero-v1.4.2-linux-amd64.tar.gz

$ mv velero-v1.4.2-linux-amd64/velero /usr/local/bin/
```

2）velero-hangzhou 和 velero-beijing：创建 credentials-velero 文件。

credentials-velero 文件中记录了 Velero 保存和拉取 OSS 对象存储服务的凭证，首先我们需要规划一个 OSS 存储空间，在本示例中我们在杭州区域创建名为 velero-bucket 的对象存储空间。

为当前账户创建 Access Key 并写入 credentials-velero 文件，如下所示。

```
$ cat << EOF > credentials-velero
ALIBABA_CLOUD_ACCESS_KEY_ID=<access_key_id>
ALIBABA_CLOUD_ACCESS_KEY_SECRET=<access_key_secret>
EOF
```

3）velero-hangzhou 和 velero-beijing：安装 Velero 服务端。

通过以下命令安装 Velero 服务端。

```
$ velero install \
  --provider alibabacloud \
  --image registry.cn-hangzhou.aliyuncs.com/acs/velero:1.4.2-acc01d18-aliyun \
  --bucket velero-bucket \
  --secret-file ./credentials-velero \
  --use-volume-snapshots=true \
  --backup-location-config region=cn-hangzhou \
  --use-restic \
```

```
--plugins registry.cn-hangzhou.aliyuncs.com/acs/velero-plugin-alibabacloud:
  v1.0.0-3740773 \
--wait
```

4）velero-hangzhou 和 velero-beijing：配置自定义初始化容器镜像。

9.6.4 节提到，在 Velero 集成 Restic 进行应用持久化存储卷恢复时，可以配置一个自定义初始化容器镜像，配置命令如下所示。

```
$ kubectl -n velero apply -f - << EOF
apiVersion: v1
kind: ConfigMap
metadata:
  name: restic-restore-action-config
  labels:
    velero.io/plugin-config: ""
    velero.io/restic: RestoreItemAction
data:
  image: registry.cn-hangzhou.aliyuncs.com/acs/velero-restic-restore-helper:
    latest
  cpuRequest: 200m
  memRequest: 128Mi
  cpuLimit: 200m
  memLimit: 128Mi
EOF
```

5）velero-hangzhou：创建示例应用 nginx-app-with-pv。

在 velero-hangzhou 集群中创建示例应用 nginx-app-with-pv，命令如下所示。

```
$ kubectl create ns nginx
namespace/nginx created

$ kubectl -n nginx apply -f https://github.com/haoshuwei/book/blob/master/
  chapter08/examples/nginx-app-with-pv.yaml
persistentvolumeclaim/nginx-logs created
deployment.apps/nginx-deployment created
service/my-nginx created
```

应用 nginx-app-with-pv 将日志目录 /var/log/nginx 挂载到持久化存储卷中，持久化存储卷由名为 nginx-logs 的 persistentVolumeClaim 进行管理。访问应用的 80 服务端口即可在日志目录下生成访问日志。

```
$ kubectl -n nginx get svc
NAME        TYPE        CLUSTER-IP       EXTERNAL-IP    PORT(S)    AGE
my-nginx    ClusterIP   172.17.15.105    <none>         80/TCP     8m58s

$ curl 172.17.15.105:80
<!DOCTYPE html>
<html>
<head>
```

```
<title>Welcome to nginx!</title>
<style>
    body {
        width: 35em;
        margin: 0 auto;
        font-family: Tahoma, Verdana, Arial, sans-serif;
    }
</style>
</head>
<body>
<h1>Welcome to nginx!</h1>
<p>If you see this page, the nginx web server is successfully installed and
working. Further configuration is required.</p>

<p>For online documentation and support please refer to
<a href="http://nginx.org/">nginx.org</a>.<br/>
Commercial support is available at
<a href="http://nginx.com/">nginx.com</a>.</p>

<p><em>Thank you for using nginx.</em></p>
</body>
</html>
```

9.7.2　灾难恢复

我们可以使用 Velero 的定时备份功能定期备份集群中的资源，当有意外事故发生时，可以选择任意一个备份历史版本进行恢复。

1）在 velero-hangzhou 集群中为应用 nginx-app-with-pv 创建定时备份，如下所示。

```
$ velero schedule create nginx-app-with-pv-schedule --include-namespaces nginx
   --snapshot-volumes --schedule "0 7 * * *"
Schedule "nginx-app-with-pv-schedule" created successfully.
```

❑ --include-namespaces nginx：备份 nginx 命名空间下的所有资源。

❑ --snapshot-volumes：使用磁盘快照功能备份块存储卷。

❑ --schedule "0 7 * * *"：每周备份一次。

查看定时备份任务信息，如下所示。

```
$ velero schedule get
NAME STATUS      CREATED        SCHEDULE      BACKUP TTL   LAST BACKUP   SELECTOR
nginx-app-with-pv-schedule   Enabled   2020-08-27 14:32:24 +0800 CST   0 7 * * *
   720h0m0s    2s ago      <none>
```

查看备份任务的执行状态，如下所示。

```
$ velero backup get
NAME STATUS      ERRORS   WARNINGS   CREATED     EXPIRES   STORAGE LOCATION   SELECTOR
nginx-app-with-pv-schedule-20200827063224   Completed   0         0
   2020-08-27 14:32:24 +0800 CST    29d       default           <none>
```

定时备份会自动在备份名称后加上时间戳，作为每次备份的实际名称，格式为 <SCHEDULE NAME>-<TIMESTAMP>，备份的默认有效期为 30 天（720h），可以在创建定时备份任务时使用 --ttl <DURATION> 进行更改，或者直接修改自定义 Schedule 资源，命令为 kubectl -n velero edit schedule nginx-app-with-pv-schedule。

2）velero-hangzhou：删除命名空间 nginx，模拟意外误删事件。

```
$ kubectl delete ns nginx
namespace "nginx" deleted
```

3）velero-hangzhou：恢复应用。

在恢复应用之前，为了保证需要恢复的数据不会被更改，我们先为 backupstoragelocation 设置访问权限为 ReadOnly，恢复完毕后再以同样的方式重新设置访问权限为 ReadWrite。

```
$ kubectl -n velero patch backupstoragelocation default --type merge --patch
  '{"spec":{"accessMode":"ReadOnly"}}'
backupstoragelocation.velero.io/default patched
```

在恢复应用时，我们需要选择备份的历史版本，如无特殊需要，选择最新的备份进行恢复。

```
$ velero restore create --from-backup nginx-app-with-pv-schedule-20200827063224
  --restore-volumes
Restore request "nginx-app-with-pv-schedule-20200827063224-20200827160445"
  submitted successfully.
```

查看恢复任务的进度和状态。

```
$ velero restore get
NAME BACKUP                STATUS      ERRORS   WARNINGS   CREATED                  SELECTOR
nginx-app-with-pv-schedule-20200827063224-20200827160445   nginx-app-with-pv-schedule-20200827063224
 Completed   0        0        2020-08-27 16:04:45 +0800 CST    <none>
```

恢复任务状态为 Completed 则说明应用成功恢复，同时 Velero 也会基于此次备份中的磁盘快照创建一个新的磁盘并挂载到应用中，可以查看应用 /var/log/nginx 目录下数据是否恢复。

```
$ kubectl -n nginx exec -it nginx-deployment-7477779c4f-dxspm -- cat /var/log/
  nginx/access.log
192.168.0.4 - - [27/Aug/2020:06:21:08 +0000] "GET / HTTP/1.1" 200 612 "-"
  "curl/7.29.0" "-"
```

9.7.3 集群 / 应用迁移

只要我们把 Velero 中配置的 BackupStorageLocation 指向同一个 OSS 存储空间，就可以在集群之间进行应用的迁移。按照 9.5.2 节中的示例，我们可以把应用 nginx-app-with-pv 迁移到与容器集群 velero-hangzhou 处于同一个区域的任一集群中，因为磁盘快照功能只能在同一区域内使用，所以如果我们试图把应用迁移至容器集群 velero-beijing，就会返回失败的错误状态。对于这种场景，正如我们在 9.6 节提到的，可以使用集成 Restic 的能力完成跨区域或者跨云平台的应用迁移。

1）velero-hangzhou：为应用 nginx-app-with-pv 创建备份，并使用 Restic 备份持久化存储卷 nginx-logs 中的数据。

为 Pod volume 添加注解，如下所示。

```
$ kubectl -n nginx annotate pod/nginx-deployment-7477779c4f-dxspm  backup.
  velero.io/backup-volumes=nginx-logs
pod/nginx-deployment-7477779c4f-dxspm annotated
```

为应用创建备份，如下所示。

```
$ velero backup create nginx-app-with-pv-restic --include-namespaces nginx
  --snapshot-volumes=false
Backup request "nginx-app-with-pv-restic" submitted successfully.
```

查看备份状态为 Completed，如下所示。

```
$ velero backup get
NAME                                         STATUS             ERRORS    WARNINGS
  CREATED                       EXPIRES    STORAGE LOCATION    SELECTOR
nginx-app-with-pv-restic                     Completed          0         0
  2020-08-27 19:28:36 +0800 CST   29d      default             <none>
nginx-app-with-pv-schedule-20200827063224    Completed          0         0
  2020-08-27 14:32:24 +0800 CST   29d      default             <none>
```

2）velero-beijing：恢复应用。

在 9.7.1 节中，我们为 velero-hangzhou 和 velero-beijing 配置了相同的 Backup-StorageLocation，所以在 velero-beijing 集群中，可以看到当前备份列表信息如下所示。

```
$ velero backup get
NAME                                         STATUS             ERRORS    WARNINGS
  CREATED                       EXPIRES    STORAGE LOCATION    SELECTOR
nginx-app-with-pv-restic                     Completed          0         0
  2020-08-27 19:28:36 +0800 CST   29d      default             <none>
nginx-app-with-pv-schedule-20200827063224    Completed          0         0
  2020-08-27 14:32:24 +0800 CST   29d      default             <none>
```

应用 nginx-app-with-pv 在容器集群 velero-hangzhou 中挂载的是磁盘持久化存储卷，对应的 StorageClass 名为 alicloud-disk-ssd，在集群 velero-beijing 中，我们希望将持久化存储卷类型改为 NAS 共享存储卷，对应的 StorageClass 名为 alicloud-nas-fs。

我们可以创建新旧 StorageClass 的映射配置，Velero 会在恢复应用时自动替换 Storage-Class 配置，配置 StorageClass 的映射关系的 ConfigMap 资源如下所示。

```
$ kubectl -n velero apply -f - << EOF
apiVersion: v1
```

```
kind: ConfigMap
metadata:
  name: change-storage-class-config
  namespace: velero
  labels:
    velero.io/plugin-config: ""
    velero.io/change-storage-class: RestoreItemAction
data:
  "alicloud-disk-ssd": "alicloud-nas-fs"
EOF
```

在 velero-beijing 集群中创建恢复任务，如下所示。

```
$ velero restore create --from-backup nginx-app-with-pv-restic --restore-volumes=
  false
Restore request "nginx-app-with-pv-restic-20200827200037" submitted successfully.
```

查看恢复状态如下所示。

```
$ velero restore get
NAME                                            BACKUP                        STATUS
  ERRORS   WARNINGS   CREATED                    SELECTOR
nginx-app-with-pv-restic-20200827202231         nginx-app-with-pv-restic      Completed
  0        0          2020-08-27 20:22:31 +0800 CST    <none>
```

验证从 velero-hangzhou 集群中迁移过来的应用数据 /var/log/nginx/access.log 是否已恢复。

```
$ kubectl -n nginx exec -it nginx-deployment-7477779c4f-dxspm -- cat /var/log/
  nginx/access.log
192.168.0.4 - - [27/Aug/2020:06:21:08 +0000] "GET / HTTP/1.1" 200 612 "-"
  "curl/7.29.0" "-"
```

9.8 本章小结

本章我们重点介绍了使用开源工具 Velero 进行云原生应用备份、恢复和迁移的原理和实践。Velero 社区比较活跃，各个公有云厂商都提供了自己的插件帮助用户完成 Kubernetes 应用的一键备份、定义备份、恢复和迁移。Velero 还提供了集成 Restic 工具满足用户跨区域应用数据迁移场景，并且支持 StorageClass 的自定义转换。在本章的最后，我们介绍了在阿里云不同区域的容器集群之间进行应用及持久化存储卷数据迁移的实践，帮助读者更好地理解和使用 Velero。